闫振甲专利技术国内授权合作单位
轻钢模网轻混凝土装配式房屋生产厂家

　　四川五好之家建筑技术有限公司是一家以装配式建筑材料的研发设计、制造安装、销售与技术咨询为一体的生态建筑企业。公司位于四川省成都市青白江区,根据国家装配式建筑的发展规划,与中国混凝土与水泥制品协会泡沫混凝土分会专家委员会主任闫振甲合作,打造出全新的轻钢模网轻混凝土装配式建筑,开创出轻钢装配式建筑的新局面!以五好生态轻钢装配式建筑项目推动"美丽中国"的建设,打造美丽乡村、特色小镇,并通过五好之家的爱心之家、正义之家、和谐之家、自强之家、厚道之家新五好家风活动,打造美好家庭、和谐社会,为中国梦贡献一份自己的力量。

四川五好之家建筑技术有限公司

厂家热线:4000-800-111 / 199 5007 6825

厂家地址:四川省成都市青白江区工业发展区同心大道99号

官方网址:www.whzj188.com

常州市米尼特机械有限公司

公司简介

  常州市米尼特机械有限公司坐落于美丽富饶的城市——江苏省常州市,是一家集机械设备、新型节能材料研发生产加工销售、工程施工于一身的新型创新型企业。公司在新型分体水泥发泡机、细石混凝土泵、涂装设备、墙体板设备、纳米保温板设备、防火门芯板、干粉砂浆设备、建筑材料、装饰保温一体板、保温材料等领域实力雄厚,拥有多项国家专利技术,一直在本行业中位居前列,已成为具备行业影响力的企业。

  公司以一大批专业高中级工程师为技术支撑,以工艺精湛、操作规范、管理严格的施工团队为发展基础,依靠健全的企业组织机构、完善的企业管理制度、严格的质量体系,赢得了客户的信任与同行的尊重。公司秉承"以信誉为基石,以质量为根本"的经营理念,"专业、进取"的企业精神和"拼搏、诚信、感恩"的企业文化,将通过科学有效的运营方式和坚持不懈的努力拼搏,不断扩大公司规模,增强公司实力,创造新的辉煌!

手动/全自动水泥发泡机

  手动/全自动水泥发泡机,每小时发泡10~100m³;能满足远距离输送要求;水、剂、配比全自动控制,水泥发泡密度采用键式调节,操作方便、质量稳定;采用强制风冷散热,冷却效果好,使用方便;可以使用面板操作,方便灵活,在路桥工程中得到广泛的应用。

扫一扫 了解更多

应用领域

现浇泡沫混凝土墙体

现浇气泡轻质土高速公路

现浇泡沫混凝土屋面

路桥回填

地暖

联系人:刘 旭

手机:13906129726

电话:0519-86555851 传真:0519-86555851

地址:常州市武进区牛塘镇青云区工业园

更多详情尽在:

WWW.CZMNTJX.COM

米尼特

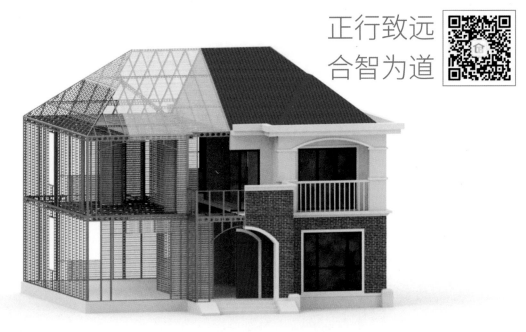

正行致远
合智为道

轻质 / 保温 / 防水 / 防火 / 隔声 / 耐久 / 抗震 / 装配式施工

《钢板网》国家标准主编单位/《镀锌电焊网》标准主编单位 / 住房城乡建设部村镇宜居型住宅推广单位 / 教育部优秀科技成果奖/绍兴市专利示范企业 / 浙江省高新技术企业/华夏建设科技三等奖

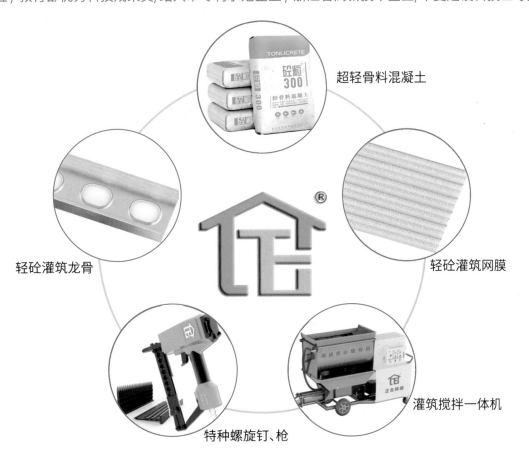

超轻骨料混凝土

轻砼灌筑龙骨

轻砼灌筑网膜

特种螺旋钉、枪

灌筑搅拌一体机

浙江正合建筑网模有限公司 / 地址: 浙江省嵊州市长乐镇迎宾大道8号 / 电话: 0575-83786666 / 传真: 0575-83786668

北京广慧精研泡沫混凝土科技有限公司

▶ H-GH-3型超低泌水超微细气孔泡沫剂

本泡沫剂由闫振甲老师亲自指导我公司开发生产,产品质量已达国内外先进水平。

1.超低泌水率。其泌水率仅0%～5%。

2.超微细泡沫混凝土气孔,孔径仅50～100μm。

3.超低泡沫沉降距(1h),其沉降距为零。

4.超高泡沫混凝土料浆稳定性,其固化沉降率为零。

5.超高泡沫量,发泡倍数大于28倍。

6.理想的泡沫密度,泡沫密度稳定在最佳范围43～52g/L。

7.高效防冻,零下10℃不结冰,仍可保证正常使用,低温发泡基本正常。

8.对胶凝材料广谱适应性,对六大通用水泥、硫铝水泥、镁水泥、石膏均可适应。

9.适用于各种泡沫混凝土。对要求很高的制品,或大体积浇注、大高度浇注尤其适用。

10.高性价比。本品质量高,价格低,性价比突出,成本在同档次产品中较低。

▶ 泡沫测定仪

该仪器由闫振甲老师指导我公司研发生产,已推广应用30多年,是我国少有的按行标JC/T 2199—2013生产的泡沫仪。其典型用户有:清华大学、北京大学、同济大学、中国矿业大学、天津大学等高校,中国科学院、中国建筑科学研究院、国家建材工业技术监督研究中心、江西省建筑材料工业科学研究设计院等科研院所及其他企事业单位共250多家,是当前应用很广的泡沫测定仪。

其特点如下:

1.强化玻璃泡沫筒,有标准刻度。

2.超薄铝质浮标,误差小,精度高。

3.不锈钢支架,经久耐用。

4.可拆卸玻璃管,清洗方便。

北京广慧精研泡沫混凝土科技有限公司

电话:18610394635　18610481082　15620774632

泡沫混凝土泡沫剂
生产与应用技术

闫振甲　何艳君　编著

中国建材工业出版社

图书在版编目（CIP）数据

泡沫混凝土泡沫剂生产与应用技术/闫振甲，何艳君编著. --北京：中国建材工业出版社，2021.3

　ISBN 978-7-5160-3059-2

　Ⅰ. ①泡… Ⅱ. ①闫… ②何… Ⅲ. ①泡沫混凝土-研究 Ⅳ. ①TU528.2

　中国版本图书馆 CIP 数据核字（2020）第 175172 号

内 容 简 介

　　本书是为泡沫混凝土行业全面介绍泡沫剂生产与应用技术的著作。泡沫剂是泡沫混凝土的核心原料，是行业各类企业关注的重点。全书共 10 章。第 1~2 章讲述泡沫剂基础知识及技术原理；第 3 章讲述泡沫剂的成分与复合技术；第 4~6 章讲述泡沫剂起泡力、泡沫稳定性、泡沫料浆稳定性的影响因素；第 7 章讲述泡沫剂的生产方法；第 8 章讲述泡沫剂标准及检测方法；第 9 章讲述泡沫剂的选择、使用、保存方法；第 10 章讲述新型泡沫剂的开发。

　　本书涵盖了泡沫混凝土的研发企业、生产企业、使用企业、检测与监管机构所关注的内容，为相关人员提供了可供参考的实用性技术，对他们从事泡沫混凝土的研发、生产、应用、检测与监管能起到一定的帮助作用。

泡沫混凝土泡沫剂生产与应用技术
Paomohunningtu Paomoji Shengchan yu Yingyong Jishu
闫振甲　何艳君　编著

出版发行：中国建材工业出版社
地　　址：北京市海淀区三里河路 1 号
邮　　编：100044
经　　销：全国各地新华书店
印　　刷：北京雁林吉兆印刷有限公司
开　　本：787mm×1092mm　1/16
印　　张：13
字　　数：300 千字
版　　次：2021 年 3 月第 1 版
印　　次：2021 年 3 月第 1 次
定　　价：78.00 元

前　　言

经过改革开放 40 多年的快速发展，我国泡沫混凝土行业已成为国内最大的特种混凝土行业，其生产与应用规模稳居世界第一。但是，我国泡沫混凝土行业大而不强，多集中于技术含量较低的现浇回填等领域，高技术含量、高附加值的产品很少或仍然是空白。总体来看，我国泡沫混凝土产量大、档次低、利润低，缺乏市场竞争力。

之所以会形成这种局面，除了投资、管理等客观因素外，从技术层面分析，我国泡沫剂的质量较差、技术水平较低也是一个重要的因素。作为泡沫混凝土核心原材料，泡沫剂的档次及质量决定着泡沫混凝土的档次和质量。我国目前的泡沫剂基本以中低档为主，总体品质较差。虽然有个别企业生产的泡沫剂品质优异，与进口产品差距已很小，但这些产品市场占有率太低，起不到主导作用。从实际工程应用情况来看，泡沫剂行业依然是中低端产品盛行。这就导致了泡沫混凝土孔结构差、性能差、烂孔连通孔多、孔径过大，拉低了泡沫混凝土的市场形象，阻碍了其市场的开拓。

我国泡沫混凝土正在进行供给侧改革、转型提质发展，即由低端产业向高端产业转型。要完成这一转型，首先就要从泡沫剂的转型开始。泡沫剂的高端化发展，将会拉动整个行业的转型。

为了引导和推动泡沫剂高质量发展，笔者将自己从事泡沫剂研究几十年来的经验以及行业同人的经验总结概括，编著成书，供业内从事泡沫剂研发、生产、使用者参考。为了使内容全面和丰富，笔者在写作中也参考、引用了不少泡沫剂专家的著述，在此特向他们表示感谢。

通过本书的出版，笔者想从以下四个方面为读者朋友们提供一些帮助：

（1）改变对泡沫剂的一些错误观念，引导企业走泡沫剂微细化、气孔结构优质化的发展道路。纠正那些追求大泡大气孔、高稀释倍数，或追求高发泡倍数，忽视成孔质量，或追求低价低端泡沫剂等错误观念，树立高端泡沫剂的正确观念。

（2）对企业改进现有泡沫剂，或研发新型泡沫剂，在配合比设计及复配工艺、合成工艺等方面给予指导。泡沫剂虽已产生近百年，但至今都没有出版过一本专著，这方面的相关资料十分缺乏。企业要想找到可以参考的文献是比较困难的。我国生产的泡沫剂目前有 60% 左右是企业自产自用，行业缺乏专业泡沫剂研发人员，更缺少可资参阅的文献，技术升级难以实现。希望本书能给那些技术力量不足而又在自产泡沫剂的企业提供技术上的启发和帮助。

（3）为广大泡沫剂使用企业提供有关选择、使用、保存泡沫剂的正确指导，减少失误，走出一些认识上的误区。

（4）给管理、监理、检测单位提供最全面的泡沫剂标准及相关检测方法，统一检测标准，改变目前泡沫剂检测指标不同的混乱局面。

回望 70 年前，中华人民共和国成立之初，只能从苏联引入松香皂泡沫剂，而今天的中国，已成为世界上泡沫剂品种最齐全、产销量最大的国家，而且产品的性能也在逐年提升，与国际品牌的差距越来越小。沧海巨变，令人振奋之余，我们也要冷静地看到，我们的泡沫剂产品还不是强者，在与国际品牌竞争中还处于劣势，品质上显然还有一定差距；在国内市场与泡沫混凝土高端发展的要求也相差较远。除个别优质泡沫剂品牌外，纵观各地企业使用的泡沫剂都存在成孔质量差的问题，导致泡沫混凝土孔结构及性能劣化，而孔结构才是决定泡沫混凝土各种性能的核心。以前，泡沫剂的研发者、生产者、使用者关注的都是泡沫剂的起泡性及稳泡性，而对泡沫剂的成孔质量关注较少。我们今后的泡沫剂升级改进，应着眼于它的成孔质量，以泡沫剂能否在泡沫混凝土中形成良好的孔结构作为衡量其品质优劣的最终标准。要实现这一点，还需要我们全行业共同努力。我坚信，只要我们坚持泡沫剂高品质发展的观念不变，始终如一地去研发，我国泡沫剂从质量上达到或超过国际知名品牌的一天一定会到来，愿本书能为达到这一目标略尽微力。如果本书能为读者在泡沫剂研发、生产、使用中有所启发和帮助，则是笔者最大幸福。

由于本书多以笔者自身经验为主要内容，个人之见难免存在偏颇或错误，在此恳请行业同人和读者指正。行业内有很多专家学者及企业的技术精英对泡沫剂生产都有精深的研究，对于书中存在的不足，敬请赐教。

本书在写作过程中，承蒙房厉君提供试验数据，何楠与柴丽影提供泡沫剂与泡沫混凝土生产经验，李永刚和吕凤云提供了部分参考资料，丁跃国提供了资料检索服务，闫业勤承担了全书的绘图及照片处理工作。在此，谨向他们的付出表示谢意。

最后，我们还要感谢中国建材工业出版社为本书提供出版机会，才使本书有可能走向读者。尤其是要感谢中国建材工业出版社材料工程编辑部王天恒编辑，她为本书的出版不辞辛苦，给予了及时的指导和帮助。

愿本书的出版能对我国泡沫剂向高端化转型发展发挥一点引导及推动作用。

编著者

2020 年 3 月于北京

目　　录

1 概 论

1.1 泡沫混凝土泡沫剂的概念

1.1.1 基本概念

一种溶于水后，能够降低液体表面张力，通过物理方法产生大量均匀而稳定的泡沫，可用于制备泡沫混凝土或泡沫无机胶凝材料硬化体的添加剂，就称为泡沫混凝土泡沫剂。

1.1.2 泡沫剂与表面活性剂的关系

表面活性剂是泡沫剂的主要成分。任何一种泡沫剂，都是单一表面活性剂或复合表面活性剂。也可以说，表面活性剂是泡沫产生的物质条件。机械的分散作用与表面活性剂降低液体表面张力作用相配合，才可能形成泡沫。

从本质上讲，泡沫剂是一大类通过制泡机可制备出大体积量的稳定泡沫的表面活性剂。表面活性剂不一定是泡沫剂，但泡沫剂一定是表面活性剂。在物理作用下能够产生泡沫的表面活性剂至少有几千种，但是能够成为泡沫剂的，只有几百种。只有那些能够产生足够大量的稳定的，符合技术要求的泡沫的表面活性剂，才能单独或复合成为泡沫剂。

1.1.3 泡沫剂与泡沫混凝土泡沫剂的不同概念

准确地讲，泡沫剂并不都是混凝土泡沫剂。两者最重要的区别，在于混凝土泡沫剂可以用于制备泡沫混凝土，在混凝土或胶凝硬化体中形成微气孔，使混凝土或胶凝硬化体成为轻质材料，满足人类的某一方面的特种需要。而目前有相当一部分泡沫剂虽有良好的产生泡沫的作用，但其泡沫进入混凝土或水泥等胶凝材料浆体后，会很不稳定，并在短时间内消失，难以在混凝土或水泥等胶凝材料浆体中形成微气孔，制备不出微孔轻质材料。能否用其制备的泡沫制备出合格的微孔轻质混凝土或微孔胶凝材料硬化体，是区别一般泡沫剂与混凝土泡沫剂的唯一标准。所以，不能混淆泡沫剂及混凝土泡沫剂。

1.1.4 泡沫剂与发泡剂的不同概念

在我国泡沫混凝土发展的初级阶段，由于受到发展水平的限制，泡沫剂与发泡剂的概念是混淆不清的，比较模糊和混乱。例如，我国早期翻译的苏联泡沫混凝土著作《泡沫混凝土绝热工程的施工及其制造》一书（中国建筑工程出版社，1956，12，原商业部专家工作科译），泡沫剂的译名为"起泡剂"。而20世纪末从韩国、德国等进口的泡沫剂及相关商品也均称为"发泡剂"。受这些因素的影响，当时，在泡沫混凝土行业，均将泡沫剂被称为"发泡剂"。历史的局限性使作者也受到影响。在我写于21世纪初的《泡沫混凝土实用生产技术》一书中（化学工业出版社2006年出版），也把泡沫剂称为"发泡剂"。至今，在历史传统的影响下，泡沫混凝土行业仍有很多人把泡沫剂称为"发泡剂"。这显然是不正确的，应予更正。

从现在看，国际上普遍把物理制泡所用的表面活性物质称为"泡沫剂"，而不称为"发泡剂"。就目前已发表的大部分有关泡沫混凝土的论文，也将泡沫混凝土物理制泡的表面活性物质称为"泡沫剂"。2013年颁布实施的《泡沫混凝土用泡沫剂》（JC/T 2199—2013）行业标准，对这一概念进行了最权威的解释，并将其名称正式定为"泡沫剂"。所以，我建议大家以后均应以标准概念及名称为准，不能再以俗称或习惯叫法随意称之，以免继续造成混乱。抛开历史因素，事实上，泡沫混凝土用的泡沫剂与发泡剂，也是两个不同的概念和不同的物质，只是原来没有清晰地界定而已。

泡沫剂的概念在前面已说明，它是一种溶于水，能够降低水的表面张力，通过物理方法的机械（发泡机）作用，而产生大量均匀稳定泡沫的表面活性物质。它的典型特征，是产生泡沫的过程，只有物理作用，而没有化学反应。

发泡剂则是通过化学反应产生气体，从而在水及其他液体中产生气泡的一类化学物质。广义地讲，凡是能通过化学反应产生气体，并在液体中形成气泡的化学物质，均是发泡剂。狭义地讲，通过化学反应产生的气体能够被用于制备有用的多孔材料或膨松、轻质材料的才能称为发泡剂。发泡剂种类是很多的。像食品发泡剂碳酸氢钠、硫酸铝钾等，工业发泡剂如制取泡沫玻璃的发泡剂碳化硅、碳黑，制取泡沫塑料的偶氮化合物、磺酰肼类化合物，制取加气混凝土的铝粉等。但只有能用于制备泡沫混凝土的，才是泡沫混凝土发泡剂，也称泡沫混凝土化学发泡剂。目前，用得最为广泛的泡沫混凝土化学发泡剂是双氧水。它是通过双氧水在催化剂作用下分解、产生氧气而在混凝土中产生气孔的。

概括地讲，泡沫混凝土泡沫剂与发泡剂，有以下几个方面的区别。

（1）形成气泡的原理不同。泡沫剂是物理作用产生的，发泡剂是化学作用产生的。

（2）产生气泡的工艺不同。泡沫剂的气泡产生必须有发泡机的制泡、混泡工艺，发泡剂没有制泡工艺，不需要发泡机。它只有发泡剂与浆料的混合工艺。

（3）产生气泡的物质类型不同。泡沫剂中产生气泡的物质是表面活性剂，而发泡剂产生气泡的基本物质是可以通过化学反应产生气体的一大类物质。

（4）所形成的气泡在空气中的存在状态不同。泡沫剂所形成的泡沫（气泡聚集体）可以在空气中长时间存在，纳米泡沫最长可以存在一年。而发泡剂所产生的气泡在空气中不能长时间稳定存在，会很快消失。

（5）所形成的多孔材料的气孔形态不同。泡沫剂在多孔材料中形成的气孔多为不规则形，很难成为正圆形。而发泡剂在多孔材料中所形成的气孔多较圆，近似正圆形。

（6）对胶凝浆体的凝结影响不同。泡沫剂由于是表面活性剂，在浆体中对胶凝材料颗粒吸附作用很强，其吸附层会影响胶凝材料的水化，从而延迟凝结时间，有明显缓凝性。而发泡剂多非表面活性剂，吸附作用不强烈或根本没有吸附作用，所以它们在浆体中基本不影响胶凝材料的水化，没有缓凝作用。

从以上分析可知，泡沫剂与发泡剂，完全是两个不同的概念，分属于两类不同的物质。为了使用方便，便于区别，在以后的生产与使用中，一定要把两个概念加以区分，不能把泡沫剂再称为发泡剂。由于历史原因造成的概念及名称上的混乱，应该中止和纠正。

1.1.5 广义泡沫剂及狭义泡沫剂

（1）广义泡沫剂

泡沫剂是一个广泛的概念。笼统地讲，凡是可以产生大量泡沫的物质，均可以称为泡沫剂。当然，它不包括通过化学反应产生的泡沫，我们这里讨论的仅是通过物理机械作用制取的泡沫。

世界上可以产生泡沫的物质非常多，但并不能都称为泡沫剂。只有那些产生的泡沫足够多，而且具有一定稳定性的物质，才可以称为泡沫剂。像造纸废液可以产生大量泡沫，但它的产泡量还不够大，且不稳定，因此它不能被称为泡沫剂。又如啤酒，由于啤酒里含有大量的起泡麦芽蛋白，在啤酒花树脂及溶解于啤酒里的二氧化碳共同作用下，当打开啤酒瓶时，可以产生大量丰富的泡沫。但由于它的泡沫也不能长时间存在，所以也没有人将啤酒称为泡沫剂。

严格地讲，广义泡沫剂是指所有其水溶液能在引入空气并有物理扰动作用的情况下，可以产生大量泡沫的表面活性剂或表面活性物质。因为多数表面活性剂或表面活性物质，均有产生大量泡沫的起泡能力。所以，广义的泡沫剂包括了多数的表面活性剂及表面活性物质。表面活性剂及表面活性物质，是一个庞大的家族，有几千种之多，种类繁多，范围很大，具有概念的宽泛性。

广义泡沫剂的典型技术特征有两个：一是虽能起泡，但泡沫量不够多，达不到使用要求；二是泡沫的稳定性欠佳，不是都能满足实际生产应用的技术要求，即技术指标没有保障，相对较低。一句话，它不能保证工业可用性。广义泡沫剂可以说是一类具有一定产泡能力，但不能定性其实际用途的起泡物质。

广义泡沫剂没有实际的研究意义，对我们泡沫混凝土行业来说就是如此。

（2）狭义泡沫剂

狭义泡沫剂是相对于广义泡沫剂而言的，它是指那些不仅可以产生丰富泡沫，而且泡沫具有优异的稳定性，起泡力与稳泡力均能满足某一领域应用技术要求的一类表活性剂及表面活性物质。

狭义泡沫剂的显著技术特征，就是它具有高起泡、高泡沫稳定性及突出的实际应用价值，可用于生产领域并产生特殊的效果。这也是它与广义泡沫剂的根本区别。

狭义泡沫剂，也就是现在各行业已经实际应用或未来会获得应用的泡沫剂。根据不同的应用领域，狭义泡沫剂有不同的性能及不同的用途及种类。现已广泛应用的专用泡沫剂有用于灭火的灭火泡沫剂，用于矿业的浮选泡沫剂，用于食品工业的食品级泡沫剂，用于石油工业的钻井及驱油泡沫剂，用于印刷工业的浮雕泡沫剂，用于日化工业的剃须膏及沐浴露，用于环保的煤矸石防自燃泡沫剂及垃圾覆盖泡沫剂，用于玩具的泡沫剂，用于光学的泡沫剂，用于泡沫混凝土的泡沫剂等。未来，随着泡沫物理学的进展，狭义泡沫剂会有多少种类，还难以预测，但肯定会有不少。

狭义泡沫剂是现在及今后研究的重点，也是泡沫物理学研究的重点。而广义泡沫剂相对来讲，深入研究的意义不大。从现在已发表的论文及出版的论著来看，95%以上是研究狭义泡沫剂的成果。

（3）狭义泡沫剂与泡沫混凝土泡沫剂的关系

泡沫混凝土泡沫剂，是狭义泡沫剂的一个特殊专用品种。反过来，狭义泡沫剂并不等同于混凝土泡沫剂。在狭义泡沫剂中，能用于生产泡沫混凝土的，少之又少，只是很小一部分。大多数狭义泡沫剂，都不适合用于制备泡沫混凝土。这是因为，泡沫混凝土的生产工艺，对泡沫剂具有一些特殊的技术要求，这些要求，不是所有狭义泡沫剂都能满足的。

在工农业生产及日常民用中，不同的应用领域对于泡沫剂有不同的技术要求。不同的行业，对泡沫剂的要求有很大的不同。例如，消防用泡沫灭火剂，只要求瞬时起泡量及泡沫对氧气的阻隔能力，而不要求过大的泡沫、稳定性和泡沫的均匀细腻性。再如矿业浮选机用泡沫剂，它只要求泡沫对目的物的高吸附性及携带性，对泡沫剂的发泡倍数及稳泡性要求也不高。泡沫剂目前已应用于许多工业领域、农业领域、军事领域等，用途仍在扩展。显然，各行业对泡沫剂的性能要求是不一样的。一个行业能用的泡沫剂，在另一个行业不一定能够得到应用或使用效果不理想。同样的道理，泡沫混凝土所用的泡沫剂，用于实现混凝土的造孔。而泡沫混凝土浆体是液、固三相体系，且配合料十分复杂，使用条件要比灭火剂，浮选剂等差得多，技术要求也高得多。在狭义泡沫剂中，泡沫混凝土用泡沫剂是技术要求最高的一种。它不但要求大起泡量，还要求高稳泡性、泡沫的均匀性、细腻性，以及对水泥浆体的适应性，对搅拌机械及泵送机械的适应性等。能满足这些技术要求的各种狭义泡沫剂，是不多的。所以，泡沫混凝土泡沫剂，是狭义泡沫剂中一种高性能的特殊品种。

1.1.6 泡沫混凝土泡沫剂的几个典型技术特征

泡沫混凝土泡沫剂有别于化学发泡剂及其他狭义泡沫剂，有几大技术特征。这些技术特征概括如下。

（1）起泡成分为表面活性剂，而不可能是其他物质。化学发泡剂一般不是表面活性剂，而是可以与其他物质进行化学反应产生气体的物质。

（2）它必须通过物理机械作用或其他外力影响作用才可以起泡。没有外力作用，它就不能自行起泡。化学发泡剂没有外力，也可以反应产生气体而起泡。

（3）它产生的泡沫可以在空气中长时间存在。最短几十分钟，一般几个小时，更长的几天、几个月，甚至一年。而化学发泡剂或其他狭义泡沫剂一般产生的泡沫，大多不能如此长时间地在空气中存在。

（4）它产生的泡沫，可以经受外力的扰动而不破灭，即具有抗外力扰动性。如出现搅拌、泵送、摊铺、刮平等工艺扰动的情况，泡沫均可以稳定存在。化学发泡剂产生的泡沫，则经不得外力扰动，在扰动作用下会很快地消失。而许多狭义泡沫剂也是经不起外力扰动的。

（5）它产生的泡沫具有抗碱耐碱性，或者抗硬水性。泡沫混凝土所用的水泥多是高碱的。所用水有些也是硬水（工程用水难以保证使用软水）。所以，泡沫混凝土泡沫剂，一般都具有良好的抗碱耐碱性及抗硬水性，在高碱高硬水条件下，仍可以保证正常使用。

（6）它产生的泡沫可以适应胶凝材料浆体复杂的成分。泡沫混凝土的配合比较为复杂。有些配合比还加有各种集料、促凝剂、稳泡剂、减水剂、抗缩剂、泵送剂、泡孔调节剂等。所以，泡沫混凝土泡沫剂具有良好的适应性，能适应各种胶凝材料及外加剂。而其他的狭义泡沫剂则不要求这种适应性。

1.2 泡沫混凝土泡沫剂的用途

泡沫混凝土泡沫剂的主要用途，可以用一句话来概括：它主要用于制备各种类型的多孔胶凝无机轻质材料。

由于制备不同类型的多孔轻质材料，所用的胶凝材料也不同，我们按泡沫混凝土所用的不同胶凝材料，可以把泡沫剂的用途细分为以下六种。

1.2.1 制备泡沫混凝土多孔材料

泡沫混凝土是指在胶凝材料浆体配合比中，添加粗细集料及微集料的多孔硬化体。其中的多孔由添加的泡沫形成。其粗集料如聚苯颗粒、珍珠岩、玻化微珠、陶粒、膨胀蛭石等，其细集料如砂子、陶砂、漂珠等，其微集料包括粉煤灰、矿渣微粉、高岭土、硅灰、沸石粉等。添加各种集料后，硬化体的各种性能得到提高和改进，并降低成本。目前，无机胶凝材料多孔硬化体多为泡沫混凝土。泡沫剂的主要用途就是制备泡沫混凝土多孔材料。由于水泥价格日益趋高，再加上不添加各种集料会影响水泥多孔硬化体的性能，目前，大多数无机胶凝材料（尤其是水泥）多孔硬化体的生产，均添加了集料，所以泡沫水泥的比例在下降，而泡沫混凝土在多孔材料中占主导。这也间接促使泡沫剂主要应用于泡沫混凝土多孔材料的制备。

1.2.2 制备泡沫水泥多孔材料

在水泥浆体里不添加集料（包括粗集料、细集料、微集料），利用泡沫作为成孔剂，所制备的多孔硬化材料，俗称泡沫水泥。水泥既包括常规水泥（如六大通用水泥），也包括各种特种水泥（如硫铝酸盐水泥、铁铝酸盐水泥、镁水泥、碱矿渣水泥等）。在泡沫混凝土的发展历程中，泡沫水泥作为其延伸产品，占有一定的比例，如屋顶泡沫水泥保温层、地暖泡沫水泥绝热层等。由于其不添加集料，干缩较大，开裂问题突出，近年来其用量在逐年减少，但仍然有一些应用。目前，泡沫剂有 20% ~25% 应用于泡沫水泥的生产。未来，其应用量虽然呈下降趋势，但仍然会保持一定的比例。由于泡沫水泥没有专用的标准支持，现有的大多数标准用于泡沫混凝土。所以，为了设计、施工、验收有标准可依，在实际生产中，人们也已经将泡沫水泥归类于泡沫混凝土。虽然如此，毕竟泡沫水泥不能等同于泡沫混凝土，两者还是有一定区别的。从这个意义上讲，我们仍然应该在介绍泡沫剂应用领域时，把泡沫水泥单列。

1.2.3 制备泡沫硅酸盐多孔材料

泡沫剂用于制备泡沫硅酸盐多孔材料，也是泡沫剂的一个重要用途。近年来，用泡沫剂生产蒸压硅酸盐多孔材料自保温砌块，呈较快发展的趋势，特别在广东、福建等沿海发达地区，生产规模在逐年扩大。

泡沫硅酸盐多孔材料也是泡沫混凝土的一个延伸产品，它其实是加气混凝土工艺与泡沫混凝土工艺的融合嫁接产品。它的蒸压硅酸盐工艺是借鉴加气混凝土的，它的利用泡沫剂形成多孔材料的工艺又是借鉴泡沫混凝土的。正因如此，有人称其为加气混凝土，有人称其为泡沫混凝土，在概念上引起混乱。作者认为，多孔材料的主要特征是"多孔"，应该以"多孔"形成的原理及工艺来定性其归类。从这个意义上讲，由于泡沫硅酸盐的形成"多孔"的工艺是加入泡沫剂制备的泡沫，而非发泡剂产生的气体，所以，应该将泡沫硅酸盐多孔材料归类于泡沫混凝土。

泡沫硅酸盐多孔材料虽然可以归类于泡沫混凝土，但严格地讲，它与泡沫混凝土还有一定的区别。两者的主要区别在于强度产生的原理不同。泡沫混凝土目前多以水泥为胶凝材料，以水泥的水化反应作为强度的主要来源。而泡沫硅酸盐多孔材料的强度来源，是硅钙反应所产生的硅酸盐，而非水泥。目前，生产泡沫硅酸盐多孔材料的主要硅质原材料多为矿渣粉、粉煤灰、河砂粉、石英粉、尾矿粉等，钙质原材料多为生石灰、电石渣等。蒸压泡沫硅酸盐的主导产品，目前主要是蒸压泡沫混凝土砌块和砖，国家已出台国家标准《蒸压泡沫混凝土砖和砌块》（GB/T 29062—2012），以支持其发展，广东省也颁布并执行相关地方标准。

由于硅钙反应在常温下很难进行，所以各种硅酸盐混凝土均是在水热反应状态下获得，通常采用的是蒸养工艺或蒸压工艺。蒸养工艺所进行的水热反应不彻底，反应产物少，产品抗压强度及其各种性能均较差，远不如蒸压工艺。因此，目前国家职能部门出台的相关规定，将非蒸压硅酸盐产品，包括泡沫硅酸盐砖及砌块，列入禁止目录。当这一规定发布后，曾引发了泡沫混凝土行业一片惊恐，认为国家要禁止泡沫混凝土墙体材料。这是极大的误解。造成这种惊恐，说明泡沫混凝土行业的许多人，分不清水泥混凝土与硅酸盐混凝土。通常，混凝土行业内，把以水泥为胶凝强度来源的混凝土称为水泥混凝土，把以水热合成硅钙反应物为胶凝强度来源的混凝土称为硅酸盐混凝土。由于目前90%以上的泡沫混凝土均以水泥为胶凝材料，不属于硅酸盐产品，不在国家禁用非蒸压硅酸盐墙体材料之列，所以，人们无须惊恐。至于目前的泡沫硅酸盐砖和砌块，正规的企业都采用的是蒸压工艺，符合规定要求。这几年，一些采用粉煤灰和石灰为主要原料，通过蒸养而非蒸压为工艺，生产所谓的"泡沫混凝土砖和砌块"，因为其属于非蒸压硅酸盐墙体材料，不符合国家规定，应予淘汰。那些采用水泥生产自保温泡沫混凝土砖和砌块的，由于不属于非蒸压硅酸盐墙体材料，并不在国产禁止范围，仍可放心生产。

根据以上分析，蒸压泡沫硅酸盐混凝土砌块在我国呈较好发展趋势。所以，泡沫剂在泡沫硅酸盐领域的应用，仍然看好。可惜的是，目前各地生产蒸压泡沫硅酸盐砖和砌块所使用的泡沫剂，多是进口产品，国产泡沫剂达不到要求。为此，我们在研究蒸压泡沫混凝土砖和砌块专用泡沫剂方面，还应加大投入，尽早实现突破。

1.2.4 制备泡沫土多孔材料

利用泡沫剂制备泡沫土工程回填材料，是近年随着土壤固化剂的推广应用而带动起来的新兴产业。它主要应用于各种工程回填，如路基填筑、地面填筑、废弃地下工程及矿井的填筑等。由于其硬化体强度相对较低，一般多用于对工程回填强度要求不高的项目。应企业所请，这几年作者也配合工程实践，对泡沫土进行了研究，在不添加水泥的情况下，配合土壤固化剂，其硬化体的抗压强度可达 0.3 ~ 1.0MPa，若添加少量水泥，并配合土壤固化剂，其硬化体的抗压强度也可达到 2.0MPa 以上。随着近年我国基础设施工程量的扩大，大量工程废土急需回填应用，泡沫土的成功推广应用，具有积极的环保意义与经济意义。同时，它为泡沫剂的应用扩展了新的应用领域。目前，这一应用处于刚刚起步阶段，但发展较快，国内不少工程已经成功应用。特别是在地下管道沟槽回填方面，展现了良好的应用前景。在地面回填方面，也被工程领域看好。

其实，利用泡沫剂制备的泡沫，生产泡沫土多孔材料，我国已有20多年的实践，只是没有应用于工程领域，而是应用于泡沫陶瓷而已。早年，我国生产泡沫陶瓷的高岭土泥坯，是利用锯末、石蜡等作为成孔剂，但效果和经济性欠佳。后来，我国借鉴国外经验，陶瓷行业开始以泡沫剂作为成孔剂，不但成本低，而且孔结构也较好。因此，在高岭土浆体内加入泡沫和稳定剂生产泡沫陶瓷的工艺，已成为泡沫陶瓷生产的首选工艺，在我国得到普遍的应用。其所利用的泡沫剂及向高岭土浆体中的添加工艺以及成孔原理，和现在的泡沫土是基本相同的。也可以说这是泡沫土的技术基础。因此，泡沫土既是新技术，也是老技术，它其实是老技术的新发展与新应用。泡沫剂在泡沫土领域的应用将会展现美好的前景，欢迎同行共同去推动。

1.2.5　制备泡沫石膏多孔材料

利用泡沫剂制备泡沫石膏多孔材料，在我国已有近20年的历史。早在21世纪之初，泡沫石膏就在我国开始应用，其主要应用于纸面石膏板和石膏砌块、石膏吊顶、石膏构件等制品。从2002年到2008年间，作者应一些石膏制品厂的邀请，参与企业泡沫石膏的应用实践研究。当时，作者研发的发泡机及泡沫剂，曾在北新建材龙牌纸面石膏板生产线上进行应用。泡沫石膏经过近20年的应用实践，目前已非常成熟，被广泛应用于纸面石膏板、石膏砌块、吊顶的生产。石膏制品添加泡沫的目的，主要是降低产品密度，使其更加轻质化，同时为了降低石膏用量和产品的成本。石膏制品的泡沫加量一般较小，为10%～20%（体积比）。由于石膏强度较低，泡沫不能多加。在添加泡沫的同时，为弥补强度损失，一般应加入增强外加剂。从近年的应用实践看，石膏制品加入泡沫，确实改进了质量，降低了成本，取得良好的技术、经济效果，其应用范围及用量呈逐年扩大的趋势。

泡沫石膏所用的泡沫剂，由于石膏的特性与水泥不同，所以有其独特性，不少为石膏专用泡沫剂。但目前各企业的泡沫剂质量参差不齐，有一定的差别，有些泡沫剂品质不高，有待改进。

1.2.6　制备泡沫地聚物多孔材料

泡沫地聚物，是泡沫剂的最新应用领域，属于泡沫混凝土的前沿科技之一，也是行业内外目前研究的热点之一。

地聚物，全称地质聚合物，也称地质水泥、土壤聚合物等。它是一种新型高性能胶凝材料。其本质是人工模仿地球化学形成岩石原理，而制造出的铝硅酸盐矿物聚合物。其基本结构是由硅氧四面体和铝氧四面体聚合的具有非晶态和准晶态特征的三维网络凝胶体。目前，它最常用的原材料为偏高岭土、粉煤灰、沸石粉等活性材料。地聚物由于具有快凝、高强、抗腐蚀、高耐久，成本低等优异性能，正好弥补了泡沫混凝土凝结慢、强度低、不抗腐蚀、水泥成本高等缺陷。所以它就成为近年人们为改善泡沫混凝土性能，降低水泥基泡沫混凝土造价的理想胶凝材料，从而成为许多研究者和企业的开发重点。

泡沫地质聚合物的研究和应用，目前仍处于初级阶段。虽然研究很热、开发者众多，但从目前实际工程应用来看，离规模化生产，尚有一定的距离。但从目前各单位的研究报告来看，成果不少，已取得一定的经验，为将来大规模应用，奠定了技术基础。相信未来，泡沫地质聚合物一定会获得推广和应用。

1.3 泡沫混凝土泡沫剂的种类

1.3.1 按成分分类

（1）单一成分泡沫剂

单一成分泡沫剂，顾名思义，其成分只有一种。其特点是成分简单，生产工艺不复杂，性能相对较低，应用多受局限。由于其性能不高，其近些年的产销量都呈下降趋势。在泡沫混凝土的发展初期和早期，由于对泡沫的质量要求不高，单一成分泡沫剂也曾广泛流行和应用，如松香皂泡沫剂、石油磺酸铝泡沫剂、丙烯酸环氧酯泡沫剂等。由于技术要求日益趋高，单一成分泡沫剂的发展会受到一定的限制，但仍然会有一定的应用，如松香皂泡沫剂。

（2）复合型泡沫剂

复合型泡沫剂，由多种成分复合而成，如起泡剂、稳泡剂、增泡剂、促凝剂等多元复合。

复合泡沫剂代表着未来泡沫剂的发展方向。它的突出优势，就在于性能优于单一成分泡沫剂，而生产成本和使用成本低于单一成分泡沫剂，性价比高。利用 $1+1+1>3$ 的叠加效应原理，各种不同成分的泡沫剂复合，可以优势互补，而劣势互克。这就很容易产生各成分间的性能叠加效应，形成千变万化、性能各异的高性价比泡沫剂，适应各种不同技术要求的工程及制品。一般情况下，它的性价比均高于单一成分发泡剂。这一点，单一成分泡沫剂是不可相比的。

目前，国内外市场上流行的泡沫剂，基本上多是复合型泡沫剂。

1.3.2 按用途分类

（1）保温制品用泡沫剂

保温制品用泡沫剂技术要求最高，属于高档泡沫剂。它不但要求较高的闭孔率，还要求泡沫的浇注稳定性，泡沫的均质性。目前我国广东等经济发达地区的一些制品厂多采用进口高档泡沫剂。近年来，国产泡沫剂的质量和性能已得到提升，在逐步缩小与进口品的距离，个别高档泡沫剂已达到或超过进口品。总体来看，国产品能满足技术要求的，还是极少数。高闭孔率、高稳定性是其主要特征。

（2）墙体灌浆用泡沫剂

墙体灌浆用泡沫剂的技术要求也较高，仅次于保温制品。由于要满足一次性浇筑 1～3m 墙体的要求，泡沫剂所制泡沫必须具有比保温制品更好的稳定性。它应能在水泥浆体自重的压力下也不易消泡，保证浇筑后浆体不因下部消泡而沉降塌模。更重要的是，墙体现浇对墙体各部位的硬化体密度差要求严格。如果泡沫不稳定，就会出现很大的密度差。

因此，墙体灌浆必须要有专用的高稳定性泡沫剂。

（3）工程回填用泡沫剂

工程回填用泡沫剂是一种专用的中高档泡沫剂。它既要求有较高的稳定性，不造成过大的密度差，更要求高发泡倍数，产泡量大。由于回填工程一般工程量都较大，没有良好的起泡性，工程造价难以保证。高泡、高稳是其主要特征。

（4）薄层现浇用泡沫剂

薄层现浇用泡沫剂用于地暖绝热层（3～5cm厚）、管道夹层填充（3～10cm）、地面垫层（一般5～15cm）、垃圾封闭层（10～20cm）、建筑薄壳层等各种工程。这类工程浇筑层很薄，浆体自重压力小，泡沫不易因自重压力破裂，技术要求不是特别高，所以，采用的是专用的中低档泡沫剂。它要强调大的起泡性和产泡量。因此，它的特征是高泡、低价，一般稳定性。

（5）斜坡浇注用泡沫剂

斜坡浇注用泡沫剂应该具有低携液量、低泌水率、泡沫黏稠的特点，所制浆体要有棉团似的外观，浇注在斜坡上不易下滑，可以很好地在斜坡面黏滞。它要保证斜坡面浇注刮平后始终保持厚薄一致，浆体不顺坡流淌。普通泡沫剂很难做到这一点。

这类泡沫剂适用于斜坡屋面、工程斜面、工程拱顶、墙面泡沫混凝土喷涂层等。

（6）透气通孔用泡沫剂

透气通孔用泡沫剂可以形成硬化体80%以上的通孔率，达到透气、透水、吸声等效果。其适用于吸声屏障（路用）、过滤制品及过滤浇筑层、透水砖透水现浇地面、吸声装饰板等。

这类泡沫剂的主要特点是所制泡沫具有相当高的开孔率。

（7）低温抗冻泡沫剂

低温抗冻泡沫剂的主要特点，是在-10～-5℃甚至更低温度不结冰，而起泡性依旧。它可保证工程在冰雪天继续施工、可施工天数，且可以提高浇筑体的抗冻性、降低防冻剂用量20%左右，兼具防冻剂的作用。

它的另一特点是四季皆可使用，夏季更优，适应性更强，应用面更宽。低温施工，它是最佳选择。

（8）大泡径泡沫剂

大泡径泡沫剂是一种特种用途产品。它的主要特点，是制取的泡沫具有2～3mm的大泡径。它主要应用于一些要求大泡的装饰工艺品的生产，如用于仿洞石生产、仿蜂巢艺术板的生产等。其产品附加值高，是高效益制品专用泡沫剂。

（9）水工专用泡沫剂

水工专用泡沫剂主要用于水下浇筑泡沫混凝土、河岸浇筑泡沫混凝土、水面浇筑泡沫混凝土等水工工程。它的技术特征是具有较强的水不溶性，使泡沫混凝土浇筑在水中也不易消泡，长时间保持稳定，保证泡沫混凝土硬化后仍具有良好的微孔结构。这是专为水工工程开发的新型高性能泡沫剂。

（10）阻滞材料专用泡沫剂

阻滞材料专用泡沫剂主要用于生产各种阻滞高吸能产品，属于超高端泡沫剂。它不但要求泡沫成孔的高度均匀性，孔径保持一致，差别小，而且成孔吸能优异，硬化体阻滞力强。尤其要保证硬化体密度差极小，泡沫应超高稳定。它不要求大起泡性，但要求泡沫的超高综合品质，是目前技术要求最高的泡沫剂。它主要应用在机场跑道阻滞带，公路避险车道等。

1.3.3 按用于胶凝材料的种类分类

（1）通用水泥泡沫剂

通用水泥包括六大品种：硅酸盐水泥、普通硅酸盐水泥、矿渣硅酸盐水泥、粉煤灰硅酸盐水泥、复合硅酸盐水泥、石灰石硅酸盐水泥。它们的共同特点是碱含量高、凝结硬化较慢。

其专用泡沫剂应能适应通用水泥的特点，其 pH 值低于 9，若 pH 值过大，会加剧产品泛碱泛霜。另外，其泡沫剂应具有较高的稳泡性，在 5h 内不消泡。由于通用水泥硬化慢，若泡沫不稳定，在水泥泡沫浆终凝前，大量消泡会引起塌模。再者，为适应通用水泥凝结慢的特点，此类泡沫剂应具有促凝性。一般泡沫剂均有缓凝性，通用水泥泡沫剂要尽量控制其缓释性。

（2）快硬硫铝酸盐水泥泡沫剂

快硬硫铝酸盐水泥泡沫剂具有适应快硬硫铝酸盐水泥特点的性能。快硬硫铝酸盐水泥凝结快，几十分钟就可固定泡沫、不易消泡。所以，这类泡沫剂不需要过强的稳定性，中等稳泡即可。但快硬硫铝酸盐水泥价格高，所以，本泡沫剂要求使用成本低，价格应偏低，且要有优异的起泡性，用量少，以弥补快硬硫铝酸盐水泥价高的不足，有利于降低其产品及工程造价。

（3）菱镁泡沫剂

菱镁水泥具有快凝、快硬、低碱、高强、价高、易泛霜、返卤、耐水差、易变形等特点。快凝，要求泡沫剂一般稳泡性即可；低碱，要求泡沫剂 pH 值应为 7～9；价高，要求泡沫剂应具有高泡及经济性；易泛霜、返卤、耐水差、易变形，要求泡沫剂具有改性作用，有利于克服其弊病。

因此，此类泡沫剂的特点是：使用成本低、具有改性作用、稳泡性要求不高，而高泡性突出，pH 值 7～9，不可过高。

（4）石膏泡沫剂

石膏不耐水，强度低，凝结快，价格低。为适应这一特点，其泡沫剂也不要求过强的稳定性，中等稳泡即可。但石膏不耐水，要求泡沫剂有助于提高其耐水性，并有低 pH 值（7～9）及高泡性等特性。

（5）蒸压硅酸盐用泡沫剂

蒸压硅酸盐用泡沫剂应具有在成型后有适应高温蒸汽养护、蒸压养护，以及泡沫高稳定性的特点。蒸压、蒸养之前，均有数小时的高温静停初养的阶段。这一阶段，浆体要在45～50℃静停凝结，气泡内的空气受热膨胀，易造成泡沫破灭。因此，泡沫剂所制泡沫必须泡膜坚韧、不易破灭。另外，所制泡沫的泡径不宜太大，应细小均匀，越细小的泡沫越稳定。

（6）地聚物泡沫剂

地聚物具有快凝、高强、浆体偏碱的特点。它也不要求泡沫剂具有过高的稳泡性，中等稳泡即可。由于浆体偏碱性，泡沫剂也应具有偏碱性的特点。其 pH 值应大于 10，更有利于其强度的形成。地聚物的外加剂使用成本较高，为抵消这一不利因素，泡沫剂应具有大起泡力，成本低，经济性好的特点。

（7）固化土泡沫剂

目前，固化土已广泛应用于地基、路基、墙体、回填等工程。在一些场合，也需要加入泡沫降低密度。如轻质回填、轻质墙体等。它的特点是凝结缓慢、凝结时间长，强度低、浆体偏碱。根据它的特点，泡沫剂的 pH 值应大于 10，并有促凝性、激发性、高泡高稳性。其泡沫的稳泡时间至少要大于 5h，在固化土终凝前不消泡，以避免塌模。固化土的造价较低，所以，泡沫剂也应具有使用成本低、经济性的特点。

1.3.4 按其代别分类

（1）第一代松香皂泡沫剂

松香皂泡沫剂是国内外最早工业化规模应用的泡沫剂之一。国外自 20 世纪 30 年代开始应用，到 40—50 年代形成应用高峰。我国自苏联引入其生产及应用技术，兴盛于 1951—1960 年。改革开放之初的 20 世纪 80 年代至 90 年代，它也是泡沫剂的主导产品。如今，仍有少量应用，但已经逐渐减少。

其主要特点是：易于生产，对各种胶凝材料适应性强，泡沫较稳定，对通用水泥、地聚物、硅酸盐等胶凝材料有一定的增强作用，对镁水泥具有一定的改性作用。其缺陷主要是性能波动大，受反应因素影响较大，质量不易控制，且起泡性较差，用量较大。

（2）第二代合成表面活性剂泡沫剂

第二代合成表面活性剂泡沫剂是 20 世纪 80 年代，伴随我国表面活性剂产业的兴起而发展起来的。合成表面活性剂类复配泡沫剂，生产简单、成本低、起泡性比松香皂泡沫剂更强、优势更多，很快受到泡沫剂生产与使用者的欢迎，逐渐取代了松香皂泡沫剂。它流行于泡沫混凝土行业，成为 20 世纪 80 年代到 21 世纪初的主导产品。当时，应用最广的表面活性剂是十二烷基苯磺酸钠。它之所以在当时兴盛，与我国泡沫混凝土产业在改革开放后刚刚起步发展，技术水平低，对泡沫剂的技术要求不高，也有很大的关系。

（3）第三代蛋白泡沫剂

20 世纪 90 年代末，韩国蛋白泡沫剂自山东省和辽宁省进入我国市场，最早是动物蛋白，随后是植物蛋白及动植物复合蛋白。蛋白泡沫剂由于稳定性较好，泡沫混凝土浇筑稳定性优于合成表面活性剂类泡沫剂，很快在中国市场流行起来，得到广泛的应用。受韩国的影响，我国泡沫剂企业迅速研发和推广应用蛋白泡沫剂，不到几年便实现了国产化，并把韩国泡沫剂挤出我国市场。从 20 世纪末到 2010 年左右，是蛋白泡沫剂兴盛的年代。可以说，蛋白泡沫剂的应用，对我国泡沫剂的整体质量，尤其是稳定性，产生了良好的推动作用。

（4）第四代复合泡沫剂

2000 年前后，我国开始进入泡沫混凝土快速发展期，高性能泡沫剂成为市场的新诉求。但不论是松香皂、合成表面活性剂，还是动植物蛋白，任何单一成分的泡沫剂都难以满足这一诉求。这样，复合型泡沫剂应运而生，逐步成为发展方向，不到几年，就主导了泡沫剂市场。估计这一趋势将长久持续，不会改变。

所谓复合型泡沫剂，就是采用两种以上不同类型和特点的泡沫剂混合，形成性能更为优异的一种新型泡沫剂。它实际是利用 1+1+1＞3 的叠加效用原理，使各有优点的泡沫剂优点叠加增效。用它们不同的优点去弥补和克服各自的不足，就可以使泡沫剂的性能得到成倍的提升，并降低了成本，简化了生产工艺，性价比远高于单一成分泡沫剂。

例如，动物蛋白泡沫剂具有优异的泡沫稳定性，但它易腐败变质，起泡性不如合成表面活性剂类泡沫剂，且稳定性也不理想。而一些合成表面活性剂具有高起泡性，可弥补其起泡不理想的不足，而植物蛋白具有一定的杀菌抗菌防腐性。这样，把动物蛋白、植物蛋白、高泡表面活性剂，稳泡表面活性剂复合，就可以形成具有远比单一动物蛋白更稳定、更高起泡性、不易腐败的高性能复合泡沫剂，其成本也有所降低，实现了高性价比。

利用复合方法，可以根据技术需要，任意创新，复配出千万种性能各异的高性价比优质泡沫剂。

复合型泡沫剂在我国的兴起和推广应用，使我国的泡沫剂踏上一个新台阶，标志着我国泡沫剂开始进入理性、成熟的发展期，盲目跟风的年代已经成为过去。

可以预见，我国未来市场上的泡沫剂，将基本上以复合型为主。

1.4　泡沫形态及特性

1.4.1　尺寸形态及特性

（1）纳米泡沫

单个气泡的泡径在纳米级的气泡聚集体称为纳米泡沫。用肉眼根本看不出气泡的存在。它的外观近似乳状液。

纳米气泡目前国内的研究较少，作者尚没有见到相关的报道及应用。在一些发达国家有一定的研究。最早的研究是美国哈佛大学工程和应用学院，该院教授霍华德·斯特所领导的研究团队，于 2005 年宣布，他们成功研制出独特的多边形纳米级泡沫。这些泡沫的气泡由五边形、六边形、七边形的小面组成，形同多个小面构成的足球，多边形小面的尺寸小于 50nm。该试验由该学院研究生艾米丽·德芮塞尔和联合利华公司的研究人员共同完成。结果表明，当纳米小泡表面被特定的表面活性剂混合物覆盖后，表面活性剂分子能够在纳米小泡表面发生晶化现象，形成几乎不可渗透的外壳。

研究人员发现，表面活性剂分子形成的具有良好的弹性，能够让纳米小泡长时间存在，一直保持稳定的状态。该纳米泡沫稳定时间超过了 1 年，而在如此长的时间内，其结构完整不变，创造了人间奇迹，举世惊叹。

但该研究一直停留在其他应用方面，至今仍没有在泡沫胶凝材料方面应用。但可以相信，总有一天，它会在泡沫混凝土领域获得应用。

建议国内有研究条件的单位及研究人员，积极开展研究，使该成果能够在我国泡沫混凝土方面获得实际应用。可以预见，那将会在很大程度上提高泡沫混凝土的性能，尤其是导热系数和抗压强度。我们期待那一天。

（2）微纳泡沫

微纳泡沫气泡的尺寸范围，一般 50nm ~ 100μm。这是介于纳米泡沫和微米泡沫的一种混合泡沫。微纳泡沫目前有乳液与干泡沫两种。其中，限于制备工艺，含水率较低的所谓"干泡沫"较少，而乳液微纳泡沫由于较易制备，相对较多。从应用效果看，微纳干泡沫较好。微纳乳液泡沫含水率过大，影响产品的性能，在应用中效果较差，不如微纳干泡沫。

微纳泡沫的超级稳定性，可用于制备极低导热系数及高强度、高抗冻融的高性能泡沫混凝土。

这种微纳泡沫，之所以能够制备出超越一般的泡沫混凝土性能的"超级泡沫混凝土"，其主要原因是单位体积的泡沫混凝土内，泡沫所形成的微孔数量增加了几百倍至几万倍，使热传导、力传导、声传导、电子波传导的路径变得更加曲折漫长，产生了超过常规几百倍、几万倍的阻滞作用，因而提高了它对任何能量的吸收、超滞性能。因此，这种微纳米泡沫所带来的神奇效果是难以预想的。但有一点是可以预见的，那就是它在工程上广泛应用，未来将会成为现实。

采用现有的制泡机，是不能制出理想微纳气泡的。高性能的制泡机所制出的泡沫里，含有一定量微纳气泡，但是由于它的数量不足，无法成为泡沫的主体，所以没有改善泡沫混凝土性能的明显效果。

作者近年来也曾致力于微纳泡沫的研究，但由于条件的限制及可参考资料的缺乏，进展缓慢。目前，还没有根本性的进展。但即使难度依然较大，作者也不会轻言放弃。在我的有生之年，还想实现自己的愿望，看到我国纳米或微纳泡沫混凝土得到成功研制与应用。

图 1-1 为微纳米泡沫乳液的外观。现在，国内外制备的微纳米泡沫因多用于生化、医药、日化，所以多是乳液状的，没有干泡沫型。而我们需要研制的，是干泡沫型微纳米泡沫。

（3）超微泡沫

超微泡沫也称超微细泡沫。它是一种小尺度的微米泡沫的专称。超微泡沫的尺寸范围为 $1 \sim 150\,\mu m$，小于现有泡沫混凝土气孔的尺寸。它的尺寸微细程度仅小于纳米泡沫或微纳泡沫，是现在我们通过各种技术手段，可以达到的最微细泡沫尺寸。

图 1-1　微纳米泡沫乳液外观

（4）微米毫米泡沫

微米毫米泡沫，简称为微毫泡沫。它是一种微米与毫米泡沫的混合体。现在实际生产中使用的泡沫，基本上属于这一类型。它的泡径范围一般多为 $150\,\mu m \sim 2mm$。其中，大多数泡沫均以 $200\,\mu m \sim 1mm$ 的泡径为主，大于 $1mm$ 和小于 $200\,\mu m$ 的泡径较少。就泡沫混凝土目前的技术水平来看，在相当长的一段时期，微米毫米泡沫都仍将是最主要泡品种。

按微米毫米泡沫的尺寸，作者将其分为三种：

① 微泡

微泡是指 $150 \sim 300\,\mu m$ 的微小泡径泡沫。其性能最为优异，在泡沫中的占比越大越好，应该成为主体泡型。但现在实际应用的一些泡沫，微泡占比都较小，影响泡沫的性能。以后，应尽量在泡沫中加大微泡占比。

② 小泡

小泡是指由 $300\mu m \sim 1mm$ 泡径的气泡所组成的泡沫。在实际生产时，所制泡沫中，这一泡径的泡沫较多，占据比例较大。我们的努力方向，就是在泡沫中，逐步减少这一泡径范围的气泡在泡沫中所占有的数量，增加小于 $300\mu m$ 气泡的数量，才能实现泡沫的微细化、优质化。

③ 大泡

大泡是指泡径大于 1mm 的气泡。现在，大多数企业所制泡沫，都将泡径控制在 1mm 以下，所以，泡沫中 1mm 以上大泡的占比均较少，已不占主体。这类大泡在泡沫中占比越大，则泡沫的性能就越差。作者建议，我们应逐步地控制不让大泡产生，尽力把泡径控制在 1mm 以下。

值得注意的是，个别企业却故意把泡径加大，追求大泡。因为，他们对泡沫混凝土有个不正确的看法，认为泡沫混凝土的气孔越大则强度越高、性能越好。这是十分错误的想法。

除装饰的需要外，一般泡沫混凝土不可追求大泡、大气孔。

1.4.2 外观形态及特性

形成泡沫的气泡，其外观形态有三种：在空气中的形态、在泡沫中的形态、在泡沫混凝土料浆中的形态。在三种不同的形态下，其外形显著不同。

（1）空气中的形态

单个气泡在空气中呈圆球形。这是人们平常最常见到的形态。小孩吹出的泡泡，是典型的代表。

单个气泡在空气中呈圆球形，主要是其表面水膜在各个方向和点位的表面张力是最均匀的一种形式。也就是其表面膜上任何一点的张力都相等。空气是各向同性的，所以不会对任何一个方向偏向，受力大小在各向近于相等，表面张力就使其接近圆形。因为，只有圆球形的表面积是最小的，整体系统能量最低。能量低才能最终稳定下来。既然球形能量最低，气泡必然是球形。

（2）在泡沫中的形态

单个气泡均为圆球形，而多个气泡堆集成为泡沫时，气泡已不再是圆形，而呈不规则的多边形，且大多为四边形、五边形、六边形、七边形等。其中，六边形最多，是其最稳定的形态。泡沫中的气泡之所以不再是圆形，而呈多边形，其原因有三个方面：一是泡沫聚集体中，气泡间的挤压力使气泡变形。泡沫体积越大，其气泡的变形就越大。二是气泡的内聚拉力作用。每个气泡都有使其保持最小表面的内聚力。两个气泡形成共有气泡壁时，由于气泡各自的内聚收缩拉力，就把共有界面拉平直，近似直线。三是气泡壁的排液作用，即 Plateau 边界效应。以三个泡沫相交为例，如图1-2所示，B 处为两气泡交界处，所形成的气液界面相对比较平坦，可近似看成为平液面，而 A 处为气泡交界处，液面为凹液面。由 Young-Laplace 公式可知，此处液体内部的压力小于平液面的压力。所以 B 处液体的压力应大于 A 处液体的内部压力。因

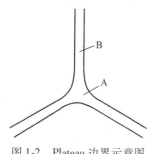

图 1-2　Plateau 边界示意图

此，液体从压力大的 B 处向压力小的 A 处排液，使 B 处的液膜进一步减薄，最终导致液膜破裂。若从弯液面的附加压力来考虑，要使两者之间的压力差最小，膜之间的夹角应为 120°。多边形泡沫结构中，大多数是六边形就是这个道理。气泡间的挤压力、气泡的内聚压力、Plateau 边界效应，三者共同作用，就形成了泡沫中气泡的多边形现象。

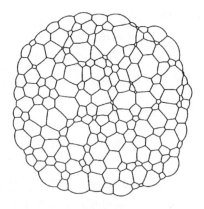

图 1-3 为泡沫中多边形气泡结构示意图。

图 1-3　泡沫中多边形
气泡结构示意图

多边形是泡沫中气泡最稳定的状态，其边数为六时，效果达到最佳。泡沫的多边形界面，使各个气泡得以相互支撑，增大了稳定性。泡沫中的气泡寿命之所以比单个气泡长得多，完全是多边形有利于稳定的原因。越是稳定的泡沫，其泡沫中气泡的边数越多，趋向于六边。多边形泡沫的寿命，目前已经可以达到几天、几个月，甚至一年。由美国哈佛大学霍德华教授科研团队研发的多边形纳米泡沫，其稳定性已达到一年，其泡沫中气泡的边数，经测定为六边和七边。

1.5　混凝土泡沫剂的作用及应用价值

混凝土泡沫剂的基本原理被掌握后，我们可以利用这些基本原理和其基本性能，充分发挥其各种作用，开发其可以利用的价值。本节根据作者的有限经验，介绍泡沫剂的作用及价值。

1.5.1　作用

泡沫混凝土泡沫剂有很多作用，有的已经被发现，但限于目前的技术水平，或许还有些作用没有被发现，有赖于我们继续深入地研究。一般地讲，它的作用有直接作用与间接作用两种。其间接作用是直接作用的体现。

（1）直接作用

① 成孔作用

混凝土泡沫剂的最主要作用是在无机胶凝材料硬化体内，形成人造微孔，使混凝土成为轻质人造多孔材料。所以，泡沫剂又称为"造孔剂""成孔剂"等。

多孔材料具有轻质、保温、隔热、吸声、抗震、阻滞等优异性能，日益受到人们的重视，其用量越来越大。但天然无机多孔材料（如洞石、浮石、鸡骨石等），一方面资源有限，另一方面其孔隙率偏低，许多性能达不到人们的使用要求，所以人造多孔材料应运而生，如加气混凝土、泡沫混凝土、泡沫铝、泡沫陶瓷、泡沫玻璃，膨胀珍珠岩、膨胀蛭石等。其中，由于泡沫混凝土工艺最简单、成本最低，而性能又能满足各种工艺要求，所以近些年发展最快，其产量超过其他各种人造多孔材料的总和，成为人造多孔材料主导产品。而泡沫混凝土的生产，泡沫剂是成孔之核心，发挥了关键作用。

② 工艺润滑作用

气泡在混凝土浆体内如同轴承滚珠，具有一定的滑润作用。泡沫加入浆体可以产生良好的增加流动性、和易性、泵送性等作用，改善了泡沫混凝土工艺性能。

（2）间接作用

泡沫剂使材料形成多孔结构，改善了材料的各种性能，赋予材料轻质性、保温隔热性、吸能性等，使材料具有了特殊功效。这是它发挥的间接作用。

1.5.2 应用价值

（1）应用价值一：降低材料密度

泡沫剂在无机材料中形成的微孔，一般可以达到10% ~80%的孔隙率，最高达90%。大量微孔使材料密度大幅降低，赋予材料良好的轻质性。

例如，水泥型混凝土的常规密度为2200 ~2700kg/m³，加入泡沫后，形成的泡沫混凝土，密度仅200 ~900kg/m³，最低已达80kg/m³。

泡沫剂赋予材料轻质性的工程价值有两个方面：

① 降低建筑自重。同样的基础和相同的地基条件，可以增加建筑层高。不增加层高，可以大幅降低承重结构的梁柱截面及材料用量、降低地基工程量及造价。同时，自重的降低可节约工程材料，减少工程量。改善和提高建筑的抗震性，保温隔热性。

② 降低软弱地基荷载。对于软弱地基，以泡沫混凝土轻质回填，可以降低回填体自重荷载，防止地基下沉和地面开裂，同时节约回填体材料用量。

（2）应用价值二：吸收能量

泡沫在材料中形成的微孔，具有吸收能量的功能。这一吸能作用的原理是，微孔可以通过孔壁对能量的摩擦作用，将能量转化为热能而被消耗或削减。当各种能量波传入材料内部的孔洞时，能量波会与孔壁产生摩擦，摩擦生热，能量波所携带的能量，就转化为热能，在数以百计、千计、万计、百万计的孔洞壁反复与能量波的摩擦下，能量逐渐被消耗、衰减。其材料厚度越大、孔洞率越大，其耗能削波作用就越强。因此，孔的直径越小，孔的数量越多，吸能作用就越优异。细孔的吸能作用更强。可以被材料微孔消耗削弱的能量为热能、声能、爆炸能、地震能、光波能、冲击能、压缩能、电子波能等，涵盖绝大多数能量。利用泡沫形成微孔具有吸能作用的特点，我们可以达到如下目的：

① 吸收热能，产生保温隔热效果，降低材料导热系数，制取保温隔热材料。

② 吸收声能，产生降噪隔声效果，降低噪声污染，制取降噪制品（如路用隔声屏障），以及隔声制品（隔声板、吸声板等）。

③ 吸收震动能，产生抗震效果。降低地震、爆炸等震波造成的破坏，建造抗震建筑及工程，尤其是抗震住宅、抗震军事防护设施，生产各种减震包装箱。

④ 吸收冲击能，产生抗冲击效果，降低冲击波危害。利用这一功能，可以建造防弹工事、防弹墙，用于军用，也可以建设机场跑道阻滞系统，用于防护失事飞机滑出跑道，也可以用于建造公路防撞墙、缓冲带等。还可以用于军事防坦克工事、拦截墙等军事工程。

⑤ 吸收压缩能，产生高抗缩功效，提高承载力。降低压缩裂缝，用于建造重载车辆运行的路基、停车场地基、建筑地基、大吨位设备基座、大体积料库底座、桥梁抗沉基础等。

⑥ 吸收电子波能，可以大幅降低电子波的危害。它可以成为抗电子辐射的有力保障，

建造军事抗电子干扰工程及其他设施，军事装备抗电子波防护，民用抗电子辐射住宅、工业抗电子辐射车间及设施，科研单位的抗电子辐射实验设施及建筑。

综上所述，吸能是泡沫剂用于制备多孔材料所产生的最大、最广、最富有功效的作用，具有最重要的应用价值。

（3）应用价值三：弱化毛细作用

毛细孔是混凝土材料中水、气等进入材料内部重要通道。水分的进入降低了材料的保温性和抗冻性。有害气体的进入，加剧材料的碳化破坏及其他破坏。水中含有的有害物质（酸、碱、盐等），也加剧材料的腐蚀。泡沫在材料中形成微孔，会使毛细孔变细、变曲，甚至截断，从而弱化毛细作用，降低水、气的破坏性，延长了材料的服役期。

利用这一功能，可以使泡沫胶凝材料（泡沫水泥混凝土及制品）用于严寒地区的抗冻工程，其最大抗冻循环可达 80 次。还可应用于高盐碱地区及海洋工程的抗腐蚀隔离层，如桥墩抗腐蚀保护层等。

（4）应用价值四：孔洞装饰作用

利用泡沫在材料中形成不同形状的孔洞，配合不同的色彩，可以生产具有特殊装饰效果的彩色装饰材料，如仿洞石、微孔装饰砖、仿蜂巢板等。其不同孔洞形状配合，可以产生一般材料所没有的孔洞美。

（5）应用价值五：滚珠润滑作用，提高浆体流动性

泡沫在胶凝材料浆体中，可以产生良好的类似轴承的滚珠效应，润滑浆体，赋予浆体流动性。利用泡沫的这一功效，可以在施工或生产制品的过程中，改善搅拌性能及泵送浇筑性能，缩短搅拌及泵送时间，提高泵送高度。这在某种程度上，也提高了产品的均质性能。

（6）应用价值六：开孔过滤作用，赋予材料净化功能

泡沫在特定外加剂的配合下，可以形成开孔，赋予硬化体过滤性。利用泡沫的这一作用，可以生产液、气过滤材料。目前已经应用的有饮用水、污水池过滤层，污染气体处理滤芯。利用高强胶凝材料和泡沫制成的滤芯，已用于各种过滤机的滤芯，取代陶瓷滤芯，可以大幅降低滤芯的生产及使用成本。在环保产业崛起的今天，这一应用将会大有前景。

（7）应用价值七：吸蓄作用，赋予材料存储功能

泡沫配合专用外加剂形成的开孔结构材料，可使材料具有吸收、存储的功能。利用这一功能，可以产生两方面的有益价值。

① 吸收、存储液体功能，生产相变材料，用于相变储热产品的生产。在被动式建筑中具有巨大的市场容量，在建筑保温中也有广阔的市场前景。

② 吸收、存储有害气体的功能，生产环境净化产品。如，它可以用于设计生产猫砂、狗砂、饲养场有害气体吸附净化剂，在猫舍、狗舍、牛舍、猪舍、兔舍等场合将会有很大的应用前景。作者曾生产过猫砂，效果良好。这是一个高价值的创意。

③ 吸收、存储各种营养物质的功能。如生产农用营养基质，用于日光温室及现代化生物工厂的育苗、种植，使植物营养充足、生长苗壮，增产增收。作者曾研发了多种营养基质。

④ 吸附、存储香料功能，生产家用释香工艺品。一次吸附，可释香一年左右，配套一瓶香精，可使用几十年，保持室内香气常飘。

⑤ 吸附、存储水分功能，生产沙漠保水产品。用于植树储水保水材料围护树苗及种

子，可提高种子发芽率、树苗成活率 30% 以上，使成苗率总体达到 90% 以上。这一功能在沙漠绿化方面，有着无限的市场机会。

⑥ 吸附、存储重金属功能，生产重金属吸附材料，用于污染土地治理。

（8）应用价值八：隔离作用，赋予材料封闭功能

高质量、高稳定性的泡沫，在浆体硬化过程中不会或不易损伤，会形成高闭孔硬化材料。这种材料连通孔少，隔离性很强，对有害物质会起到良好的隔绝作用。利用这一作用，可用于如下方面。

① 垃圾填埋场表层封闭。在垃圾场堆存垃圾表层喷涂或浇筑 10～30cm，可防止填埋垃圾产生的有害气体向外释放，降低沼气自燃或人员中毒。其封闭层具有造价低、整体性强、封闭性好等优势。美国在这方面申请了砂专利，并用于实际工程。

② 矸石山的防自燃封闭。矸石山在长期堆积中，由于煤的氧化作用，可产生大量热量并慢性积蓄。当热量积聚达 80℃ 时，引发自燃长期释放 SO_2、CO、CO_2 等有害气体，引起环境灾害，并快速扩散伤人，是最具危害性的灾害之一。近年来，全国各地不断发生矸石山自燃。有的自燃期长达数年，而治理无策。最有效而低成本的预防治理方法，就是采用高稳定的泡沫剂，生产泡沫混凝土（可利用矸石粉做原料），浇筑封闭矸石山，隔断氧气对矸石的作用，达到防自燃效果。这是最理想的矸石山治理技术。

（9）应用价值九：固定粘结作用，用于沙漠治理

沙漠的流动性沙丘危害极大，易造成沙尘暴，掩盖农田房舍，威胁村镇安全，至今无治理良方。若采用泡沫混凝土硬化层封闭，可取得良好效果。采用常规水泥浆或水泥混凝土封闭沙丘，会产生环境二次危害，使沙丘草木不生，且水泥用量大，造价高，所以不能使用。而采用泡沫混凝土水泥用量少，造价低，过若干年会自动风化。届时植物已经生长起来，覆盖沙丘，形成永久性封闭植被。它采用的是透气性通孔泡沫混凝土，既封闭沙丘，防止沙丘移动，治理流沙，又不影响植物根系的透气和呼吸，保证植物的正常生长，雨水还可以渗透泡沫混凝土，不影响透水性。

泡沫混凝土有胶凝封闭性，又有透气、透水性，同时它成本低，施工简便（浇筑或喷涂），不失为经济性、技术可行性兼备的高性价比技术方案，值得在沙漠治理中推广。

（10）应用价值十：塑形功能，用于生产轻型假山石等装饰材料

泡沫混凝土的浆体具有黏塑性，可以借助模具或特别工艺，成型仿鸡骨石、浮石、洞石等各种多孔装饰材料。作者曾采用无模成型工艺，用泡沫混凝土制造大型仿真假山石，单块最高达 5m，堆积出巨大的假山。也曾用它生产过高附加值的仿真洞石，每吨价值10000 多元（切割打磨后附加值更高）。

1.6 国外泡沫剂的发展历程及现状

我国的泡沫混凝土是外来技术，是 20 世纪 50 年代初引自苏联。当时，为解决新建电厂管道保温材料的问题，由国家派遣中科院土木所一批专家前往苏联学习泡沫混凝土。所以，我国泡沫剂技术也源自国外。因此，本书首先探讨国外泡沫剂。

这里讲的泡沫剂是狭义上的泡沫混凝土泡沫剂。它的出现、演变，技术开发与进步，经历了一个漫长的历史进程，最终成为一门独立的泡沫物理学。

1.6.1 远古泡沫剂的出现

远古的混凝土是黏土混凝土及随后出现的石灰混凝土。5000 多年前，古埃及人就利用一些天然物质（如含有起泡蛋白质的污泥），使黏土内形成气孔，制作轻质保温材料。污泥是世界上最早的泡沫剂，也可称为原始泡沫剂。

到 2000 多年前，人们已掌握了石灰、火山灰、砂子制造泡沫混凝土的技术。它们所用的泡沫剂是动物蛋白——动物血液。将血液加入石灰-火山灰胶凝体系，搅拌后就会产生大量久久不会消失的泡沫，硬化后形成了坚硬的多孔轻质材料。为防止这种原始泡沫混凝土开裂，他们还在这种石灰—火山灰浆体内加入了草秸、马毛增韧，相当于现在泡沫混凝土中加入纤维。远古时代的这些原始泡沫应用技术，应视作泡沫剂的起源。至今，动物毛发血液仍可用于生产动物血水解蛋白发泡剂。

泡沫物理学的产生，也建立在古代对合成泡沫剂的发现的基础上。虽然泡沫剂当时是用于洗涤日用，并没有用于泡沫混凝土，但它促进了后来人们对泡沫的研究和近代泡沫物理学的产生。古代对泡沫的发现，源自古埃及。据说在古埃及，有一位埃及国王的御厨，他在做饭的时候，一不小心把炒菜用的油盆给碰翻了。巧的是，这个油盆里的油正好洒在了炭灰上。这个厨师怕国王发现，赶紧把这些粘了油脂的灰炭用手捧起来给扔进垃圾桶。回来后，他赶紧用水冲洗手上的油灰。这时，他突然惊奇地发现，他的手上，竟然起了很多的泡沫，而且手洗得又光滑又干净。后来，这个厨师就干脆用油脂和炭灰做成洗手用的东西，这就是肥皂。也可以说，这既是表面活性剂的鼻祖，也是泡沫的鼻祖。因为，油与炭灰反应生成的，正是脂肪酸钠。即油脂与炭灰里的碱发生了皂化反应。后来，物理学家们研究泡沫及泡沫剂，也均是从肥皂泡沫开始的。这一发现，促进了后来表面活性工业及泡沫剂工业的发展，也促进了泡沫物理学的产生。

1.6.2 近代泡沫物理学的形成及泡沫剂工业化的开端

（1）近代泡沫物理学的形成

研究泡沫物理现象的泡沫物理学的形成，大约在 19 世纪早期到中期，距今已有 200 多年的历史。从 19 世纪早期开始，许多科学家以肥皂泡的模本，对气泡及泡沫进行广泛的研究，几乎涉及各个学科。物理学家研究气泡与泡沫的形成及破灭的原理，尤其是表面张力及物质的吸附作用，光在泡膜上的干涉作用；数学家通过泡沫研究最小曲面及泛函的极值；生物学家通过它研究薄膜的生化机理及生物体内的薄膜与生命的关系；化学家利用它研究表面活性物质的性质及合成……。小小的气泡竟然成了科学界的热点，不少的科学家为之倾尽毕生的精力。然而，在各种有关的研究中，意义最大且影响最广的，仍然是在物理领域，并最终形成了一门独立的学科——泡沫物理学。

几百年来，研究气泡、泡沫、泡沫剂的论文发表了上万篇，出版的专著有数百部。英国物理学家开尔文（William Thomson, Lord Kelvin, 1824—1907）曾对此评论说："吹一个肥皂泡和一堆泡沫，认真地观察它，分析它，会用尽你的毕生之力，并由此引发出一系列物理课程。"在无数致力于泡沫研究的科学家中，成就最突出的当属比利时物理学家普拉托（Joseph Plateau, 1801—1883），他不仅提出了著名的普托拉定律，更提出至今仍作为泡沫基本理论的普托拉边界效应及效应图（即 Plateau 边界，见本书 1.4.2 有关介绍及

图 1-2)。因此，他被后人尊为泡沫物理学的创立人。

（2）泡沫剂工业化开端与发展

泡沫剂应用于工业领域的几十个行业，如灭火、印刷、浮选、钻探、食品、保险柜、建筑建材、基础工程、装饰材料、生物工程、光学工程等。它的最早开发与工业化，其实并非源自泡沫混凝土，而是源自其他工业应用，并远早于泡沫混凝土。

（3）合成表面活性剂泡沫剂的产生

19 世纪末期，化学工业兴起，人们开始研发合成泡沫剂。最初研发的反应型化学泡沫不稳定，存在时间较短，应用受到限制，后来逐渐转向物理泡沫剂的研发。肥皂是最早的工业表面活性剂，但不是最早的工业泡沫剂。因为它的泡沫量较少，且不稳定，无法作为泡沫剂使用。1890 年前后，欧洲人开始尝试用硫酸铝和皂角素生产泡沫剂，1900 年获得成功，发明人为劳兰特。当时，这种泡沫剂主要用于灭火，是泡沫灭火剂的前身。这是世界上最早的工业泡沫剂。

1903 年，德国人又成功研发出另一款合成泡沫剂。他们利用铵皂表面活性剂，成功生产合成泡沫剂，并获得工业应用。与早期的硫酸铝皂角合成表面活性剂相比，它的性能有了一定的提高。1923 年，欧洲埃里克森首次提出用物理制泡生产泡沫混凝土。由于早期的表面活性剂品种少，性能差，合成表面活性剂虽然开发最早，但始终质量不高。1930 年，德国的戴姆勒、左鲁斯等在十二烷基硫酸钠中加入动物胶、羧甲基纤维素等作为增泡、稳泡成分，生产出复合型合成表面活性剂型泡沫剂，才使合成表面活性剂型泡沫剂有了质的提高和发展。但直到 20 世纪 50 年代后，这类泡沫剂才真正成熟，成为主要泡沫剂类别。

（4）蛋白表面活性剂泡沫剂的兴起

由于合成类泡沫剂稳定性早期应用均达不到应有的技术要求，所以，科技界一直致力于寻找更稳定的泡沫剂。继合成泡沫剂之后，蛋白泡沫剂开始研发和应用。

1922 年，经过几年的努力，美国标准石油公司的詹宁斯利用动物胶与硫酸亚铁反应，成功制取动物蛋白泡沫剂，这是蛋白泡沫剂的起源。后来，德国的威森保鲁和斯培玛，采用蛋白质水解物作为泡沫剂也获得成功。1932 年，德国的托塔尔公司正式投资建厂，开始规模化生产销售蛋白泡沫剂。这是世界上第一家蛋白泡沫剂生产企业。1944 年，英国政府认可了用动物蹄角生产水解蛋白泡沫剂的工艺方案。1945 年，英国官方研究所正式发表了克拉克和德比斯关于动物蛋白泡沫剂的研究报告。该报告详细地介绍了采用动物血液、蹄角粉、毛羽等水解，生产动物蛋白泡沫剂的工艺，以及测定泡沫剂性能的方法。这份报告至今仍是世界上关于动物蛋白泡沫剂最全面、最重要的技术报告之一。该成果"二战后"移交英国，此后美国也获得了完整的生产技术。"二战"以后，该技术开始在发达国家传播，生产开始普遍。20 世纪 50 年代，日本建厂生产并改进了技术，加入铁盐，进一步提高了泡沫质量。如今，蛋白泡沫剂在世界许多国家生产，已成为主要的泡沫剂品种。

1.6.3 泡沫混凝土的出现及泡沫剂的应用

泡沫混凝土的出现要远迟于泡沫剂。泡沫剂最初并非为泡沫混凝土研发，但它的研发成功与推广应用，无疑促进了泡沫混凝土的出现。因为泡沫剂是泡沫混凝土最基本的技术条件。没有泡沫剂，就不可能有泡沫混凝土。

加气混凝土的研究要早于泡沫混凝土，19 世纪末期已开始探索，1889 年出现了第一个专利。是欧洲人 Hofman 用盐酸与碳酸钠反应生成气体制作加气多孔混凝土。瑞典的寒冷气候使他们在这方面的研究一直领先。由于泡沫混凝土的生产需要稳定的泡沫，而当时的泡沫剂所产生的泡沫均不太稳定，所以影响了泡沫混凝土的出现，直到 1923 年，随着表面活性剂与各种泡沫剂的稳定性提高，利用其制作的泡沫混凝土开始出现在北欧。其所用的泡沫剂多数是蛋白泡沫剂，少数是合成泡沫剂。这一切都是借用的工业泡沫剂成果，而非泡沫混凝土行业独立研发。自 20 世纪 20 年代开始（1923 年以后），北欧各国及苏联都积极发展泡沫混凝土，并在 1937—1960 年期间，形成了世界上第一次泡沫混凝土发展高潮。在此期间，泡沫混凝土的生产工艺、检测手段初步定型，泡沫混凝土技术逐步成熟，应用规模已达到一定的程度，但还不能说是普及。这一发展阶段，泡沫剂的发泡质量有了较大提高，并形成了两大应用市场。在北欧及西欧，由于以瑞典、德国为代表的国家，合成泡沫剂及蛋白泡沫剂开发较早，所以泡沫混凝土泡沫剂基本以合成型及蛋白型为主。而苏联，由于西欧及北欧对其技术封锁，合成泡沫剂及蛋白泡沫剂发展滞后，品种及性能均不能满足需要，所以他们另起锅灶。М. Н. 格兹列尔和 Ъ. Н. 卡乌夫曼研发出松香皂泡沫剂，并成为普遍使用的主导泡沫剂。1940 年，苏联工业建筑研究所以植物根茎为原料，研发出植物皂素类蛋白泡沫剂。不久，А. Т. 巴拉诺夫和 Л. М. 罗普费里德发明了石油磺酸铝泡沫剂。但由于这些泡沫剂的成本均高于松香皂泡沫剂，且稳定性及起泡性等综合性能也不及松香皂泡沫剂，所以并没有获得普遍推广应用。纵观这一时期的苏联，发展重点仍以松香皂泡沫剂为主，这与北欧与西欧是有不同的。

1.6.4 现代与当代国外泡沫混凝土泡沫剂的发展与应用状况

从 20 世纪 50 年代至今，泡沫混凝土在世界范围内得到较快的发展，应用规模逐步扩大。其应用领域已从以前的建筑保温扩展到建筑工程以外，特别是在公路工程、煤矿工程、地铁工程、油石钻井工程、地下回填工程等方面获得广泛的应用。泡沫混凝土的胶凝材料也从最初的单一水泥，扩展到菱镁水泥、蒸压硅酸盐、地质聚合物、土壤、石膏等。由于应用领域的扩展，胶凝材料品种的增多，技术要求越来越多样化，国外泡沫剂也随之发生了很大的变化。现代与当代泡沫混凝土泡沫剂的发展变化呈现如下特点：

（1）以苏联为代表的松香皂泡沫剂，应用范围和应用量逐年在下降，在世界范围内已不占主流，至今已较少应用（但仍有一定的应用）。

（2）原来以北欧及西欧为代表的合成表面活性剂泡沫剂，及动物蛋白、植物蛋白泡沫剂，得到快速发展，并扩展到美国、日本，形成了欧、美、日三大生产中心与应用中心，成为泡沫混凝土及混凝土泡沫剂发展的新引擎。

（3）中国泡沫混凝土自改革开放起，快速崛起，已形成规模压倒欧、美、日的新兴市场。这是世界泡沫剂发展的里程碑。

1.7 我国泡沫剂的发展与应用

1.7.1 发展历程

自 1950 年苏联的松香皂泡沫剂引进我国，20 世纪 50 年代及改革开放初期，基本上我国泡沫剂均以松香皂泡沫剂为主。在此期间，我国泡沫剂生产均是照搬苏联的现成技术。直到 20 世纪 60 年代初期，我国广西进行了洗手果植物皂素泡沫剂的研发，但该成果没有转化为生产力，并无应用。

改革开放以后，随着我国表面活性剂工业的快速发展，以合成表面活性剂为主要成分的泡沫剂发展起来，并成为主导产品，而松香皂泡沫剂的生产与应用则逐渐减少。

20 世纪末期，韩国的动物、植物蛋白泡沫剂自山东的烟台、威海，以及辽宁的大连、沈阳、吉林的延边等地引进我国，风行一时，形成了蛋白泡沫剂的应用热潮，也带动了国内蛋白泡沫剂的发展。当时的泡沫剂市场，形成了以蛋白泡沫剂为主体，以合成表面活性剂泡沫剂为辅的格局，松香泡沫剂只有在南方有少量的应用。从此，蛋白泡沫剂成为市场的主体。这种情况持续了 10 年左右。

2006 年，作者在其著作《泡沫混凝土实用生产技术》中，提出未来泡沫剂的发展方向应是复合型。即采用多类型泡沫剂与各种助剂复合，形成一种性能更优、成本更低的泡沫剂。这种复合型泡沫剂依据 1 + 1 + 1 > 3 的叠加效应原理，多元复合，优势互补，而劣势互克，既能提高泡沫剂性能，又节省原料，是最理想的泡沫剂类型。所以，作者积极倡导泡沫剂应向复合型发展。

在这本书的影响下，自 2007 年起，复合泡沫剂的研发、生产和使用开始趋热，应用量迅速扩大。到 2010 年前后，我国泡沫剂已经初步形成以复合泡沫剂为主体的局面。同时，产品的成本也有所降低，品质也得到了改善，我国的泡沫剂生产水平显然提升了一大步。

1.7.2　发展现状

目前，我国已成为世界上最大的泡沫剂生产和应用国家。我国的泡沫剂产销量占世界总量的 65% ~ 70%。论生产和应用规模，我们有资格骄傲。但就泡沫剂的品质来说，除个别品牌外，我国泡沫剂整体水平却不高，呈现出大而不强，多而不优的客观现象。

总的分析，我国泡沫剂的发展现状有以下几个特点。

(1) 市场上的中低档泡沫剂占据主导地位，低档泡沫剂盛行，高档泡沫剂所占的市场份额较小，不足 10%。

(2) 产品的应用领域基本上以现浇为主，占总用量的 80% 左右，而用于制品等其他领域则很少。这与发达国家正好相反，它们均是以制品等高附加值产品为主，现浇应用较少。

(3) 泡沫剂的成分基本上以合成表面活性剂为主，蛋白质类及松香皂已不占主导。这与发达国家蛋白质类泡沫剂占比较大，形成反差。

(4) 生产主体为双轨制，即泡沫剂专业生产厂家及企业自产自用并行。近年来，企业自配自用泡沫剂已日益兴盛，其产量已接近总产的一半。这些泡沫剂与专业厂家生产的泡沫剂相比，品质较差。

(5) 生产泡沫剂的企业数量多、规模小，缺乏研发条件（人才、资金等），技术力量明显不足。有一定规模，有较强研发能力，有雄厚实力的企业较少。规模较大的企业，年产销量也仅几百吨，有的只有几十吨。

(6) 我国泡沫剂主要以国内市场为主，在国际市场上还缺乏足够的竞争力。目前，出口量不足总产量的5%，而众多外国品牌进入我国市场。

（7）泡沫剂的研究以大专院校和科研单位为主，产品开发以企业为主。总体来看，我国泡沫剂的专业研究者不多，研发后劲不足。

1.7.3 存在的主要问题

（1）产品的性能较低，缺乏高性能产品。

（2）专用产品较少，以大众化普通产品为主。产品缺乏对水泥品种、泡沫混凝土的品种及不同用途的针对性。

（3）研发水平较低，高水平的研发者甚少。研发经费投入不足。

（4）国内市场已饱和，恶性竞争严重。国外市场开发不足，市场空白较大，尚有巨大发展空间。

（5）和国外发达国家产品相比，尚有一些差距。主要表现在产品性能上，尤其是稳定性能，成孔结构性能等，显然存在一定的差距。德国、美国、日本、土耳其等进口品泡沫细腻、均匀、孔型好，稳定性高，闭孔率高，胶凝材料的适应性强，而国内产品这些方面仍缺乏竞争力。所以，国内生产制品的企业大多采用高价进口品，无法采用国产品。这暴露出国产泡沫剂的缺陷。

1.7.4 国产泡沫剂的发展方向

（1）提高产品的性能及综合品质，以国外产品为目标，在品质上下工夫追赶，力争能在2030年以前达到国外产品的品质水平。

（2）大力研发制品专用、菱镁专用、石膏专用、地聚物专用、吸声专用、过滤专用、除臭专用、封闭专用、阻滞吸能专用、军事抗爆防弹专用等泡沫混凝土专用泡沫剂。

（3）积极以工业废料、农业废弃物、污泥等各类资源利用型原料来生产泡沫剂，降低生产成本，提高泡沫剂的性价比及绿色化。

（4）加强泡沫剂基础理论的研究，补齐基础研究不足的短板。尤其要加强泡沫剂复配原理，泡沫剂新原料，泡沫剂与物料的关系，泡沫剂与泡沫混凝土性能的关系，泡沫剂稳定性等基础理论研究。

2 泡沫剂形成泡沫与气孔原理

2.1 泡沫的形成原理

2.1.1 泡沫的概念

（1）泡沫是形成泡沫混凝土气孔的主要条件和物质基础之一

泡沫混凝土是由泡沫分散于水泥浆中，然后通过水泥等胶凝材料水化产物的固泡作用，把气泡变成气孔，所形成的一种多孔材料。因此，泡沫是泡沫混凝土形成的主要条件和物质基础。泡沫混凝土的气孔，是由泡沫的气泡变化而来的。所以，没有泡沫，也就没有泡沫混凝土。从某种意义上讲，泡沫在一定程度上决定了泡沫混凝土气孔的结构、形态、尺寸、数量、性能等技术特征。

所以，研究泡沫混凝土，首先应研究气泡和泡沫。

（2）气泡

气泡是液膜包覆气体所形成的圆球形气液两相结构体。气泡一般呈球形。它是表面活性剂、水、气体、物理作用共同作用的产物。

气泡虽小，但由于它包含了物理学的许多奥秘。研究它，可以给人类带来许多的启迪与价值，开发更多的实际应用。所以自19世纪以来，许多科学家为研究它不惜花费大量的精力。其中，最大的、最重要的研究成果，是19世纪比利时科学家普拉托的普拉托定律，即Plateau's laws。该定律概括了四条基本的表面张力定律。这一定律决定了气泡的结构原理，尤其是气泡一直保持圆球形的原理：气泡呈球形是由于表面张力的存在。对于给定的体积，球形具有最小的表面积，因此需要最小的能量来维持它。要保持存在，气泡必须保持圆球形。20世纪40年代美国植物学家埃德温·马茨克（Edwin Matzke）在他的实验室里，花费数年时间研究气泡，以寻找气泡对于生物体的启发。2016年，法国国家科学研究中心的研究人员与雷恩大学的洛朗·库尔班（Laurent Courbin）和帕斯卡·帕尼札（Pascal Panizza）在做了大量的试验后，创建了一个关于气泡的理论模型，用于测定高压气流冲击表面活性剂溶液，形成气泡的原理。近年来，纽约的库朗数学研究所、应用数学研究室的研究人员，研究如何制造出能长久保持的气泡，以探求它的数学意义。

作为泡沫混凝土的研究者，我们没有必要像科学家专业探索的那样，穷究气泡过于专业的信息密码。但了解它形成的基本原理还是十分必要的。

（3）泡沫

简单地说，泡沫是多个气泡的聚集体。把很多气泡聚集起来，就形式了泡沫。气泡不等于泡沫，但可组成泡沫。从理论上讲，泡沫是指气体分散于液体中的分散体系，气体是分散相，液体是分散介质。

泡沫的形成是先形成单个气泡，再由稳定的单个气泡组成泡沫。

泡沫有两种聚集形态。一种是气体以小的球形均匀分散于较黏稠的液体中,气泡间的相互作用力弱。这种泡沫被称为稀泡沫。由于稀泡沫呈乳液形外观,所以,有时人们就称这种泡沫为乳状泡沫,也称为泡沫乳液。另一种是以泡沫间的自由水含量较少、泡壁较薄的浓密泡沫所形成,人们称之为浓泡沫或"干泡沫"。这种浓泡沫聚集体的气泡间大多情况下只由较薄的一层液膜隔开。浓泡沫的性能优于稀泡沫,应用价值更高。

稀泡沫可以流动,其中的气泡由于被大量液体相隔,以单个形成存在,气泡呈圆球形。浓泡沫不可以流动,呈堆积状态,有些甚至可以堆起1m高左右或黏附在墙上而不向下垂挂。浓泡沫中的气泡紧密接触,形成了Plateau边界,所以成了多边形。

泡沫混凝土重点研究和使用的是浓泡沫,也即俗称的"干泡沫"。

2.1.2 泡沫的分类

不同的分类方法,泡沫可分为不同的种类。目前,泡沫有四种分类方法,简单介绍如下。

(1) 按泡沫的寿命分类

按泡沫寿命分类,泡沫可分为"短暂泡沫"和"持久泡沫"两种。

① 短暂泡沫

短暂泡沫是指那些制出以后,仅能在空气中存在短则几秒或几十秒,多则几分钟的泡沫。短暂泡沫除观赏泡泡(如小孩吹着玩的泡泡)以外,大多没有实际应用价值,在泡沫混凝土中更难以应用。所以,研究短暂泡沫的意义不大。

② 持久泡沫

持久泡沫是指那些制出以后,可以在空气中长时间存在的泡沫。其最短也要能稳定存在几十分钟、几个小时、几天,甚至几个月或一年。我们平常所说的泡沫,大多指持久泡沫,尤其是在生产中实际应用的泡沫。持久泡沫由于存在寿命长,有很大的应用价值,是我们研究的重点。泡沫混凝土所用的泡沫,均是持久泡沫。

(2) 按破泡力与稳泡力的平衡分类

按破泡力与稳泡力之间的平衡,泡沫可分为"不稳定性泡沫"和"稳定性泡沫"两种。

① 破泡力与稳泡力之间不平衡、破泡力大于稳泡力,泡沫失去稳定性,存在时间很短,很快可以消失,这种泡沫称为"不稳定泡沫"。短暂泡沫一般多是不稳定泡沫。不稳定泡沫没有利用价值。

② 破泡力与稳泡力之间趋于平衡,且稳泡力略大于破泡力,泡沫能够稳定存在时,这种泡沫就称为"稳定泡沫"。长时间保持不破(几十分钟、几小时、几个月,甚至1年)的泡沫,均是稳定泡沫。有利用价值的泡沫肯定是稳定泡沫。

(3) 按泡沫的聚集状态分类

按泡沫的聚集状态,泡沫可分为"气泡分散体"(稀泡)和"气泡堆积体"(浓泡)。

① 气泡分散体(稀泡)

其特点是液多气少,气泡之间含有大量的水分。这种泡沫的流动性很强,看起来像乳汁。这种泡沫增大浆体的水灰比,使泡沫混凝土的料浆很稀,所生产的泡沫混凝土强度低,连通孔和毛细孔多。这种泡沫不符合泡沫混凝土的要求,属于劣质泡沫,在泡沫混凝土的生产中极少应用。

② 气泡堆积体（浓泡）

其特点是气多液少，外观像海绵或棉花团，可以高高堆起，气泡之间含水极少。由于其携带的泡间水很少，不会使料浆水灰比增大，对硬化体强度影响较小。所以，这种泡沫是优质泡沫（若泡壁过薄，则泡易破，所以泡沫也不可过浓）。泡沫混凝土生产需要的一般是浓泡沫。

（4）按泡沫中存在的气液界面和气固界面情况分类

按照泡沫中存在的气液界面和气固界面情况，泡沫一般可为气-液型泡沫、气-固型泡沫、气-液-固泡沫三类。

① 气-液型泡沫

这种泡沫是气体分散于液体中形成的，有气液界面。根据泡沫厚度（即吸附有表面活性剂的气液界面间的距离），可把泡沫进一步分为湿泡沫和干泡沫。湿泡沫一般是不太稳定的泡沫，其泡沫厚度可显示对光产生干涉的厚度范围。干泡沫是稳定的泡沫，其厚度在银膜至牛顿黑膜范围。

② 气-固型泡沫

如泡沫混凝土、加气混凝土、发泡塑料、含气泡的玻璃、泡沫陶瓷、面包饼干等食品中的泡沫。这类泡沫都是在液态下发泡，然后在固化过程中形成的。这类气-固型泡沫，存在于气体和固体界面。这种泡沫在由发泡机制出之后，是气-液型泡沫，而加入水泥等无机胶凝材料浆体后，才成为气-固型泡沫。泡沫混凝土一般均是气-固型泡沫。

③ 气-液-固泡沫

将不溶性固体或液体分散在另一种液体中，通入气体时，产生的气泡在浮出液面时，将固体或液体带出，这时形成的气泡壁既含有液体又含有固体，气泡就成为气-液-固泡沫。例如，矿石浮选用泡沫，废水处理中用于分离的泡沫，气泡上都吸附有固体微粒，这种泡沫就是气-液-固泡沫的典型代表。

2.2 气泡形成原理

2.2.1 表面张力

（1）表面张力与泡沫生成的关系

液体表面均存在表面张力。所谓的表面张力，也就是液体表面自动收缩的拉力。

表面张力的实质，是液体表面分子间的吸引力。根据分子物理学，在分子间都存在着相互间的吸引力，即范德华引力。物质以液态存在，范德华力起着重要的作用。它使水分子相互吸引而不能自由飞离。如果没有范德华引力，水分子就会在常温下一个个全部跑掉，液体也就不能稳定地存在。

在液体内部的分子，受到来自邻近分子间的吸引力，平均来讲是相等的，即所受到邻近分子的吸引力是相等的。也就是说，一个分子所受到的邻近分子的吸引力的合力为零。处于液体表面的那些分子，却因气相中分子的密度小，对液体表面水分子的吸引力很小，以至于可忽略不计，而使液体表面分子受到一个指向液体内部的不平衡的净拉力。这不平

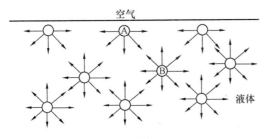

图 2-1　水分子在液体内部和表面
所受吸引力场的不同

衡的净拉力有使液体表面分子尽可能地离开液体表面，进入液体内部的趋势。从而使液体表面具有张力，有自发收缩的趋势。这就是在重力可忽略的情况下，小液珠和气泡总是趋向于呈球形的原因。图 2-1 是水分子在液体内部和表面所受吸引力场不同示意图。

（2）表面张力和发泡的关系

泡沫混凝土所用的泡沫，是由一个个微小的气泡所组成的。这些微小的气泡由很薄的水膜形成。气泡的实质，就是水膜包围一定的空气所形成的球体。换言之，气泡也可说是水泡。

要形成气泡，就要使水分子能够顺利地离开液体表面，并包围气体。如果液体表面张力很大，水分子就无法克服它们之间的吸引力而离开水面，再形成气泡。因此，水的表面张力和发泡有着十分重要的关系。水的表面张力越大，发泡就越难，泡沫就越难以形成；而反之，表面张力越小，水分子就越容易包围空气而脱离水面，形成气泡。也可以这样说，液体的表面张力降低，水分子容易离开液面，气泡就更具有形成的条件。

以上分析，我们可以得出如下结论：顺利产生气泡的先决条件，就是要降低液体的表面张力。

因此，产生泡沫的技术条件，首先是降低液体的表面张力，使之达到水分子能够在包围空气的情况下顺利离开液面的程度。也可以说，这是产生泡沫的最基本技术因素和必需的条件。

用什么样的技术手段来降低液体的表面张力，使气泡最容易形成，是我们制取泡沫首先要解决的核心问题，也是泡沫剂要解决的核心问题。

（3）影响表面张力的因素

既然气泡产生与液体表面张力有着密不可分的关系，那么，我们就有必要先弄清哪些因素会影响液体的表面张力，使气泡易于形成。

表面张力是分子间吸引强弱的一种量度。因此，引起液体分子间吸引力变化的因素都会引起表面张力的变化。

① 温度对表面张力的影响

随温度的升高，液体的表面张力一般都会下降。在一定的范围内，温度越高，水的表面张力越低，如图 2-2 所示。

从图 2-2 可知，当温度接近临界温度 T_c 时，液相和气相的界线逐渐消失，表面张力最终降为零。温度升高，液体的表面张力下降。这主要是，由于随温度升高，液体的饱和蒸气压增大，气相中分子密度增加。因此，气相分子对液体表面分子的吸引力增加。反之，温度升高会使液相的体积膨胀，液相分子间距增大，分子间相互作用力减小，这两种

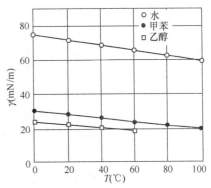

图 2-2　液体表面张力 γ 与
温度 T 的关系曲线

27

效应，均使液体的表面张力减小。

表面张力和温度的关系常可用 Ramsay 和 Shields 的经验公式来表示：

$$\gamma(M/\rho)^{2/3} = A(T_c - T - 6) \tag{2-1}$$

式中　γ——表面张力；

T_c——临界温度；

T——绝对温度；

A——常数，对于非缔合的液体，其值约为 2.1×10^{-4} mJ/K；

M——摩尔质量；

ρ——液体密度。

$(M/\rho)^{2/3}$ 是摩尔面积的一种量度。式（2-1）表明摩尔面积自由能与温度呈线性关系。这也可以从图 2-2 中水、甲苯、乙醇的表面张力与温度的关系曲线图中得到验证。

② 压力对表面张力的影响

气相的压力对液体的表面张力的影响，要比温度对液体表面张力的影响复杂得多。首先气相压力的增加使气相分子的密度增加，有更多的气体分子与液面接触，从而使液体表面分子所受到的两相分子的吸引力不同程度地减小，导致液体表面张力下降。但液体表面张力随气相压力变化并不太大，大约气相压力增加 10 个大气压，液体的表面张力下降约 1mN/m。例如，在 101.33kPa 下，水和四氯化碳的表面张力分别是 72.8mN/m 和 26.8mN/m，而在 1013kPa 时分别是 71.8mN/m 和 25.8mN/m。另外，气相压力增加，气相分子有可能被液面吸收，溶解于液体中改变液相成分，使液体表面张力发生变化。这些因素均会导致液体表面张力降低。

2.2.2 表面活性剂与发泡

（1）表面活性

溶质使溶剂表面张力降低的性质，称为表面活性。甲物质的加入能降低乙液体的表面张力，则称甲对乙有表面活性。

由于水是最常用的溶剂，故通常称有表面活性，均是指对水而言的。

我们已经知道，表面张力越低，其气泡就越容易形成。液体表面张力的大小，决定其气泡的形成能力。而表面张力是由液体的表面活性决定的，具有表面活性的液体，才有能力形成气泡。所以表面活性与泡沫的产生有着直接的关系。

纯水由于不含有赋予它表面活性的物质，它就不具有表面活性。所以，纯水的表面张力较大，水分子就不容易携空气脱离水面而形成气泡。因而，纯水非常不容易起泡。水越纯净，表面活性越低，表面张力越高，起泡能力就越差。所以，纯水是不能发泡的。

具有表面活性的液体均是水溶液。即在水中加入其他物质，改变了水的表面状态，使之有了活性。在水中加入不同的溶质，水的表面活性就有显著的不同。有的加入物会使水的表面活性增加，如油酸钠、蛋白质等。有的加入物却又会使水的表面活性降低，水更容易起泡，如一般的无机盐类化合物。这说明，不是所有水溶液都具有表面活性。只有那些加入的物质，能够将水的表面张力降到较低的水平时，水溶液才会具有表面活性。具有表面活性的水溶液才有起泡性。液体的表面活性越强，则其起泡能力越强。表面活性的产生是降低表面张力的结果。

（2）表面活性剂

能够降低液体的表面张力而使之产生表面活性的一大类物质，我们习惯上称为表面活性剂。

表面活性剂不但可以对液体发生作用，也可以对固体发生作用。表面活性剂是一个广义的概念。这里，我们只探讨它对液体表面的影响，而不涉及它对固体表面的影响。

表面活性剂是一个很庞大的物质群体，至少也有数千种之多，而且随着科技的发展，新的表面活性剂还会被发现或被合成出来，其品种也会不断地增加。

表面活性剂在水中加量很少时，就可以使水的表面张力显著下降。其水溶液的不同浓度，对表面张力就有不同的影响。图 2-3 是表面活性剂油酸钠水溶液的表面张力 γ 随油酸钠含量 C 变化的关系。

由图可知，在油酸钠含量很低时（0.1%），就能使水的表面张力自 0.072N/m 降到 0.025N/m 左右。而一般的无机盐类物质，在含量从零逐渐增加时，其水溶液的表面张力则略有升高趋势。

各种物质水溶液的表面张力与浓度的关系可以归纳为三种类型，如图 2-4 所示。以溶液浓度为横坐标，以表面张力为纵坐标，可得到图中所示的三条曲线。第一类曲线（曲线1），表示在溶液浓度很低时，表面张力随溶液浓度增加而急剧下降，表面张力下降到一定程度后，便下降缓慢或不再下降。当溶液中含有某些杂质时，表面张力可能出现最小值；第二类（曲线2），是表面张力随浓度的增加而逐渐下降；而第三类（曲线3），是表面张力随浓度的增加稍有上升。一般地，肥皂、油酸钠、洗涤剂等物质的水溶液属于第一类；乙醇、丁醇等低碳醇、醋酸等物质的水溶液属于第二类；而像 HCl、NaOH、NH_4Cl、KNO_3、NaCl 等无机物及蔗糖等的水溶液则属于第三类。

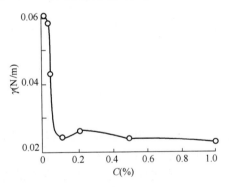

图 2-3　油酸钠水溶液的
表面张力随油酸钠含量 C 变化的关系

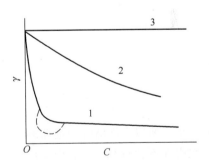

图 2-4　各类物质水溶液的表面张力
1—表面张力随溶液浓度增加急剧下降；
2—表面张力随溶液浓度增加逐渐下降；
3—表面张力随浓度增加稍有上升

因此，上述第一、二类物质都具有表面活性，故称为表面活性物质；而第三类物质则属于非表面活性物质。

对于具有表面活性的第一、二类物质来说，它们又具有明显的不同。其主要区别有三点。第一点是第一类物质在溶液结构上与第二类不同。第一类物质在水溶液中，其分子能发生缔合而生成"胶束"；第二点是第一类物质其有很高的表面活性，加入很少量就能明显降低其水溶液的表面张力，而第二类物质不是如此；第三点是第一类物质具有一些生产实际所要求的特性，诸如润湿、乳化、增溶、起泡、去污等，这也是第二类物质所不具备的。因此，我们把第一类物质称为表面活性剂，以与第二类物质相区别。

综上所述，我们可以给表面活性剂下这样一个定义：加入很少量即能显著降低溶剂（一般为水）的表面张力，改变体系表面状态，从而产生湿润、乳化、起泡、增溶、去污等一系列作用（或其反作用），以达到实际应用要求的一类物质。

（3）表面活性剂与起泡的关系

泡沫混凝土的生产，与表面活性剂密不可分。没有表面活性剂的起泡作用，也就不可能会有泡沫混凝土。

生产泡沫混凝土的起泡剂，其实质也就是高起泡性能的一类表面活性剂。凡是泡沫剂，都是以表面活性剂作为主要的起泡成分。不论泡沫剂有多少种，但其主要成分均是表面活性剂，这一点是不能改变的。

正是因为表面活性剂可以大幅度降低水的表面张力，才能使水分子摆脱水分子间的相互吸引力，能够顺利离开水的表面，在水膜表面定向排列，包围空气，从而形成气泡，再由许多气泡组成泡沫。

研究泡沫及泡沫剂，归根结底，是在研究表面活性剂对两界面相的作用规律。

由于表面活性剂种类繁多，而它们对水溶液表面的影响又大不相同，所以，不是所有的表面活性剂均可用于生产泡沫剂。对各种表面活性剂的选择及搭配，是制泡成功的关键。从这个意义上讲，尽管表面活性剂有几千种，但真正能够成为泡沫剂起泡成分的，则不多。单从起泡的角度讲，表面活性较大的表面活性剂，表面张力降低的幅度就越大，泡沫生成得越多。另外，由于空气是非极性粒子，所以憎水性越强的表面活性剂，起泡作用也越大。

如何正确选择和使用表面活性剂，是要通过理论与实践的反复交替，进行深入探究，才可以获得理想效果的。

2.2.3　气泡产生的原理与过程

（1）表面活性剂在液气界面上的吸附作用

纯液体不会产生泡沫，如纯净水，在纯液体中，即使因搅动或吸气，瞬时可以形成少量气泡，也会在相互接触或从液体中逸出时，便迅速破裂，只能极短暂地存在，基本不可能在空气中成为泡沫体。

气泡的真正形成，必须是在有表现活性剂存在于液体中，且该表面活性剂有良好起泡作用的情况下。气泡源自表面活性的两个作用：降低液体表面张力作用和它在液气界面上的定向吸附作用。

表面活性剂降低液体表面张力的作用，我们在前面已经做了不少介绍。这里，我们再专门介绍一下它在液气界面上的定向吸附。这种定向吸附是气泡能够形成的一个重要因素。

物质在界面上的富集现象叫作吸附。它表示两相界面上的溶质浓度大于溶液内部浓度。早在1878年，吉布斯（Gibbs）就曾指出过，在溶液和空气之间的界面上，存在吸附作用。表面活性剂是由于溶质在溶液表面层和溶液内部之间分布不均匀的结果。他为此根据热力学原理，推导出著名的吉布斯吸附公式。这个公式的含义有两个。

① 若溶质起降低表面张力的作用，即气液界面上的溶质的浓度比溶液内部的浓度大，这种情况称为正吸附。也就是溶质的表面活性剂，它能显著降低表面能（表面张力）。

② 若溶质能起增加表面能的作用，则表示表面上的溶质浓度比溶液内部小，这种情况称为负吸附。也就是因为溶质的存在而引起表面张力的增大，这类溶质是非表面活性的。

根据上述吉布斯（Gibbs）吸附公式原理，若溶质（表面活性剂）能降低表面张力，即表示液气界面上的溶质的浓度大，而液体内部溶质的浓度小。也就是说，表面活性剂分子被强烈地富集到水溶液的表面，而散布到水中的很少。表面活性剂在液面的大量吸附和富集，使液面的表面张力大幅下降，为气泡的形成创造了条件。

溶液与空气的界面存在的界面相，由于吸附作用，它的浓度与性质均与溶液有所不同。这个界面相一般只有几个分子的厚度，吸附有大量的溶质即表面活性剂。

（2）表面活性剂分子在界面上的定向排列

不论表面活性剂属于何种类型，都是由性质不同的两个部分组成的：一部分是由疏水亲油的碳氢链组成的非极性基团；另一部分是亲水疏油的极性基。这两个部分分别处于表面活性剂分子的两端，为不对称的分子结构。因此，表面活性剂分子的结构特征是一种既亲油又亲水的两亲分子。其分子结构如图 2-5 所示。

表面活性剂的两亲结构，十分有特点。它不仅能防油水相排斥，而且具有把两亲连接起来的功能。但是，并非所有的两亲分子皆为表面活性剂，只有碳氢链在 8～20 碳原子的两亲分子才能称为表面活性剂。碳氢链太短，亲油性太差。碳氢链太长时，亲水性太差。所以碳氢链太长和太短，均不宜作为表面活性剂的疏水链。

由于表面活性剂的两性分子结构特征，决定了它的两亲性，因此，这种分子具有一部分可溶于水，另一部分易自水中逃逸的双重性，结果造成表面活性剂分子在其水溶液中很容易被吸附于气-水（或油-水）界面上，形成独特的定向排列的单分子膜。正是由于表面活性剂在溶液表面（或油-水界面）的定向吸附的这一特性，使得表面活性剂具有很多特有的表面活性。如能显著降低水的表面张力；改变固体表面的湿润性；具有乳化、破乳、起泡、分散、絮凝、洗涤、抗静电、润滑等一系列功能。

图 2-6 是表面活性剂在其溶液表面的定向吸附。

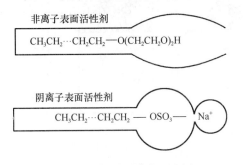

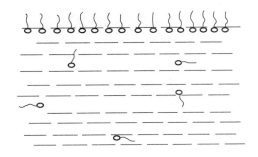

图 2-5　两亲分子结构示意图　　　　图 2-6　表面活性剂在其溶液表面的定向吸附

（3）气泡的形成原理及过程

气泡的形成，其最基本的原理，就是表面活性剂分子在气—液界面上的吸附与定向排列。气泡液膜的形成及包围空气，进而在脱离液面时形成气泡，皆源于此。

① 气泡在水中的形成

当我们采用搅拌或高压充气等机械方式，使气体进入含有表面活性剂的水溶液中时，在气体团与水溶液的界面上，就会迅速吸附大量表面活性剂分子。这时表面活性剂分子由于定向排列作用，就会整齐地排列在水与空气的界面上，并且亲水基指向水，而疏水基指向空气，形成一个吸附水膜所包裹的气泡。这是气泡在水中的初步形成过程。这一形成原理如图 2-7（a）所示。

② 气泡在水中的上升

由于气体与液体的密度相差很大，所以，在水中形成的气泡由于密度小于水，它就会自动漂浮，上升到液面，完成气泡由水中向液面的升移。

当气泡升移到达液面时，由于液面上已经吸附了一层定向排列的表面活性剂，且水面的表面活性剂亲水基朝向水中，而疏水基朝向空气，这层表面活性剂所形成的很薄的水膜，会再次包覆上升的气泡，增加了气泡水膜的厚度。这时，在气泡水膜的内外两侧，由于定向排列作用，表面活性剂排成内外两层，里层的亲水基向外，而外层的亲水基向里，均朝向气泡的水膜、增加了气泡水膜的厚度和强度，使之不易破裂，为气泡完整安全地顺利离开水面创造了技术条件。这一气泡在水中上升并形成双层液膜的过程，如图 2-7（b）所示。

③ 气泡冲破液体表面张力浮出水面

溶液表面的张力是阻止气泡形成的主要作用力。当表面张力很大时，水中的气泡就难以突破这条防线而上升到水面之上。由于表面活性剂在溶液表面的富集、溶液表面张力大大下降，不足以再抵挡气泡的继续上升。这样，气泡就可以顺利地冲破溶液表面，克服表面张力，在漂浮力的作用下，浮出水面。这时，一个气泡的雏形就基本形成。气泡冲破液体表面张力浮出水面的过程示意图 2-7（c）所示。

④ 气泡离开水面形成完整的圆球体

冲破液面张力的束缚之后，气泡在溶液漂浮力的作用下离开液面，完全进入空气。在气泡水膜表面张力的作用下，气泡液膜产生收缩成为圆球形。这时，气泡最后成功生成。这一过程如图 2-7（d）所示。

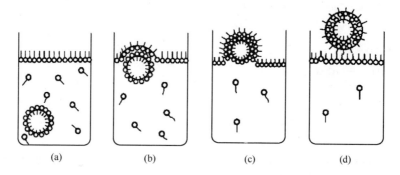

图 2-7　气泡形成原理及过程示意
（a）气泡形成；（b）气泡上升；（c）气泡浮出水面；（d）气泡离开形成圆球体

图 2-7 是气泡形成原理及过程示意，包括气泡形成过程（a）、过程气泡上升（b）、气泡浮出水面过程（c）、气泡离开形成圆球体过程（d）。

（4）气泡的双分子膜模型

在整个气泡形成的过程中，表面活性剂始终起着决定性的作用。它的液面吸附性和定向排列性，以及它对液体表面张力的降低，才使泡沫得以成形。在水中所形成的气泡，其实质是由表面活性剂吸附在气-水界面上所形成的单分子膜。当气泡上升露出水面与空气接触时，表面活性剂就吸附在液面两侧，形成的则是双分子膜气泡。单分子膜气泡不坚固，不能在空气中存在，双分子膜有一定的机械强度，不易破裂，所以得以存留，甚至存留很长的时间。

这种带有表面活性剂的双分子膜的气泡，在阳光下可以看到七色光谱带。因为，双分子膜的厚度具有光的波长等级（数百纳米）。我们常见的儿童吹出的气泡，就呈现出美丽的七彩，其泡膜就是双分子液膜。

图 2-8 是气泡双分子水膜的模型。这幅图可以帮助人们清楚理解气泡的结构，以及它在表面活性剂作用下形成的机理。

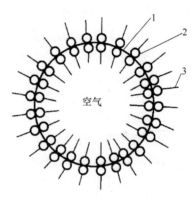

若水中没有表面活性剂，空气在水中也不能形成单分子膜，在液面也形不成双分子液膜。单分子膜由于没有机械强度，在离开液面进入空气中时，气泡马上破裂而不能存留。所以，表面活性剂是气泡形成的先决条件，这也是泡沫剂的主成分必须是表面活性剂的主要原因。

气泡在纯水中不能形成，离开水面就会破裂消失，正是因为纯水中不含表面活性剂，无法形成气泡的双分子液膜。图 2-9 是气泡在纯水中形成和破裂示意图。

图 2-8　气泡双分子水膜的模型
1—水膜；2—表面活性剂亲水基；
3—表面活性剂疏水基

我们参考对比图 2-7 和图 2-9，可以更清楚地了解表面活性剂对气泡形成的作用。图 2-7 显示的是含有表面活性剂的液体，形成双分子液膜气泡。图 2-9 则是纯水，由于形不成双分子液膜而不能在液面形成气泡。两者的区别，就在于液体中有无表面活性剂。

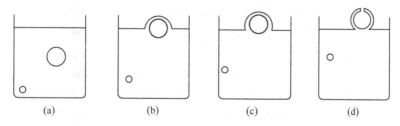

（a）　　　　　　（b）　　　　　　（c）　　　　　　（d）

图 2-9　气泡在纯水中生成和破裂的过程
（a）气泡在纯水中生成；（b）气泡上升至水面；
（c）气泡漂出水面；（d）气泡在水上破灭

2.2.4　泡沫产生的条件和破坏机制

（1）泡沫产生的条件

① 气液接触

因为泡沫是气体在液体中的分散体，所以，只有当气体连续充分地与液体接触并分散到液体中，才有可能产生泡沫。当然，创造出这一条件，就要借助于物理作用，用机械力使液体与气体充分接触，才可以实现。若没有外力作用，气液不可能充分接触与分散。这是它与化学发泡本质上的区别。但这是泡沫产生的必要条件，并非充分条件。

② 发泡速度高于破泡速度

无论你向纯净水中如何充气，也不可能得到泡沫，最多只是出现一些单泡而已。因为纯水产生的气泡，其寿命在0.5s以内，只能瞬间存在，无法聚集成泡沫。只有破泡速度慢，气泡的寿命长，发泡的速度高于破泡的速度，气泡在生成后，才有机会聚集成泡沫。所以，形成泡沫要比形成单个气泡要难得多。泡沫形成的一个关键，在于不但要使气泡形成，还要能使它一个个留存和聚集。

③ 液体中的表面活性剂必须达到形成泡沫的要求

气泡的产生依赖于表面活性剂。要使大量气泡堆积成泡沫，液体中的表面活性剂就必须达到形成泡沫的一些技术要求，并不是随意含有表面活性剂就可以。这些条件是：一要使表面活性剂在液体中的含量符合技术要求，浓度过低，虽被形成气泡，但并不能形成泡沫。二要使用高起泡力、高稳泡力的表面活性剂。表面活性剂并不能都符合产生泡沫的技术要求，有些表面活性剂起泡力、稳泡力都很差，并不能形成泡沫。只有选用高起泡力、高稳泡力的表面活性剂，才可形成泡沫。

（2）泡沫破坏的机制

表面活性剂形成的气泡具有不稳定性，很难长时间存在。这是因为它们的液膜机械强度不高，又特别薄（双分子层），所以在各种环境条件影响下，无法长时间存留，容易破灭。泡沫混凝土所要求的泡沫，必须稳定、具有较长寿命、不易破灭。否则，制备的泡沫在初始阶段无论多么漂亮、浓密，对泡沫混凝土生产也是毫无意义的。所以，探究泡沫的破坏机制、规律、影响因素等，对泡沫混凝土生产极其重要。

对于影响泡沫破坏的机制，后面相关章节还会有详细的介绍。这里，仅就泡沫本身的一些机制，如重力排液、表面张力排液、气泡内气体的扩散三个方面做一些简要的分析。

泡沫是气体分散在液体中的粗分散体系，由于体系存在巨大的气-液界面，所以它是热力学上的不稳定体系。泡沫的液膜特性决定它最终都将被破坏。在空气中，不破坏的泡沫是不存在的。造成泡沫破坏的主要原因，是液膜的排液使液膜减薄和泡内气体的扩散，两个因素相互关联。

泡沫的存在是因为气泡有一层液膜相隔。如果把液膜看作毛细管，根据公式，液体从液膜中排出的速度与厚度的四次方成正比。这意味着随排液的进行，排液速度急剧减慢。气泡间液膜的排液主要是以下原因引起的。

① 重力排液

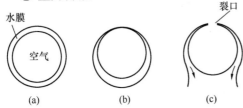

图2-10　重力排液气泡破裂示意

（a）完整的气泡；（b）重力排液使气泡上部变薄；（c）排液使水流失，气泡破裂

存在于气泡间的液膜，由于液相密度大于气相的密度，因此，在地心引力作用下，就会产生向下的排液现象，使液膜减薄。由于液膜的减薄，其强度也随之下降，在外界扰动下就容易破裂，造成气泡聚并。重力排液仅在液膜较厚时起主要作用。重力排液使泡沫壁变薄而最终从顶部破裂。重力排液导致气泡破裂的过程及原理如图2-10所示。

② 表面张力排液

由于泡沫是由多面体气泡堆积而成的，所以，在气泡交界处就形成了 Plateau 边界。Plateau 边界也称为 Gibbs 三角。其具体介绍请参看本书 1.4.2，其示意图请参看图 1-2。

从图 1-2 可以看出，若三个气泡相交界，两泡交界处 B 近似为平液面，而三泡相交的 A 处为三角形，液面为凹液面。由于表面张力作用，根据 Young-Lapace 公式可知，凹液面处的压力小于平液面 B 处的压力。所以，液膜中的液体就由 B 处平液面（压力高）向 A 处凹液面处排液，使 B 处（两泡界面处）液膜逐渐变薄，导致最终破裂。这就是表面张力排液。虽然它与重力排液原理不同，但结果相同，都将使气泡破裂。

重力排液与表面张力排液相叠加，液膜变薄更快、气泡破裂也更快。

③ 气泡内气体的扩散

除了重力排液与表面张力排液，气泡内气体的扩散也会导致气泡破坏。

我们平时观察泡沫时都会发现，刚制出的泡沫，气泡较小，但小泡很快就破灭，只剩下大泡。而且大泡越来越大，最后都变成较大的气泡。大气泡最终也破灭。小泡先破、大泡变大而后破，这种现象就是气泡内气体的扩散导致的气泡破坏机制造成的。

因为，形成泡沫的气泡大小不一样，根据 Young-Laplace 公式，附加压力 Δp 与曲率半径成反比，小气泡内的气体压力大于大气泡内的气体压力。压力大的气泡，其液膜承受的压力大，就会首先在压力下破裂。这样，小气泡在破裂后，会从破裂处向大气泡内排气。这样，就会使小气泡失气而变得越来越小，而大气泡得气而变得越来越大。小气泡排气完毕首先破泡消失。大气泡在得气后，把液膜胀得更薄，最后也破泡消失。另外，液面上的气泡，也会因泡内的压力比大气压力大而直接向大气排气，最后气泡破裂。

由以上分析可知，气泡大小不一样，是造成泡沫加速破裂的重要因素。气泡大小的差别越大，小泡就破得越快。小泡破得越快，大泡在接收小气泡的排气后，被胀破得也越快。这就会引起连锁反应，加速全部泡沫的破裂。

因此，制泡时应尽量均匀一致，泡沫越均匀，稳定性就越好。大小气泡不一致的泡沫一定容易破裂，这是无数经验总结出的规律，已验证了气泡内气体扩散导致泡沫破裂的理论是正确的。

气泡大小不均匀，引起气泡内气体扩散，导致泡沫破裂的原理及过程示意图如图 2-11 所示。

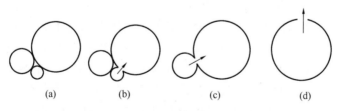

图 2-11　气泡内气体的扩散导致气泡破坏的原理及过程
（a）初制出的大小不同的气泡；（b）小气泡破灭向大气泡排气；
（c）中等泡破裂向大气泡排气；（d）大气泡被小气泡排气胀破

2.3 泡沫混凝土气孔形成原理

在泡沫混凝土中，泡沫的主要作用是形成气孔。由液-气两相的气泡变成固-气两相的气孔，将发生一系列物理变化，使泡沫发生质的转变。所以，研究泡沫如何转变成气孔，也将对泡沫混凝土的生产具有指导意义。

泡沫中的气泡是气-液二相结构体，它最终变成泡沫混凝土气-固二相结构体。用制泡机制出的泡沫，最终成为泡沫混凝土的气孔，一般要经历以下几个过程。

2.3.1 气-液界面向气-液-固界面的转变

泡沫本来是气-液两相体系，由液膜包围空气形成。而泡沫混凝土所制备的水泥等胶凝材料浆料，将是水、水泥颗粒及其他外加料颗粒等形成的液-固两相体系。泡沫混入水泥等胶凝材料料浆，两者就变成了气-液-固三相体系，即料浆由气泡、水、固体颗粒三相组成。这一变化，使气泡的液膜及气泡的形态均发生一系列的变化。

（1）气泡由单纯的液膜变成液固复合膜

原来的气泡液膜主要由表面活性剂溶液组成，很薄，只有几纳米厚。在与水泥浆混合后，液膜由于表面活性剂的吸附作用，黏附了大量的水泥等微粒，使液膜变厚。液膜变厚后，固体微粒实际上对气泡起到加固作用，使泡沫更加稳定。在空气中，泡沫只能存留几十分钟或几个小时，而混入浆体后，一般的存留时间均会延长。但在平常生产中，不少人感到泡沫在空气中稳定，一进入水泥浆体会很快消泡。这与上述水泥颗粒的固泡作用反而不吻合。这主要是因为，水泥浆成分很复杂，有些成分有破泡作用。这种作用大于水泥颗粒的固泡作用。另外，只有微细的固体颗粒才能被泡沫的液膜吸附，加厚泡壁。那些粒径较大的固体颗粒不能被液膜吸附，起不到加厚液膜的作用。所以，向水泥浆体中添加纳米材料，有利于泡沫的稳定。

（2）气泡受到的挤压力变大

泡沫进入水泥浆，存在环境发生了根本性的变化。当泡沫在空气中存在时，由于液膜间的液量很少，泡沫很轻，没有多大的自重压力，只受到气泡间的相互挤压力。这种相互间的挤压力也是很小的，几乎不影响泡沫的稳定存在。但是，当泡沫进入水泥浆后，由于水泥浆的密度较大，就对泡沫产生了较大的挤压力。这种挤压力以浆体的自重压力为主，浆体高度越大，对泡沫的压力越大。一般情况下，浆体下部泡沫受到的挤压力大于上部，最下部泡沫承受的压力最大，一部分泡沫首先被压破而消失。所以，浆体内的泡沫存留呈现如下规律：浆体自上而下，越往下气泡存留越少。即，上部泡沫存留大于下部。下部一部分泡沫消泡后，释放出的气体上升，合并到上部的气泡中，使上部的气泡变大。所以，一般上部的气泡大于下部的气泡。这是挤压力引起的浆体中气泡分布的变化。

（3）气泡形态发生改变

泡沫在空气中存在，我们在前面已有介绍，其气泡多呈多边形。但宏观上看，仍近似于球体。但进入水泥浆体，由于不均衡挤压力的作用，气泡形态发生一定的改变，不规则性有一定的增加。从显微照片看，它们很难保持正圆球形。特别是在浆体的下部，由于浆体自重压力，气泡多呈不规则多边扁形。浇筑高度越大，越扁越明显。

在上述这一转变阶段，由于泡沫混凝土仍处于浆状，泡沫的机械强度，仍以气泡的液膜支撑为主。

2.3.2 气-液-固界面向气-固界面的过渡

这一阶段，从浆体浇注成型后开始，到浆体初凝后结束。浆体初凝后，泡沫的液膜基本消失，代之以胶凝产物形成的气泡壁。气泡也变成了气孔，气固界面部分取代了气泡原来的气-液-固界面。

这一阶段，也就是浆体浇注成型后的静停初凝阶段。浇注结束后，泡沫开始逐渐变生质变。此时，吸附于气泡液膜上的水泥颗粒（也可以是其他胶凝材料颗粒）慢慢水化反应，生成大量的水化生成物。这些水化生成物随反应的进行迅速增多，其结晶体相互搭接，形成了和液膜合并的凝胶层，仍牢牢地包围着空气。随水化产物继续增多，凝胶层连为一体，并逐渐加厚，取代了液膜，形成了半固态的气泡壁，液膜逐步消失。这一过程，一般需要几个小时。若是快凝水泥，则只需 10 ~ 30min。在此期间，由于水化产物对液膜的加固作用，泡沫的强度大幅提高，形成了一种复合强度，即液膜本身的强度与水化产物的加固强度。但由于这时水化产物产生的还不够多，整个泡沫的强度还不足以支撑水泥浆体的自重压力，仍有泡沫破裂崩毁的危险，仍会发生塌模事故。

这个过渡期分为早期和后期。早期是指水泥等胶凝材料开始水化的初始阶段，水化产物不多，泡沫液膜的强度仍起着主导作用，凝胶水化物还处于辅助加固作用，不占主导。后期指浆体接近初凝，水化产物已经较多，并形成了相互搭接的凝胶层，对液膜的加固作用已很强，液膜接近于消失，凝胶作用产生的强度已占主导地位，液膜只起到辅助作用。

这一过渡阶段的长短，取决于不同胶凝材料的水化速度，以及不同胶凝材料水化产物的类型。胶凝材料的初凝时间越短，水化产物的凝胶性越强，泡沫就越稳定，越不易破泡塌模。反之，若胶凝材料水化速度慢，初凝时间长，且胶凝水化产物较少，不能很快在泡沫液膜上形成水化覆盖层，那么，气泡的液膜在自身的重力排液作用及表面张力排液作用下逐渐变薄，支撑不住浆体的挤压力，就会破裂，不能形成泡沫混凝土的气孔。

也就是说，在这一敏感阶段，胶凝材料的水化产物在泡沫液膜加固层的形成，应快于泡沫的排液变薄速度，抢在泡沫被排液破坏之前，将液膜加固到不会破裂的强度，避免泡沫破裂。

因此，这一阶段是泡沫向气孔转化的最关键的一个技术时期，浇注后的消泡塌模，大部分都发生在这个阶段。这一切，都取决于泡沫本身的坚韧性和排液速度及胶凝材料的水化速度。泡沫本身的品质越高，排液速度越慢，胶凝材料水化速度越快，泡沫向气孔转化的成功率就越高。表现在技术上，我们要采取对应的两项技术措施：一方面，要采用高性能尤其是高稳泡性的泡沫剂，形成排液慢的泡沫；另一方面，要选用水化速度快的无机胶凝材料如快硬水泥，或者在配比中加入促凝剂，加速胶凝材料的水化，以保证泡沫向气孔的过渡与转化。

2.3.3 气-固界面的完全形成

在这一阶段，泡沫完成了从泡沫向气孔的过渡，泡沫的液膜消失，也意味着气泡的消失，代之以气孔的形成。当初气-液界面完成了向气-固界面的转化。

这一阶段大约相当于浆体接近于初凝到浆体终凝之间的时间段。在此时间段内，同时进行着泡沫最后的两个变化：一个变化为胶凝材料水化产物形成泡壁；另一个变化为液膜的逐渐消失。

浆体进入初凝阶段后，胶凝材料的水化进入高峰期，大量的水化产物开始在气泡膜上吸附堆积，已达到相当的厚度，并且越来越厚，并凝结为坚固的，再不会破裂的、有足够强度的气孔壁，以固态形式包围空气，形成了气-固界面凝胶层，使气泡变成气孔。

另一方面，气泡的液膜由于重力排液和表面张力排液，越来越薄，再加上水泥水化大量吸收液膜的水分，以及浆体水泥放热，大量蒸发泡壁的水分，各种因素叠加，使气泡的液膜最终消失，被固体的水化产物层所取代，液膜完成了它向气孔壁的转化。

2.4　泡沫混凝土对泡沫的技术要求

泡沫是形成泡沫混凝土气孔的基础。要获得符合泡沫混凝土需要的气孔结构，就必须首先具有符合技术要求的泡沫，两者基本是相应的。有什么样质量的泡沫，也就会有什么样质量的气孔。

泡沫的基本技术要求有五个方面，分述如下。

2.4.1　泡沫稳定性

稳定性是泡沫的第一要求。泡沫的其他技术要求都是建立在泡沫稳定的基础之上的。没有泡沫的稳定存在，其他任何技术要求均无从谈起。

泡沫稳定性也就是泡沫不论是存在于空气中，还是存在于浆体中，都能够保持不破坏的能力。这种能力越强，它的存在时间也越长。其合适的稳泡时间要求，以长于水泥（或其他胶凝材料）浆料的初凝时间为标准，至少也应接近水泥浆体的初凝时间。换句话说，应以混入水泥料浆后，不引起泡沫破裂、不会引起料浆沉陷、塌模为标准。

（1）泡沫稳定性的技术特征

稳定性优异的泡沫，其总体技术特征是，液膜坚韧，机械强度高，抗外力扰动能力强，能承受一定的浆体自重压力；另外，它具有较强的保水能力，液膜上的水分在重力作用及表面张力作用下不易流失，可长时间保持液膜的厚度和完整性。这种泡沫还具有对水泥浆较好的适应性、适宜在高碱性条件下稳定存在。概括地说，这种泡沫可以长时间稳定存在，可以在泡沫混凝土中形成良好的气孔。

具体分析，其技术特征如下。

① 成孔率高

稳定性好的泡沫、对泡沫混凝土具有良好的成孔率。其泡沫成孔率可达95%以上。成孔均匀、孔结构好。泡沫在混入水泥浆体搅拌混合、泵送、浇筑过程中，灭泡很少，大部分泡沫都得以完整保存，转化为结构良好的气孔，消泡率极低。一句话：泡沫利用率高，无效泡沫少。稳定性不好的泡沫在成泡以后，消泡率高，大部分泡沫在混泡、搅拌、泵送、浇筑、静停等工艺过程中消泡，造成浪费，最后能变成气孔的较少。成孔率是评价泡沫优劣的第一技术特性。

② 浇筑稳定性好

浇注稳定性，也就是泡沫混凝土在浆料浇注成型的静停过程中，不会大量消泡，浆体不沉陷、不塌模，一直保持体积稳定性。其实质仍然是泡沫的稳定性。它要求泡沫：一是对水泥浆的成分适应性好，不会因不良反应消泡；二是泌水量低，泡壁减薄的速度慢；三是泡沫韧性好，抗浆体自重压力的能力强。浇注后浆体因消泡造成的沉陷与塌模，是泡沫混凝土生产中最严重的工艺事故。避免出现这种事故，保证生产能正常进行，就必须要求泡沫具有浇注静停期的稳定性。

③ 形成的孔结构好

稳定性好的泡沫、在浆体硬化后，所形成的气孔，串气形成的连通孔很少，气孔大部为封闭孔、孔的外形较圆，气孔整体均匀、大孔较少。稳定性不好的泡沫，泡沫易串气串孔，出现很多连通孔，且泡孔变形大，不圆。且小泡破灭多、合并成大气泡，形成不均匀的大孔。这些都会影响泡沫混凝土的性能。除了透水混凝土及过滤用混凝土外，其他绝大多数混凝土，有害孔就是连通孔和不均匀大孔。它们不利于保温、隔热、隔声、防水、防火等。

（2）泡沫稳定性的具体要求

泡沫稳定性的具体技术要求，分为两个方面：在空气中存在时的技术要求和加入水泥浆后的技术要求。这些技术要求可以通过一些量化的技术指标来衡量。

① 泡沫在空气中的稳定性技术要求

泡沫在空气中的稳定性是一个参考性指标，没有它在浆体中的稳定性重要。但是，它仍能在一定程度上反映泡沫的基本稳定性。这个指标一般用沉降距、泌水量来衡量。作者仿制苏联建筑科学研究院的泡沫测定仪来测定泡沫稳定性，其技术指标如下：

泡沫沉降距（1h）：≤20mm（衡量消泡量）

泡沫泌水量（1h）：≤150mL（衡量泡膜的失水量）

其具体的测试方法后面将有详细的介绍，可参看有关章节。

② 泡沫在进入水泥浆后的稳定性要求

这是泡沫稳定性的主要技术指标。泡沫好不好，单看它在空气中的表现是不行的。在空气中再稳定，进入浆体又消泡，仍然没有实际的用途。所以，泡沫稳定与否，最主要的还是要看它在进入水泥浆后的表现。泡沫在进入水泥浆后仍然不消泡，才是真正的稳定。

泡沫水泥浆的稳定性，在一定程度上间接反映了泡沫的稳定性。稳定的泡沫，在进入浆体后，浆体在凝结硬化过程中不沉降或沉降率很小。不稳定的泡沫，会导致浆体沉降或塌模。按《泡沫混凝土用泡沫剂》（JC/T 2199—2013）标准的规定，其料浆沉降率一般应≤8%。其沉降率越大，说明泡沫越不稳定，消泡越严重，即反映出泡沫破损率越高。

也可以用泡沫在水泥浆内的稳定时间来间接表征泡沫的稳定性。也就是说，泡沫的稳定时间应大于浆体的初凝时间16～20min。料浆初凝后16～20min，水泥的水化生成物吸附在泡沫液膜的吸附层上；已经凝结为液膜的加固层，稳定了泡沫，起到对泡沫的支撑作用，成孔已经基本上有了保障，消泡塌模的可能性已不大。泡沫若能稳定到料浆初凝后16～20min，就基本可以达到不塌模的技术要求。

由于各种胶凝材料的初凝时间不一致，对泡沫的稳定时间要求也有所不同。总的来说，用快凝胶凝材料的泡沫，稳定时间可以要求短些。对于那些初凝时间较长的胶凝材料，泡沫的稳泡时间应尽量长些。即使同一种胶凝材料，气温不同，其初凝时间也不同。例如，普通硅酸盐水泥，在夏天35℃以上的高温下，40min就可能初凝，而在10℃以下的春秋天，可能80min也没有达到初凝状态。

无论采用什么品种的胶凝材料及气温多高，泡沫稳定时间应大于当时浆体初凝时间16~20min。具体的稳泡时间应通过试验确定，以浇注后不塌模，气孔形成后不连通、不过度变形为原则。

2.4.2 泡沫均匀性

所谓泡沫均匀性，是指气泡直径较为一致，差别较小，可控制在技术要求的范围。不会出现大的大、小的小，大小不均匀的情况。也就是在泡沫混凝土硬化后，泡沫形成的气孔的孔径分布范围较窄，孔结构较好。

泡沫均匀性是泡沫最基本的技术要求之一。当然，要求泡径完全相同是不现实的，但必须控制在一定的区间。这一区间，应根据产品的性能设计来限定。有时候，泡径需要控制得大一些（如装饰泡沫混凝土）。而大多数情况下，则需要细小（如保温用泡沫混凝土）。但不论其控制范围的泡径多大，都应要求均匀。

要求泡沫均匀性好，是保证泡沫混凝土性能的必要技术手段。从技术角度讲，泡沫均匀性对泡沫混凝土的优质性有两个方面的好处，具体如下：

其一，有利于减少大泡的增多，避免泡沫中气泡的合并。

在前面2.2.4节中我们在介绍气泡内气体的扩散时，曾指出，小气泡内的气体压力，大于泡沫内大气泡内的气体压力。所以在泡沫内大小气泡并存的情况下，小气泡在更大的气体压力下，首先破裂，并将气体从破裂处排向大气泡，造成气泡的合并，使大气泡更大，最终大气泡增多，小气泡减小。气泡的泡径差别越大，这种倾向越严重。其坏处是，气泡合并使大气泡最后也被胀破、造成消泡，降低了泡沫的稳定性。另一方面，大泡的增多，降低了泡沫混凝土的保温性及其他性能。而泡沫均匀，就会降低气泡的合并概率，有利于减少因气泡合并而造成的大泡增加，也有利于控制消泡，增加泡沫的稳定性。

其二，有利于提高硬化泡沫混凝土的抗压强度。

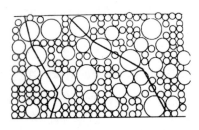

泡沫若不均匀，在成型泡沫混凝土后，其气孔的大小也不一致，大的大，小的小。气孔的不一致，劣化了泡沫混凝土的受力性能。泡沫混凝土受力时，其压应力会首先向大泡集中，在大泡较多的部位形成受力的薄弱环节，承压时首先引起泡沫混凝土的破坏。而在气孔均匀时，这种现象就不会出现，间接提高了泡沫混凝土的抗压性能。图2-12是当泡沫不均匀，使成型后的泡沫混凝土气孔也不均匀，导致应力集中于大孔引起产品破坏。

图2-12 压应力集中于大孔引起破坏

当然，泡沫的均匀性虽然影响泡沫混凝土气孔的均匀性，但不是唯一的影响因素。气孔的均匀性还取决于泡沫混凝土的配合比。配合比中的一些成分也会影响气孔的均匀性。而且有泡沫混凝土生产工艺如混泡工艺、浇注工艺等，也都会影响气孔的均匀性。由于本节只限于讨论泡沫剂，而不是讨论泡沫混凝土，所以就不再细述泡沫混凝土配合比及生产工艺对泡沫混凝土硬化体气孔均匀性的影响。故而我们这里只讨论泡沫对泡沫混凝土硬化体气孔均匀性的影响。这只是说明，再均匀的泡沫，也无法完全决定泡沫混凝土硬化体气孔的均匀性，它只是最重要一个前提条件或基本条件。

单从泡沫剂制泡的角度分析，决定泡沫均匀性的因素，也有两个方面：

① 泡沫剂成分的影响

不同的泡沫剂，其成分也大不相同。这些不同成分，其成泡效果是不同的。有的成泡细密均匀，而有的泡径较大，且不均匀。要达到泡沫均匀性良好，就要科学设计泡沫剂的成分组成，选择那些成泡优异，能够形成细密均匀的成分。这是形成均匀泡沫的物质基础。

② 制泡工艺的影响

制泡工艺对泡沫均匀性的影响，主要表现在发泡机对泡沫剂稀释液分散的均匀性，以及对空气分散的均匀性上。制泡过程，也就是发泡机将液、气分散的过程，发泡机把泡沫剂稀释液分散成微小的液滴，包覆分散的空气团，才形成一个个气泡。所以，液滴分散得越均匀，空气也分散得越均匀，形成的气泡大小也就越均匀。这不但取决于发泡机分散筒的结构参数、分散筒内填装的分散材料种类，也取决于发泡机液气压力的控制能力及技术参数的设计。这在后面还将详细介绍。

因此，泡沫的均匀性，既要有性能优异，产泡均匀的泡沫剂，也要有性能良好的发泡机，两者都达到最佳状态，互相配合，才能形成均匀的泡沫。

2.4.3 泡沫泌水率

泡沫泌水率低是泡沫的三大主要技术要求之一。

所谓泌水率（有时也称泌水量），是泡沫在从发泡机制出以后，在空气中静停一定时间（一般以一小时为标准），所排出的水分占泡沫总量的比率。它是泡沫含水量的表征，也反映出泡沫的稳定性。泡沫泌水率越大，表征着其含水量越大，其泡沫的稳定性越差。

所以，泡沫的泌水率有一定的技术要求，不能太大。前面在介绍泡沫分类时，曾经按泡沫的含水量，将泡沫分为水多泡少的乳状泡沫，以及泡多水少的泡状泡沫。其中，乳状泡沫就是典型的高含水量，高泌水率的泡沫，在泡沫混凝土中难以使用，可视为不合格的泡沫。低含水、低泌水的泡沫，才是优质的泡沫。

泡沫自发泡机制出，由于自重排液、表面张力排液，外力影响排液等各种综合因素的影响，就开始逐渐向外排液泌水。其排液速度越快、泌水率就越高，稳定性就越差。其泌水包括两大部分，现分述于下。

① 气泡之间的泡间水泌水

这部分水存在于气泡之间，为泡沫中的游离水。泡间水没有形成泡之液膜，是完全多余的流动水。这些水在泡少水多的乳状泡沫中存在量最大。在一般高泌水率泡沫中存在量也较大。在一般密度较大的泡沫中存在量会更大，在"干泡沫"即低密度泡沫中存在量很小。这一部分水为有害水。它对于泡沫混凝土用泡沫有害无益，是无用水。

泡间水是由于泡沫剂起泡性差、泡沫剂稀释用水量过大、发泡机的发泡性能过差三大原因综合形成的。上述三大因素中，有一个因素控制不好，均会引起泡沫剂起泡能力变差，泡间水过多，使大量的泡沫剂稀释液没有变成泡沫，而成为泡间水。

泡沫的泌水，首先泌出的就是泡间水，等泡间水泌得差不多了，才会再泌出液膜水。泌水初期的水，多是泡间水。

② 液膜泌水

液膜泌水是大多数气泡泌水的主要形式。这部分水主要是从气泡的液膜上分泌出来的，故称液膜泌水。即使含水量极低的"干泡沫",也有液膜泌水现象,只是泌水率很低而已。

液膜泌水是重力排液、表面张力排液、气泡破裂排液、外力干扰排液这四种作用共同影响的结果。这方面,前面相关章节已有介绍,这里不再重述。

液膜泌水量与液膜的厚度及液膜的稳定性有关。

气泡液膜的厚度大小,表示出气泡液膜的含水量。一般情况下,液膜越厚,就会含水量越大,也会导致泌水量可能越大。所以,液膜过厚的泡沫不是优异的泡沫。它将导致重力排液量增大,泡沫的消泡率增大。但也并不是说,液膜越薄越好,过薄的液膜虽然泌水量小,但易破坏导致消泡。因此,液膜的厚度应合适,过厚过薄都不好。

液膜的稳定性也影响液膜排液泌水。如果液膜具有优异的保水性,而且坚韧密实,重力排液和张力排液就会因保水性强保持较低的水平,外力排液也会因液膜坚韧、密实不易破泡而相对较小。也就是说,液膜越稳定,泌水率越低。增加气泡液膜的保水性、黏滞性、坚韧密实性,是降低液膜排液泌水的三大技术手段,应综合应用。

综上所述,控制泡间水量以及降低液膜厚度,提高液膜的抗外力干扰能力,是实现泡沫低泌水率的两个方面的必要条件。

2.4.4 泡沫对胶凝材料浆体适应性

泡沫在空气中的性能并不能反映其实际的工程应用性能。在空气中稳定的泡沫,在水泥浆中并不见得稳定。反过来,在空气中不稳定的泡沫,也不能说明,它在水泥浆中一定也不稳定。泡沫是否具有在泡沫混凝土中的实际应用价值,关键在于它在水泥浆中的稳定性。决定它在水泥浆中是否稳定的核心是泡沫对胶凝材料浆体的适应性。不适应胶凝材料浆体的泡沫,在空气中无论如何优异、如何均匀,也是没有用的。

从这个意义上讲,不论对泡沫的要求有多少条,对胶凝材料浆体的适应性是首要的技术要求。这一项不合格,其他要求均没有任何意义。

例如,松香皂泡沫剂,它制出的泡沫,在空气中很不稳定,泌水快,泌水率高,消泡严重。用泡沫仪检测,它肯定不是优质泡沫剂,属于品质较差的品种。但是,它在进入水泥浆后,却很稳定,比很多泡沫剂所制的泡沫都稳定。因为它对水泥浆、菱镁浆等胶凝材料浆体,都有良好的适应性。它在进入这些浆体后,与这些浆体内的氧化钙、氧化镁等反应,生成了具有稳泡作用的松香酸钙或松香酸镁,所以提高了泡沫稳定性。这充分说明,泡沫对胶凝材料浆体适应性多么重要。也同时说明,单纯看泡沫在空气中的稳定性、均匀性、泌水性是没有用的。

判定泡沫在胶凝材料浆体内的适应性,主要看其在胶凝材料浆体内是否稳定,是否会因消泡引起浆体沉陷、塌模。也就是测定其浆体在试模内的沉陷率。其具体的测定方法与技术指标,将在本书后面的有关章节另行介绍。

泡沫对胶凝材料浆体的适应性之所以重要,就在于泡沫在胶凝材料浆体里的存在环境要远比空气中复杂。胶凝材料浆体既有水泥等胶凝成分,还有水、掺合料、各种外加剂、轻集料等。泡沫与其中任何一种成分不适应就会造成消泡、塌模。作者曾用某种泡沫做过试验。这种泡沫是最稳定、最均匀、泌水率最低的泡沫品种之一,是优质泡沫类型。在空气中,它性能极为优异。但是,当我们把它掺入水泥浆后,消泡严重,不久就引起泡沫水泥浆沉陷。这说明,在水泥浆里能否稳定存在、是否适应水泥等胶凝材料浆体的成分,是判定其实际应用价值最重要的技术指标。

判定一种泡沫剂所制备的泡沫能否适应水泥浆等胶凝材料浆体，必须通过大量的试验来进行，不可预测。至今，还没有什么方法来预先评估一种泡沫剂是否适应某一种胶凝材料浆体。

2.4.5 泡沫密度

泡沫密度也是泡沫的一项重要技术指标。所谓泡沫密度，即单位泡沫的质量。

（1）泡沫的合适密度

泡沫密度有一个合适的范围，才能符合泡沫混凝土的技术要求。若过大或过小，都将影响泡沫混凝土的生产。在实际生产中，泡沫的最大密度范围应该是处于 $40 \sim 80g/L$，最佳密度范围应该是 $50 \sim 70g/L$ 的范围内。凡是超出最大密度范围的泡沫，都不能作为优质泡沫使用。

（2）泡沫密度的表征意义

泡沫密度可以表征出泡沫含水量、液膜厚度、起泡量三个方面的意义，所以泡沫密度也是非常重要的技术指标。

① 表征泡沫的含水量

泡沫是由空气与泡沫剂稀释液两个部分组成的。它的质量等于泡沫液质量加上它所包围的空气的质量。由于空气的密度太小，其质量与泡沫含的水相比，可以忽略不计。那么，泡沫的质量可以近似看作泡沫液的质量。也就是说，泡沫密度也就可以表征出泡沫的含水量，包括液膜水和泡间水。

所以，泡沫密度越大，其含水量就越大。含水量过大，液膜排水越快，消泡也越快。另外，泡沫加入水泥浆后，带入水泥浆的水量也越大，加大了水灰比，降低了泡沫混凝土的强度及各种性能。而含水量过小，说明其液膜过薄，消泡也会越快。

② 表征液膜的厚度

泡沫密度虽然不能完全反映出液膜的厚度（因为还有泡间水），但当泡沫密度较小时，也在一定程度上表征出液膜的厚度。泡沫的密度越大，反映出液膜的厚度越大。而液膜厚度越大，排液越快，破泡也越快。而液膜过薄，抗干扰能力差，也容易破泡。只有液膜控制在合理的范围内，泡沫才稳定。从某种意义上讲，泡沫的密度控制，也是液膜厚度的控制。

③ 表征泡沫剂的起泡量

由于泡沫质量可以近似看作泡沫剂稀释液的质量，所以，泡沫剂稀释液的量，除以1L泡沫的质量，即除以泡沫密度，就是一定数量泡沫剂稀释后所制泡沫的量。以 1kg 泡沫剂为例，假如使用时稀释 40 倍，那么稀释液为 40kg。所制泡沫的密度如果是 50g/L，那么40kg 稀释液除以 50g/L、1kg 泡沫剂原液的起泡量就是 800L。所以，泡沫的密度直接反映出泡沫剂的起泡能力。泡沫的密度越大，起泡量越小。

（3）泡沫密度的控制方法

泡沫密度的控制应通过一定的科学方法。主要方法如下：

① 选择优质泡沫剂

优质泡沫剂即起泡力强，且稳泡性好的泡沫剂。这样的泡沫剂制出的泡沫密度一般较合适，既不会过大，也不会过小，特别是不会形成过多的泡间水，即泡沫剂稀释液转化泡沫的能力强，不会以泡间水的形式存在。

② 泡沫剂稀释倍数要合适

泡沫剂稀释倍数小，会造成浪费，使泡沫剂用量增大，不经济。但泡沫剂也不是稀释倍数越大越好。稀释倍数过大，泡沫含水量太多，且大部分是泡间水，而没有形成泡沫。有人错误地认为，稀释倍数越大，越省泡沫剂，这是误解。释稀倍数过大，泡沫会劣质化。

③ 应选用合适的发泡机

高性能的发泡机，会把发泡剂充分地转化成泡沫，在合理的稀释倍数下，泡间水很少、泡沫密度合适。性能不好的发泡机，一般制出的泡沫密度较大，可用性较差。

2.5 泡沫的制备

2.5.1 泡沫制备工艺原理与工艺发展

（1）工艺原理

泡沫制备的基本工艺原理，就是向溶解有表面活性剂的水里引入空气，让空气在离开表面活性剂的水溶液时，被表面活性作用所形成的液膜包覆而形成气泡。换言之，制备泡沫工艺，也就是把空气引入表面活性剂溶液的过程，即把空气分散到表面活性剂溶液中。空气分散度越高，泡沫越细小，空气分散越均匀，泡沫越均匀。空气分散工艺的水平决定制泡的水平。泡沫制备的核心就是空气在表面活性剂溶液的分散。

平常小孩吹泡泡，就可以最形象地揭示泡沫制备的原理。小孩吹泡泡用的泡泡水，实际是肥皂水。肥皂水是阴离子表面活性剂溶液，相当于泡沫剂。小孩的嘴巴就相当于空气分散器。吹肥皂泡的过程，也就是小孩用嘴巴将空气分散到肥皂水里的过程。当小孩用嘴将带有一定压力的空气分散到肥皂水里的时候，由于空气的密度比肥皂水的密度小，它就会从肥皂水里冒出，在肥皂水表面活性作用下，肥皂水的表面张力降低，它会形成有一定韧性的液膜，包围从液面冒出的空气，而形成一个个美丽的气泡。

（2）泡沫制备工艺的发展

人类制备泡沫，其工艺发展大概经历了三个阶段。

① 简单的搅拌起泡工艺

在古代，人们没有理想的制泡机械。他们能用于制泡的，只有木棍。那时，他们是靠搅动含有表面活性剂（当然，他们那时并不知道表面活性剂）的水或浆体，来形成泡沫的。例如当时将动物血液加入石灰-火山灰浆体，就是靠木棍搅动浆体引入空气，使浆体起泡的。血液在石灰作用下会产生表面活性物质，而使水起泡，木棍的搅动可以向浆体中引入空气，再靠搅动将气体分散于水中。

在其后漫长的历史发展阶段，搅拌制备泡沫，一直是唯一的制备泡沫工艺。

② 充分起泡工艺

充气需要充气工具，最原始的充气工具就是人的嘴巴。1791 年，随着肥皂的研制成功，用嘴巴充气，制备肥皂泡，成为最初的充气制泡工艺。但这种工艺除了吹泡泡玩儿，没有实际的工业应用价值。

后来,空气压缩机随近代工业的发展而出现。人们发现用空气压缩机充气制备泡沫,是一种很好的制备泡沫方法。这种充气制泡工艺开始发展应用,形成了第二代制泡工艺。其典型应用是充气浮选工艺,获得在矿物提纯方面的推广。直到现代,这种工艺才获得在泡沫混凝土方面的应用,但由于其制泡不均匀,应用并不多,始终没有成为主流工艺。

③ 高压气液双分散工艺

当代的制泡工艺采用的是气液双分散工艺。它是在近现代高压充气工艺的基础上发展起来的先进制泡工艺。这种工艺是随着泡沫混凝土的发展而逐步完善起来的新工艺。这种工艺的形成,使制泡工艺达到相当完善的水平。作者为这种工艺在我国的完善,也曾进行了长期的探索。

这种工艺与搅拌工艺、充气工艺最大的不同,在于三个方面:

其一,能够控制泡沫的均匀性。以前的搅拌制泡工艺和充气制泡工艺,均无法使泡沫均匀,没有控制泡沫均匀性的手段。而双分散工艺可以很好地控制泡沫的均匀性。

其二,能够提高泡沫转化率。搅拌制泡与充气制泡,其泡沫剂转化为泡沫的比率,最多也只能达到85%,很难达到95%以上。而双分散工艺,一般可使泡沫剂转化为泡沫的比率达到95%以上。如果工艺控制良好,最佳可达100%,使泡沫剂得到充分利用,降低了泡沫剂的用量。

其三,提高了制泡速度。气液双分散工艺是瞬间成泡,制泡速度极快,1台制泡机,1个生产班可产泡几十至几百立方米,比充气制泡和搅拌制泡快得多。

高压气液分散制泡的基本原理,是将空气和泡沫液同时通过分散器,高压分散,使气液同时被分散为细小的分散体,两种分散体在密闭空间内瞬间混合,液滴在表面张力作用下,瞬间形成液膜,包围被分散的空气,形成一个个气泡。分散器里的分散体可以控制液滴的大小和均匀度。后面的有关章节将会更详细地介绍其分散器及分散原理。

我国在过去的几十年中,对高压气液双分散工艺的形成和完善,以及在泡沫混凝土领域的推广应用,做出了巨大贡献。目前,这种工艺已成为我国泡沫混凝土生产中制泡的主要工艺,普及率达到99%。而搅拌制泡工艺与充气制泡工艺应用已基本淘汰,合计也不到1%,只应用于一些特殊工艺和场合。

继续发展与完善高压双分散制泡工艺,仍是我国泡沫混凝土行业的一项重大任务。因为,目前这种工艺尚存在自动控制水平较低,控制精度欠佳,泡沫质量仍欠佳等一系列问题。作者相信,随着泡沫混凝土技术的发展,这些问题一定会得到解决。

2.5.2　泡沫混凝土搅拌制泡工艺与设备

目前,搅拌发泡、充气发泡、双分散发泡,三种方式都应用于泡沫混凝土的制备过程中。其中,基本以双分散工艺为主,搅拌与充气方式也有少量应用。为了使读者全面了解制泡的不同工艺特点,这里将三种方式均做一些介绍。

本节首先介绍搅拌制备泡沫的工艺与设备。

搅拌制备泡沫,是20世纪60年代以前,世界各国在泡沫混凝土生产时广泛应用的主导工艺,曾风行一时,为泡沫混凝土早期发展起到过推动作用。但由于它所制泡沫均匀性差,间歇制备泡沫,所需时间长,工效低,随着后来充气制备泡沫工艺及双分散工艺的出现，逐步减少了应用。现在，只用于一些具有特殊要求的工程和产品，一般工程与产品已不大使用。

搅拌制备泡沫工艺分为低速搅拌制备泡沫与高速制备泡沫两种，分述于下。

（1）低速搅拌制备泡沫工艺与设备

这是一种采用普通砂浆卧式搅拌机制备泡沫的工艺。搅拌机转速一般 20～30r/min，个别达到 60r/min。它的搅拌叶片一般比较宽大，为扇叶式，利用叶片的扇动与下压力，把空气分散于泡沫剂溶液。由于它的转速较慢，分散于泡沫剂水溶液里的空气量不足，且分散不均匀，所以产量低，所产泡沫不均匀。在泡沫混凝土发展初级阶段（1923—1960年），这种工艺占主导。如今，其应用已很少。但由于它设备简单易用，投资小，在泡沫用量不大时，仍可采用。为了提高效率和质量，作者早年曾发明了这种制备泡沫的搅拌机的叶片，分散空气的效果大大提高、泡沫产量提高几倍，泡沫的均匀性也大幅提高。图 2-13 为作者发明的搅拌分散叶片。图 2-14 为苏联搅拌制备泡沫设备。我国最初的发泡机（20 世纪 50 年代）多是仿制这种设备。

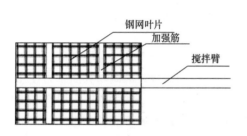

图 2-13　搅拌分散叶片示意图

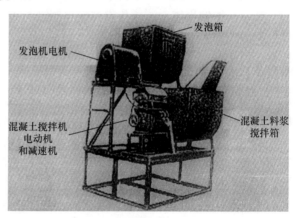

图 2-14　苏联搅拌制备泡沫设备

（2）高速搅拌制备泡沫工艺与设备

高速搅拌制备泡沫的工艺与设备，出现于 20 世纪 70 年代，但一直没有推广起来，至今也只有少量应用，且大多用于制备乳状泡沫和纳米泡沫。这种工艺采用的是立式高速搅拌机，转速最高达 30000r/min，一般为 300～3000r/min。目前，许多实验室制备泡沫仍采用这种方法。

高速搅拌制备泡沫是利用搅拌叶片高速旋转产生的气旋，快速将空气旋入泡沫剂水溶液并进一步利用高速叶片的分散能力，将空气均匀分散。这种制泡工艺速度快、泡沫生成量大，泡沫细腻，有更好的稳定性（气泡越细小越稳定）。其制泡产量与质量远比低速搅拌优异。所以，近年来，有些企业在生产中也偶然会采用这种工艺和设备。但由于高速搅拌不可能将所有的液体都变成泡沫，所以其制备的泡沫携液量相对较大，且多呈乳状，影响泡沫混凝土的强度及其他性能，因此，实际生产应用较少。如要工业化应用，尚需改进其搅拌头的结构，进行更深入的研究。目前，还没有找到彻底解决问题的办法。图 2-15 所示是作者研发的立式双轴高速搅拌制泡机。其分散头进行了改进设计，分散空气效果特别好，制泡效率高，含水量低，泡沫均匀。

2.5.3 充气制泡工艺与设备

充气制泡工艺与设备是产生于 20 世纪 50 年代的一种制泡工艺设备。它在当时有一定的先进性，曾取代搅拌制泡应用于部分工业制泡生产。后来逐渐被高压制泡工艺设备所淘汰。但在某些企业，仍有应用，不过已经很少了。

它的制泡原理，是利用空压机，通过高压输气管，直接把高压空气（0.8～1MPa）从底部充入泡沫剂溶液，再依靠高压作用弥散于溶液。其溶液大多装在密闭的水箱中，以利泡沫的生成。所产生的泡沫，从出口排出。

图 2-15　立式双轴高速搅拌制泡机

这种工艺设备所制的泡沫产量高、泡径大、速度快，但不细腻，且稳定性较差，携液量也较大，泡沫质量不理想。总体来看，它不是性能优良的制泡工艺设备。当然，与搅拌制泡比，还是有一定的进步性的。

2.5.4 双分散工艺设备

我国的现有制泡工艺和设备，基本上采用的是液气双分散工艺和设备。相比于搅拌制泡与充气制泡，在现阶段，它是最先进的制泡工艺，因而受到各企业欢迎而获得广泛应用。

这种高压分散工艺和设备的基本原理是：以空压机抽取的高压空气（压力 0.8～1.2MPa），进入一个密闭钢筒分散器（俗称发泡筒），将高压空气高度分散。同时以高压水泵抽取的泡沫液（即泡沫剂稀释液），也同时被压入分散器，泡沫液被高度分散。高度分散的空气与泡沫液相遇，瞬间完成液膜对微细气体的包覆，形成无数细小的气泡并在出泡口汇集成泡沫。

这种制泡机的关键部件分散器，其密闭钢筒里装填的是分散体。分散体最早是模仿苏联，采用多层钢网，用网眼分散气体和泡沫剂溶液。20 世纪 80 年代作者研制的国内第一台制泡机，就是采用这种结构的分散器（发泡筒）。后来发现钢网容易破损，使用寿命短，换网时间长，作者就将多层钢网改成了石英砂（2～3mm），但分散性不如钢网。再后来，20 世纪 90 年代，将它又换成丝瓜络，混合一定量的石英砂。但丝瓜络易腐烂。又一次换成了车床加工扔下来的普通废钢絮，其强度虽高，但易生锈，耐用性差。到了 20 世纪 90 年代末，最后将它换成了不锈钢清洁球，既耐用，分散性又极佳，成为最终定型的分散体，并一直延续到如今，在全国获得普及性应用。

由于水、气均采用了高压分散，且采用了配套的高分散能力的分散器（发泡筒），使高压分散所制备的泡沫细腻、均匀、稳定，且产量大、出泡快、效率高。不但可获得性能优异的泡沫，而且有利于自动化制泡，降低制泡的人工成本，性价比突出。在现有技术条件下，它应该是最理想的制泡工艺及设备。

图 2-16 所示为分散器结构示意图。

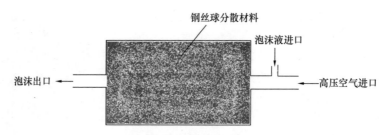

图 2-16　分散器结构示意图

2.5.5　泡沫制备现有工艺设备存在的问题及研究方向

（1）存在的问题

虽然高压分散工艺没有问题，符合技术原理，但目前的制泡设备仍然不能令人完全满意，存在不少问题，具体分析如下。

① 水、气的比例不能精确自动控制

水、气比例是泡沫制备的核心。水多则泡沫密度大，气多则泡沫密度小。气液比例直接影响泡沫的品质。而当前，由于控制技术原因各地生产和应用的制泡机始终无法精确地自动控制。有的虽安装了液气自动控制，但由于计量器对振动敏感，制泡机强烈地振动也影响了计量精度。在实际生产中，大部分企业使用的制泡机，仍采用手动阀门控制水、气比例，十分不精确、造成制泡品质不稳定。

② 制泡机上的分散器填充的分散体仍然不理想

虽然在换成不锈钢丝球（清洁球）后，分散体的使用寿命及制泡质量有了空前的提高，但仍然不理想。因为，在钢丝球使用一段时间后，在高压空气及高压水（泡沫剂水溶液）的双重冲击下，钢丝球仍然会被冲击而变碎。变碎以后，其分散水、气的能力下降，若没有及时更换，泡沫品质会大大降低，造成泡沫性能的不稳定（新钢丝球泡沫品质优，随后逐步降低）。另外，更换钢丝球既费事，又不经济。且清洁球的填充量随意性较大，难以准确掌握。

③ 泡沫品质不能随时在线显示

泡沫的主要品质（如密度、含水量、泡径等），至今不能在线显示，操作者无法随时准确掌握并及时调控泡沫质量数据。实际生产中，泡沫质量无法量化，仍然是模糊控制。

（2）研究方向

① 向泡沫制备完全自动化努力

要达到泡沫制备全程可控并自动在线显示各种控制参数，实现制泡微机编程全自动控制。尤其要解决泡沫剂稀释水料比，高压液与高压空气的水气比，压力比等各种要素的自动精确控制。

② 研究新的分散器填充的分散体，力争可实现更新换代

实践证明现有的分散体会影响泡沫稳定性，需要换代采用性能更为优异的新型材料，使所制泡沫质量更稳定，并减少更换次数，提高分散体的使用寿命。目前，还没有找到理想的解决方案，还需行业内更加积极地去探索、创新。研发新的分散体可能会是一项长期而艰巨的任务。

③ 研究新的制泡工艺和设备

现有的高压分散制泡工艺和设备虽已十分先进，但仍有不少缺陷。例如，它对高黏度、高稳定性的泡沫剂、制泡效果不理想，泡沫密度大，携液量高、产泡量下降等。再者，现有设备在 −5℃ 以下发泡质量下降，环境温度越低，产泡量越低，泡沫质量越差。而在高温环境下，它的制泡质量欠稳定。如何使设备在环境温度变化时，所产泡沫一直保持稳定也是一项重要的研究课题，希望研究人员在未来能研究出新的、更为先进的制泡工艺及设备。

3 泡沫剂的成分与复合技术

3.1 泡沫剂的主要成分

　　一般的泡沫剂应该由三大成分所组成：起泡组分、稳泡组分、功能组分。具有这三大成分的泡沫剂，才会成为性能较为稳定和完善的产品。否则，就会使其性能降低，功能不完善。

　　起泡组分是其主要的成分，主要起产生泡沫的作用。起泡组分的优劣与配入比例，往往决定了泡沫剂的产泡量。起泡剂的起泡性能越优异，产泡量就越大，制泡时泡沫剂的稀释倍数就越高，用量就越少。因此，起泡组分是最受关注的组分。由于许多使用者只关心泡沫剂的起泡性。因此，他们在配制泡沫剂时，只使用起泡剂组分，不加其他组分。目前，企业自配自用的低档泡沫剂，大多只有起泡组分，因而性能不佳。其典型的特征是起泡快、起泡量大，但进入水泥浆后，消泡多、泌水多、沉降大，浆体不稳定、塌模多、泡沫混凝土的密度无法保证。事实证明：起泡剂组分虽然是泡沫剂主要成分，但不能是唯一的成分，只注重起泡性的观点是不可取的。

　　稳泡组分是泡沫剂的第二大成分，必不可少。起泡组分产生的泡沫，大多稳定性难以满足生产的实际需要，造成消泡和塌模。因此，在起泡组分之外，必须加入稳泡组分。

　　稳泡组分的主要作用是稳定泡沫，使之不论是在空气中还是进入胶凝材料的浆体中，都不会轻易消泡，可以稳定地存在，保证胶凝材料在加入泡沫后，仍具有优异的稳定性，尤其是不沉陷、不塌模、不出现过大的密度差。试想一下，起泡剂无论如何优异，制出的泡沫不论体积多大，如果不稳定，大部分在水泥浆中破裂消失，那还有什么用呢？目前行业内许多施工企业中普遍存在的重起泡、不重稳泡，泡沫剂中不添加稳泡组分的倾向是不好的。这是许多工程难以保证设计密度，造成密度差过大的一个重要因素。今后自配泡沫剂时，一定要有稳泡组分。

　　功能组分是泡沫剂的第三大组分。它的主要作用是赋予泡沫剂某些特殊的功能，提高泡沫剂的综合性能。例如，抗冻组分可以使泡沫剂在0℃以下不冰冻，仍可照常使用。又例如，缓蚀防锈组分可使泡沫剂用于钢结构工程时，延缓钢材的腐蚀生锈、提高工程质量。再例如，防腐杀菌组分可以保证添加了有机成分（如蛋白质）的泡沫剂长时间存放不发臭，不腐败变质。如此等等，功能组分还有很多，难以一一列举。

　　功能组分是最不受企业重视的组分。目前，各企业使用的泡沫剂，加有功能组分的很少。所以，动物蛋白型发泡剂存放期短，导致发臭严重。由于没有功能组分，导致泡沫剂不稳定，分层沉淀现象突出。由于不加抗冻组分，冬季不能施工，低温起泡性及稳泡性下降。许多泡沫剂不加增泡及分散组分，泡沫起泡性不足，起泡剂用量大，发出的泡沫均质性差，泡径大小不一致……这些都会影响工程质量及造价。表面看起来，泡沫剂单纯追求低成本，唯恐加了功能组分会加大泡沫剂的生产成本。但最后算总账，其性价比是较低的，不但影响工程的品质，也不利于其经济性。建议企业在自制泡沫剂时，尽量加入功能组分。各泡沫剂专业生产厂在生产泡沫剂中，根据用户的不同需求，也应该加入不同的功能组分。

功能组分由于种类多，功能又各不相同，不必全部都加。具体加何种功能组分，加多少种，均应根据实际需要，进行合理的选择和取舍。

起泡组分、稳泡组分、功能组分，是泡沫剂必不可少的三大成分。三大成分不完全的泡沫剂是不完善的泡沫剂。

图 3-1 是泡沫剂成分组成示意。

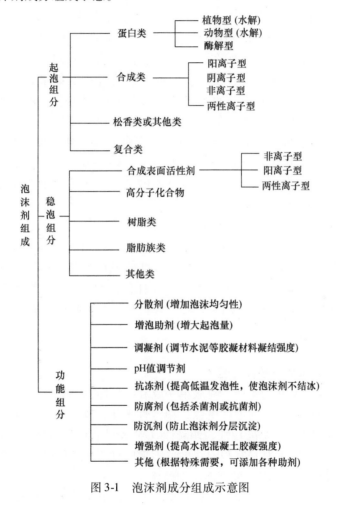

图 3-1　泡沫剂成分组成示意图

3.2　泡沫剂复合理论

3.2.1　复合原理

泡沫剂的成分可简单，也可复杂。简单的可以只使用一种起泡剂即可作为一种泡沫剂。如单用一种十二烷基苯磺酸钠，或单用一种松香皂都可以产生可观的泡沫。但可惜的是，这样的泡沫使用效果是很差的，不但产泡量低，用量大，而且消泡严重，没有实际的使用价值。改变单一材料的不足，提高泡沫剂的性能，唯一科学而有效的方法，便是材料复合技术，走不同成分的复合改性的道路。

世界上没有任何一种材料是十全十美的，都存在这样那样的不足，只是某些方面具备优势。泡沫剂的各种成分所采用的原材料也如此，各有优势，也有缺陷。例如，单一起泡剂即使起泡很优异，它的起泡能力及稳泡性，也难以满足生产泡沫混凝土的技术要求。像大多数的阴离子表面活性剂，均是起泡性较强的起泡材料，在泡沫剂中作为主起泡剂使用。它虽起泡快、起泡量大，但稳泡性较差，有些对水有选择性，不耐硬水，在水泥浆中大量消泡。而松香皂恰恰相反，它十分耐硬水，在水泥中性能稳定，并可与水泥中的钙（或镁）发生反应，生成钙盐（或镁盐），提高硬化体的强度，并有一定的促凝作用。但它的起泡性很差，用量较大。那么，要克服它们各自的缺陷，又要利用它们各自的优势，最好的方法，就是两者复合使用，配成复合泡沫剂。如果在松香皂中加入适当的阴离子活性剂，就可以达到既有良好的泡沫稳定性，又有良好的起泡性，两者的优势得到了叠加，而缺陷得到互补。在此基础上，如果我们再另外加入其他的助剂（如增泡剂、稳泡剂、抗冻剂、防腐剂等），进一步提高其综合性能，那么就会得到一种性能十分优异的泡沫剂。其起泡性超过了原来的十二烷基苯磺酸钠，而泡沫稳定性也超过单一的松香皂，同时克服了原来松香皂易腐败变质，不耐存放，易变稠，不耐低温等缺陷。这就是复合的效应。

$1+1+1>3$，这原本是材料复合的基本原理，也就是科学界最常采用的"叠加复合效应"。这是材料界一贯采用的材料改性方法，行之有效。我们将这一技术原理应用于泡沫剂，同样会产生"叠加效应"，使泡沫剂综合性能成倍提高或显著地改善。简单地讲，这种方法也就是利用不同材料各自的优势，去弥补各自的劣势，或利用各自的优势叠加，使其有的优势更加强化。所以，$1+1+1>3$，在材料复合领域是完全成立的。

3.2.2 泡沫剂复合的作用

（1）全面提高泡沫剂的各种性能

泡沫剂采用复合技术复配生产，克服单一成分材料性能缺陷，增强了其优势。这不仅可改善泡沫剂各种性能，使其起泡性更强，稳泡性更优，同时赋予泡沫剂优异的抗腐性、抗低温防冻性、储存稳定（防沉）性、调凝性（对水泥浆）、增强性（对水泥浆）、耐硬水性等。中高档泡沫剂，尤其是高档泡沫剂，不采用复合技术是很难配制成功的。

（2）降低泡沫剂生产成本，提高泡沫剂性价比

由于复合泡沫剂在有效成分含量较低的情况下，仍能达到较高的泡沫剂性能。在同等性能和品质的前提下，复合泡沫剂可以降低 10% ~ 30% 原材料用量，实现低成本、高品质，这在一定程度上可以降低泡沫剂的生产成本。

（3）缩小我国泡沫剂与国外泡沫剂的差距

目前，我国的高档发泡剂偏少，与国外发达国家的中高端泡沫剂相比，有较大的差距。采用复合技术，可以研发出新一代中高端泡沫剂，提高我国泡沫剂生产的整体水平，缩小与国外优质产品的差距。

3.2.3　泡沫剂的多级复合

泡沫剂并不是仅限于三大成分之间的功能互补性复合，还有其他层级的复合。多级复合，层层增效，才能优上加优，产品性价比才能达到最佳水平。

（1）一级复合

一级复合即起泡剂、稳泡性、功能助剂三大成分的复合。它可以是起泡剂与稳泡剂之间的二元复合，也可以是起泡剂、稳泡剂与多个功能助剂的多元复合。多元复合效果远优于二元复合。一级复合是最基本的复合方式。

（2）两级复合

两级复合，是在一级三大成分复合基础上，再进行三大成分内部不同材料的复合。两级复合优化了三大成分各自的品质，提高了三大成分的性能。这比单纯的三大成分复合效果更好。

三大成分所采用的材料并不是一种，而有很多种。不同的材料都有各自的特点及优势。若采用两种以上的材料复合，使其优势叠加，其优势会更明显。例如，起泡剂有松香皂，有合成表面活性剂、有蛋白质类等。采用其中起泡性能可以叠加增效的两类或三类起泡剂复合，形成复合起泡剂，其性能远比单一成分起泡剂的起泡性更为优异。那么采用复合起泡剂作为起泡剂复配的泡沫剂，效果肯定优于单一成分起泡剂配制的复合泡沫剂。同理，稳泡剂也有很多可选材料，同一类功能助剂也有很多种材料。若三大成分均采用各自的复合优化品，泡沫剂质量就会更大幅度的提高。

（3）三级复合

三级复合是在泡沫剂三大成分均采用各自的复配品基础上，再进行更为精细的材料复配优化。例如，在两级复合中，我们已采用复合型表面活性剂作为起泡剂。这种复合型表面活性剂是采用一种阴离子表面活性剂与一种两性离子表面活性剂复配而成的。但是单一成分的阴离子表面活性剂也往往性能不足，不如起泡性可以相互叠加增效的两种或三种以上阴离子表面活性剂复合，起泡性更优异。假如我们采用了单一成分十二烷基苯磺酸钠，作为阴离子与两性离子先行复合，配制成复合起泡剂。就不如先用十二烷基苯磺酸钠先与另一种阴离子表面活性剂先行复合后，作为复合阴离子，再与由第三种两性离子复合为起泡剂。其起泡量与泡沫稳定性，均优于单一的十二烷基苯磺酸钠。因为，十二烷基苯磺酸钠与其他阴离子表面活性剂有协同增效作用，两种阴离子复合后，起泡性更优，稳泡性也更好。同样的道理，各种不同的蛋白质起泡剂，各种不同的两性离子起泡剂，也均可以两元或三元复合。

如此，泡沫剂通过各成分的逐级材料复合优化，复合了再复合，优上加优，如同建宝塔一样，会使泡沫剂达到最佳的性能状态。

3.3　泡沫剂的复合方法与原则

泡沫剂成分复杂。如何科学地复合，才能产生最好的效果，是十分重要的。

3.3.1　复合方法

（1）互补法

当泡沫剂多元复合时，各组分都有各自的优势。我们可以最大限度地让这些组分优势互补，用甲组分的优势去弥补乙组分的劣势。使它们能够取长补短。若发现某一组分有某些不足，我们就要再设计一个组分，使它的优点正好能够弥补前者的不足，把前者不完善的性能完善起来。例如，某一起泡成分起泡能力极强，但发出的泡沫很不稳定，容易消泡。我们就要再选择一种既有较好的起泡力，且稳泡能力特别强的成分与之复合，弥补前者稳泡不足的缺陷。

（2）协同法

协同法就是单一成分效果不好，但几种共同发挥效应，性能叠加，就可以产生 1 + 1 + 1 > 3 的协同效应，远远优于单一成分的效果。有些不同的成分，它们之间不能优势互补，且单一使用时效果都不好，若把这几种复合使用，效果就特别优异，这就是协同效应。

（3）增效法

有些泡沫剂的单一成分效果不佳时，我们也可以采用增效法，选择一些增效剂对其增效，使其由劣变优。例如，蛋白型泡沫剂泡沫稳定性优异，但它的起泡性不能令人满意。这时，我们就可以选用增泡剂与它复配，提高它的起泡力。在加入增泡剂后，蛋白泡沫剂的起泡量可增加 30% ~ 50%，基本上克服了它的不足。增效剂具有选择性，它对某些成分可能不适应，使用时应通过试验选择。

（4）增加功能法

有些泡沫剂功能少，不能满足我们生产中的某些方面的需要，这就需要采用增加功能法，赋予它某一方面的新功能，缺什么补什么。例如，有些泡沫剂在 0℃ 结冰，无法使用，不具有低温、负温使用功能，我们就可以在泡沫剂成分中，增加可以降低泡沫剂冰点且不影响其他性能的外加剂，使它具有负温（一定范围内）不结冰的功能，保证其在负温时也可以正常使用。又如，有些泡沫混凝土产品需要具有低吸水率及憎水性，我们也可以复合一些防水、憎水成分，形成憎水型泡沫剂，改善它的防水、憎水性能，满足生产需求。

3.3.2 复合原则

设计泡沫剂的复合，应遵循以下几个原则。

（1）重点提高泡沫剂性能

性能是泡沫剂成败优劣的核心。复配的主要目的应以提高泡沫剂综合性能或某些方面性能为主要原则。例如，提高其起泡或稳泡性，提高其低温使用性和防腐性，提高其对胶凝材料的广泛适用性等，也可以各方面性能都有所改善为目的。

（2）要有独特优势

现在，国内外生产泡沫混凝土泡沫剂的企业众多，不同性能的泡沫剂充斥市场。那些能在市场上受到欢迎的泡沫剂，除了综合性能优良外，都有自己的独特优势，以区别于其他泡沫剂。

所以，在设计复合泡沫剂的配合比时，应考虑泡沫的特点，既要有综合优势，又要有特色优势。

（3）环保性

目前，环境保护要求日益严格。在设计泡沫剂复合配比时，要把无毒、无害、无环境污染，尤其是无有害气味，当作重要的前提。如果泡沫剂在使用中对操作人员有害，对环境有污染，它的性能再优，成本再低，都不能应用。例如，有的助剂含有甲醛、挥发氨，无论如何都不能使用。

（4）原材料易得性

所选用的原材料必须货源充足，来源广，方便易得，便于运输。这对生产是十分有利的。原材料奇缺、不易得到，即便高性能，也不可选。例如，有些国内不生产，必须进口的原料，能不用就尽量不用。

（5）对胶凝材料的广谱适应性

泡沫剂一般不是针对特定的胶凝材料（除非专用），在一般情况下，它要面对各种通用水泥和特种水泥、地聚物、石膏等。如果它不能适应多数胶凝材料，应用就要受到限制，销售市场就会狭小。因此，在设计复合泡沫剂配方时，要充分考虑它的广谱性，扩大对不同胶凝材料的适应范围。

（6）地域性及领域性

除了通用产品，泡沫剂还有针对不同地域、不同应用领域的专用特殊品种。对产品的特殊性能要求，要有别于通用品的设计，有针对性地变化配方。如地域性：沿海及盐碱较大的地区，水的硬度很大，泡沫剂要有良好的耐硬水性；对严寒地区、施工期短，低温天气多，甚至0℃以下施工，泡沫剂应设计为抗低温及抗冻型。如领域性：对石膏制品领域，泡沫剂应具有对硫酸钙及其改性成分的适应性，最好还具有较好的缓凝性；对菱镁领域，泡沫剂应具有低碱性，pH 值应 <9，且对菱镁有一定的改性作用；对地聚物产品领域、泡沫剂应具有较高的碱性，以协助激发地聚物的活性，其 pH 值不应低于8。如此等等，不一一列举。总之，泡沫剂的专用品种应与通用品种有所区别，进行特殊设计。

（7）资源利用性

近年来，泡沫剂正向资源利用发展，污泥制泡沫剂、造纸废液制泡沫剂、蛋白制品企业废液废渣制泡沫剂、皮革废液废渣制泡沫剂，以及其他工业废液废渣制泡沫剂等，正在兴起新的潮流。这既与国家的环境政策有关，也与资源利用意识增强等有关，更与泡沫剂企业积极寻找降低产品成本的途径有关。在这种情况下，利用废水废渣生产泡沫剂，必然是关注热点。所以，利用资源型原料生产泡沫剂会有良好前景。我们在设计泡沫剂生产方案时，不妨可以优先考虑采用废液废渣作为原材料，有利于降低泡沫剂成本。

（8）经济性

经济性在各种复合原则中尤其重要。因为我国的泡沫混凝土发展还处于较低的水平，价格始终在低位徘徊，企业对生产成本一直控制得较为严格。如果泡沫剂不经济，就影响其推广应用。例如进口泡沫剂，1t 的价格多为 2 万～9 万元，始终降不下来。虽然其品质很好，却无法在我国规模化推广。所以复配泡沫剂，首先要考虑这一产品能适应我国目前泡沫混凝土行业的发展水平，适合大众消费。

为了达到泡沫剂复合的经济性，在复合方式上应注意以下几个原则：

A. 尽量不使用高档表面活性剂。这些活性剂的价格很高，主要是无毒、低刺激、柔和等性能突出，而起泡性并不特别突出，但价格高出几倍。混凝土泡沫剂并不要求低刺激、无毒、柔和等，不必要为此使产品成本提高。

B. 尽量地选择那些可以自制的原材料。例如，松香皂、动物蛋白、植物蛋白等，企业都可以自制，而且效果还很好。如果选用这些原材料做起泡剂，就可以较大幅度地降低成本，比外购化学合成表面活性剂的使用成本几乎低一半。能自制的起泡材料，要尽量自制，没有必要非采用高价化学合成表面活性剂。

C. 合理地设计复合方案。同样是复合，方案设计合理，可以降低原材料用量，降低成本。而设计方案不合理，就会升高成本。例如，有些方案是二元复合效果最好，而有些方案则是三元复合效果最好且最节省材料，有些方案则适合四元或五元复合。到底采用几元复合，应该科学论证并反复试验确定。事实证明，合理地设计方案，可以提高性能、降低成本。

D. 找准市场定位。每一种泡沫剂产品，都有一定的市场定位和目标群体。并不是每一种泡沫剂都要适合全行业的各种消费者。例如，有些硬水地区，要求泡沫剂耐硬水。我们就要针对耐硬水来设计复合配方，把其他不需要的成本减下去，加上耐硬水成分，既耐硬水，又价格不高，突出了经济性，又扩大了市场。对其他泡沫剂，就没有必要多加耐硬水组分，那会提高成本，又不适合目标人群。

3.4 复合泡沫剂的研发步骤

（1）确定研发目标

如将泡沫剂的性能要求、档次要求、成本要求、应用领域、适用的胶凝材料品种，作为复合泡沫剂研发的着眼点及依据。

（2）筛选并确定起泡剂复合方案

确定起泡剂主剂、副剂后，利用正交试验，从几种主剂、副剂中筛选出最佳的起泡剂原料品种及复合方案，研发出高起泡性与稳定性兼备、以起泡性为主要指标的复合起泡剂。

（3）筛选并确定稳泡剂复合方案

根据确定的起泡剂复合方案，再研发与这种复合起泡剂相适应、具有高稳泡作用的复合稳泡剂。稳泡剂备选品种可确定数个，应通过筛选试验、优选出几个最佳材料，最后进行复合试验，确定复合方案。确定稳泡剂的复合方案，应结合复合起泡剂进行，以检验其稳泡效果。即复合稳泡剂与复合起泡剂的复合。稳泡剂不与起泡剂复合，就无法显示出它的稳泡性能及其与起泡剂的协同叠加效应。

（4）确定要采用的功能助剂品种

先确定要在复合泡沫剂中加入哪几种功能助剂。然后，每一种功能助剂再初选几种备选材料，并通过试验，优选出与泡沫剂复合效果最好的材料。例如，抗菌杀菌剂有很多的品种，要初选 2～3 种，再从这 2～3 种里，通过试配，选出对泡沫剂无不良影响，抗菌杀菌效果最佳的品种。选择功能助剂的品种，应遵循以下几点。

① 调凝剂、增强剂（对水泥）、增泡剂、分散剂等，应与泡沫剂有良好的协同、增效、提高泡沫剂性能的作用，没有负作用，且使用成本低，复合便利。

② 其他增加功能的功能助剂，应具备所增功能突出，有显著作用，能达到增加功能的目的，且没有负作用的品种。

（5）进行泡沫剂总体复合试验

待复合起泡剂、复合稳泡剂、各种功能助剂已经确定之后，就可进行三大成分最终的正式复合试验，以验证分别试验的复配效果，并对照研发目标检验是否实现了目的。

（6）总体复合品的中试放大

总体三大成分复合试验结束后，进行中试放大试验，进一步检验其起泡、稳泡及其他性能。从中试中发现的不足，再进行后期调整和进一步的完善。

（7）工业化应用试验

最终完善后的复合配方，交由工程进行试应用，再次检验其各项性能。

3.5 复合示例

为了使读者朋友们，特别是那些刚进入泡沫混凝土行业不久，或想自己配制泡沫混凝土泡沫剂的朋友们，能够更清楚地了解泡沫剂的复配技术，现以作者研发816型复合高档发泡剂的复合方法和步骤，给大家带来一些启发，包括产品的市场定位的确定、技术指标的合理确定、配方设计等。

由于不同的产品，会有不同的设计和复合方法。这里仅仅是一个示例，大家不必完全拘泥于此，可灵活掌握。

3.5.1 产品市场定位的确定

任何一款产品，在研发之初，要做的第一件事就是确定产品的市场定位。不同性能、不同造价、不同档次的产品，都有各自的市场定位。这就同出门走路一样，先要找准自己的目标。

产品性能的确定、原材料的选择、配合比的设计，都是建立在产品的市场定位确定之后，然后，一切都围绕着这一定位来展开，不能一着手就设计配方。

产品的市场定位，一要看发展方向；二要看市场需求。

现在，泡沫混凝土行业的发展方向，就是供给侧改革，各种产品都要从低端向中高端转型，尤其是向高技术、高性能产品转型，逐步告别低性能、低技术含量、低附加值产品横行的发展历史阶段。这一发展大方向是不可扭转的。

那么，我们再分析一下目前泡沫剂市场状况及需求。总体来看，我国泡沫剂市场中低端泡沫剂产能严重过剩，市场饱和度已经很高。各厂家竞争剧烈，低价劣质现象十分严重。而高端泡沫剂的生产严重不足，产品质量及性能不高。真正能达到高端化的产品还较少，多集中于少数几家有科技实力的泡沫剂专业生产厂家。有些厂家生产的高端产品，其实际性能并不能达到高端水平，只是中端偏上的一类泡沫剂。所以，目前需求的是真正产品质量及性能达到高端水平的泡沫剂。

根据以上发展方向及市场需求分析，确定816型的市场定位：高性价比的、以进口高性能品牌为产品追赶目标的高端泡沫剂。研发目的：一是引导高端泡沫剂的发展，二是满足国内市场对高性价比泡沫剂的迫切需求，并避开与那些中低端海量泡沫剂的恶性竞争。

3.5.2 泡沫剂质量设计指标

为了达到产品高端化、一流化的目标，本产品在设计时，要求泡沫剂要达到国内最高质量水平，以国外进口品的质量指标为参照，技术参数如下设计：

（1）起泡性

本产品的起泡性，按国内最高水准即发泡倍数达到 25～30 倍。按行业标准 JC/T 2199—2013 规定的检测方法，这是国内起泡性能的最高水准。目前，国内绝大多数常用泡沫剂的发泡倍数，按 JC/T 2199—2013 检测，仅达到 20～24 倍。

（2）稳泡性

本产品的稳泡性，按 JC/T 2199—2013 标准检测，也按最高要求设计，即泡沫沉降距为零（在空气中的稳定性），泡沫混凝土料浆沉降距（或沉降率）为零（泡沫在水泥料浆中的稳定性），做到双不沉降。国内泡沫剂，能达到双不沉降者是很少的。

（3）泡孔结构

孔径：细小，不大于 300μm，大多为 50～150μm，做到微细化。

泡孔均匀性：各部位泡孔均匀一致，不存在大小不匀的情况。孔径分布 100～250μm。

孔型：95% 以上闭孔。开孔及连通孔少，以闭孔为主。

（4）低温耐受性

低温 -10℃不结冰，0℃以下（不低于 -5℃）仍可正常使用，具有优异抗冻性。

（5）抗硬水性、耐酸性

对水的硬度不敏感、可耐硬水，可保证在高盐碱地区良好地使用，不受水硬度的影响。同时，本泡沫剂也可耐酸，用酸性水稀释也可正常起泡。

（6）抗锈蚀性

发泡剂对锈蚀具有一定的防护抵抗力，可抗锈防锈；可用于钢网模现浇房屋和带钢筋的泡沫混凝土，以及其他钢网、钢结构工程。

3.5.3　配方设计

根据上述技术要求，本品要使泡沫剂配方设计达到高泡、高稳、高性能孔结孔、高附加性能的"四高"目标。其配方设计具体如下。

（1）起泡成分

筛选出四种起泡最好的阴离子表面活性剂，作为备选起泡主剂。通过试验对比，其中，阴离子表面活性剂 A 在四种中优中选优，发泡倍数最大，决定选定它作为本泡沫剂的起泡主剂。

（2）协同增泡成分

为了进一步增大起泡主剂 A 的起泡性，又从对起泡主剂 A 有协同增效作用的五种阴离子表面活性中，再通过协同效果对比试验，筛选出表面活性剂 B，作为 A 的协同增效成分。它不但本身也具有高泡性，而且与 A 具有良好的协同作用，可增大 A 主剂的起泡效果。A 与 B 复合可使泡沫剂实现高泡性。

（3）协同稳泡成分

表面活性剂 A 和 B 虽均有高泡性，但稳泡性较差、消泡快。为了强化其泡沫在空气和水泥浆中的稳定性，又通过大量的协同稳泡试验，筛选出非离子表面活性剂 C，作为 A 与 B 的协同成分。C 的起泡性不高，但泡沫细腻、稳定。它与 A、B 复合，可大幅提高起泡成分的稳定性，并使泡沫变得细腻均匀，弥补了 A 与 B 的不足。

（4）稳泡剂

单靠 C 的稳定性，是远远不够的。要达到目标要求的泡沫稳定性，还要加入稳泡剂，稳泡剂选用作者自行研发的 HD 型。HD 的稳泡性可达国内外稳泡剂的最高水平，加量少，效果好，只需加3%～5%，即有极其优异的稳泡效果。加入 HD 稳泡剂后，本泡沫剂的稳泡效果可与进口泡沫剂相媲美。

（5）阻液成分

阻液成分的作用，是降低泡沫液膜的排液速度，阻止液膜的排液，最终降低泡沫的泌水量。它的加入，可进一步提高泡沫的稳定性。它实际是稳泡剂的协同成分，增强稳泡剂效果。

（6）液膜加固成分

为了进一步提高泡沫的稳定性，防止泡沫破裂，加固泡沫的液膜，本泡沫剂还加入液膜加固成分。液膜加固成分是一种粒径小于10nm 的纳米粉体材料，它可以在成泡时，吸附于泡沫液膜表面，增大液膜厚度，提高了液膜的强度，降低了消泡率。

（7）泡径调节成分

用以上各成分制成的泡沫剂，泡径在 $500\mu m$ 左右，仍显略大，还需进一步调细。所以，配方中又加入泡径调节成分。本成分加入后，泡径减小到 $<200\mu m$，实现了超微细化，有利于降低导热系数，降吸吸水率，提高强度。

（8）抗低温成分

为了使泡沫剂在负温下能够使用、本泡沫剂在冬用型加入了抗低温成分，可使泡沫剂 $-8℃$ 不结冰，保证其初冬及早春的使用（不低于 $-5℃$）。

（9）防腐杀菌成分

为了延长保存期，尤其是在高温时不变质、不腐败，本泡沫剂设计加入杀菌剂及防腐剂，使其存放一年也不会变质。

3.5.4 应用结果

经以上设计的配方，所生产的泡沫剂，实现了高品质化，达到目前国内泡沫剂质量的较好水平。虽与进口品牌仍有差距，但差距已较小。福建沿海某公司，在国外生产蒸压泡沫混凝土砌块，原使用德国泡沫剂，后改用816型泡沫剂，产品质量一直稳定，与德国泡沫所生产的砌块在品质上区别较小。近两年，该公司一直在使用816型泡沫剂。其他模网墙体现浇、大体积浇筑工程，也有不少采用了本泡沫剂。应用效果表明，其质量可靠，已达到预期高端化的目的。目前，这款泡沫剂经试用合格后，已委托企业试生产。

表3-1是816型泡沫剂按行业标准JC/T 2199—2013规定的检测方法，所测定的性能数值。该检测为三次平均数据，检测时气温为11℃。

表3-1 816型泡沫剂实检技术指标

项目	发泡倍数	沉降距（mm）	泌水率（%）	料浆沉降率（%）
标准值	15～30	一等品不大于50	一等品不大于70	一等品小于5
实测值	25	0	43	0

从表3-1可以看到，816的发泡倍数达到25倍，是目前国内泡沫剂实际能达到的较好水平。而其泡沫沉降距为零，一点也不沉降，证明泡沫剂在空气中优异的稳定性。其料浆沉降率也为零，也是一点不沉降，证明泡沫在料浆中也具有出色的稳定性。泡沫泌水率，JC/T 2199—2013规定的技术指标一等品不大于70%，本品实测值仅43%，也达到了令人十分满意的水平。

另外，标准没有规定的料浆固化后，泡沫混凝土所形成的孔结构，本品也达到国内外较好的水平。其实测值孔径均<500μm，闭孔率也达到了90%以上。

这证明，作者所设计的这款泡沫剂，设计方案是正确的，设计方法也是科学的，有可以参考的价值。虽然这款泡沫剂还有很多有待改进的地方，但在国内看，还属于高端产品。更重要的是它的价格较低，性价比好。从这个意义上讲，还是有可取之处的。

图3-2为816型泡沫剂所制泡沫的外观。

图3-2　816型泡沫剂所制泡沫外观

4 泡沫剂起泡力影响因素

起泡性是泡沫剂最重要的技术要求。人们对泡沫剂的评价，最在乎的就是泡沫剂的起泡性。泡沫剂的起泡性并非单独取决于某一个因素（如其成分组成），也取决于很多其他条件（如制泡工艺、制泡设备、环境温度及稀释水温等）。好的泡沫剂必须具有优异的起泡性，这是体现泡沫剂价值的主要指标。如何控制泡沫剂的起泡性，泡沫剂起泡性的影响因素是什么，如何生产出起泡性优异的泡沫剂，这些平常生产一线的朋友们最关心的问题，本章在下面进行详细的介绍。

4.1 成分及组成的影响

在诸多影响因素中，无疑泡沫剂的化学成分及复配组成，是第一重要的因素，发挥着决定性的作用。

4.1.1 不同成分类型的影响及选择

起泡剂归结起来有三大类：合成表面活性剂类、高分子蛋白质类、固体颗粒类。由于固体颗粒类在实际生产中几乎没有应用，且起泡性不好，所以本书不予讨论。本章只讨论表面活性剂类及高分子蛋白质类。起泡剂都必须是表面活性物质。不具备表面活性就不易起泡，也不能作为起泡性使用。蛋白质也是表面活性物质，具有很强的表面活性。这里之所以没有把它归入表面活性剂类，而将它单列为一类，是因为表面活性剂通常是指化学合成类高活性物质，通常作为表面活性使用。而蛋白质通常不作为表面活性剂使用，所以这里暂归于高分子起泡活性物质类，以照顾应用习惯和方便区分。

表面活性剂有四类：阴离子型、阳离子型、两性离子型、非离子型。蛋白质类也有四类：植物蛋白型、动物蛋白型、水解蛋白型、酶样蛋白型。目前国内生产的蛋白起泡剂多是水解型，而国外大多为酶解型。

起泡剂的起泡性能，与上述的原材料类型有很大的关系。选择什么类型的泡沫剂，将对起泡剂的起泡性产生重大的影响。

在上述各类起泡剂中，依其起泡能力，可将它们分为三个档次，在应用时可作为选择依据。

高起泡能力的类型：阴离子型表面活性剂。目前，大多数起泡剂成分，都是阴离子起泡剂。这类起泡剂具有起泡快、起泡量大的优点，可作为首选原材料应用。

中等起泡能力的类型：两性离子起泡剂及阳离子起泡剂，还有酶解蛋白起泡剂三类。它们的起泡性略次于阴离子表面活性剂。其中，某些阳离子型表面活性剂起泡性能力也相当优异，优于两性离子表面活性剂，接近阴离子型。但由于阳离子表面活性剂与水泥的适应性不好，平常作为起泡剂应用受限，实际使用不多，所以，暂且也把它归于中等起泡剂。这类中等起泡力的起泡剂，起泡速度与起泡量总体不如阴离子型的，一般不作为起泡剂的主剂，多作为配剂使用。蛋白质类有时也作为主剂使用，但需加入大量的阴离子表面活性剂，以提高其起泡性，单独使用是不行的。

低等起泡能力的类型：非离子表面活性剂、水解蛋白质类。这两种起泡剂都有一定的起泡能力，但与阴离子表面活性剂比，要差得多。这类起泡剂一般作为主剂使用，是极少的。水解蛋白有时可作为主起泡剂，但应控制用量、降低其配比，仍需大量的阴离子或两性离子表面活性剂来助泡。

上述各类型起泡剂都有很多种。尤其是阴离子表面活性剂，有几百种，常用的也有几十种。它们的起泡能力也有差异，有些还有很大的差异。所以，在实际生产中，仍要通过单因素试验或正交试验，优中选优，找出与配方最适应，且起泡力最好的品种作为起泡剂的材料。它们的差异，表现在如下几个方面，选用时注意。

① 起泡能力。各种材料在同等条件下，起泡能力各不相同，有些还会相差几倍，并不小。

② 起泡大小。各种材料在同等起泡工艺及设备等条件下，所产泡沫的泡径大不相同。有些产的泡径大，而有些泡径小，有些甚至极其细微。这要根据所要求的泡径来选择。

③ 起泡速度不同。有些起泡速度极快，而有些较慢。这与其表面活性有关。一般情况下，高活性品种起泡较快。其活性越高，起泡越快。

④ 泡沫适应性不同。有些品种的泡沫适应性较广（接近于中性的品种），而有些品种的适应性较窄（偏碱偏酸的品种）。采用何种，应根据所采用的胶凝材料品种，并应通过与胶凝材料适应性试验来确定。

⑤ 泡沫的稳定性不同。不同品种所制泡沫，在稳定性上差别也较大。有些稳泡较好，而有些刚制出泡沫，很快就破灭消失。相对而言，阴离子表面活性剂所制泡沫最不稳定，两性表面活性剂及水解质的则较稳定，阳离子表面活性剂也较稳定一些，最稳定的是酶解蛋白质。选用时，应考虑起泡性与稳泡性的统一，不可单纯追求起泡性。

⑥ 对制泡条件的要求不同。由于各种活性物质的活性不同及表面黏度不同，在同一种制泡设备和制泡工艺的条件下，产泡量却大不相同。例如，活性较低而表面黏度较大的品种，需要高速分散机或更高压力的高压分散机。而活性较高而表面黏度较小的品种，则不需要太高转速的分散机及更高压力的高压分散机。一般地，表面活性剂要求条件较低，而蛋白类要求条件较高，不过，也有例外，有些表面活性剂由于表面黏度过大，制泡条件要求较高。所以，对不同的制泡工艺和制泡设备，在设计选择起泡剂时，也要有所不同。

⑦ 使用成本不同。上述各起泡剂品种，在价格及使用成本上，区别也很大。同等的泡沫产量，其使用成本甚至会相差 1 倍。一般地，生物制剂、高纯制剂、无害化制剂、资源来源有限制剂，价格与使用成本较高，其他品种价格与使用成本较低。所以，选择起泡剂品种，既要考虑其起泡性能，也要考虑其价格与使用成本，实现较高的性价比。

4.1.2 CMC 值的影响

表面活性物质，都有一个 CMC 值。这个 CMC 值对表面活性物质的活性有很大的影响。CMC 值的大小，决定着大多数表面活性物质的表面活性及起泡性。

所谓的 CMC 值，是表面活性物质的临界胶束浓度的表示值。高于此值，表面活性物质（尤其是阴离子表面活性物质）不以单分子状态存在于溶液中（这里指的溶剂为水），而是以胶束状态存在于溶液中。当表面活性物质在水中以低浓度存在时，它呈分子态，分散于水。而当其浓度增大到一定程度时，许多表面活性物质的分子立即结合为大基团，形成"胶束"状。所以，形成胶束的这个最低浓度，即 CMC 值。此时，溶液的表面张力降至最低值，就是再提高浓度，表面张力也不会再降低，而是反升并形成胶团。由于这时表面张力最小，而表面活性最大。所以，此 CMC 值也间接表征着表面活性物质的表面活性，也可视为 CMC 值为表面活性物质的表面活性的度量数值。

溶液的表面张力越小，其表面活性越强，起泡力也越强。所以，CMC 值也间接反映了表面活性物质的起泡能力。其值越小，起泡力也越强。但 CMC 值低（表面张力低）的表面活性物质，并非都具有高起泡能力的特性。这也有例外，有个别表面活性物质，其溶液 CMC 值很低，即表面张力很低，但起泡能力并不高。例如，丁醇的 CMC 值远低于大多数阴离子表面活性，但它的起泡能力也远低于阴离子表面活性剂，几乎不怎么起泡。然而，就大多数表面活性物质来说，还是适用于 CMC 值越低，起泡性能越强的规律。

因此，我们在选择高发泡性能的表面活性物时，一般可以把 CMC 值作为衡量表面活性物质起泡力的一个主要参考数值，选择那些 CMC 值低的表面活性物质作为起泡剂。不过，既然有例外，为防止选择失误，我们在初选之后，还要进行一些对比性的验证试验，验证其是否具有高起泡性，并进行一些起泡性的对比。这样的优选，就可以保证选择的正确性和精确性。

还需要说明的是，CMC 值的大小，是可变的。它受温度的影响而变化。温度越高，其值越低。所以，不同品种物质 CMC 值的对比，必须在相同温度下进行。离开温度，CMC 值在不同物质间的对比，是没有意义的。在引用某种物质的 CMC 值时，必须标明其测定温度，且各对比物质 CMC 的测定温度必须相同。

4.1.3　水硬度的影响

作为泡沫剂的一个重要成分，水质对泡沫剂的起泡性也有一定的影响。水质，主要是指水的硬度，这一指标对起泡影响最大。

在泡沫剂的配制生产中，其配比中往往加有一定量的水（一般为 10% ~ 60%），而在使用阶段，泡沫剂又要加入本体质量 30 ~ 100 倍的水。如此看来，经两次加水，水在泡沫剂中的使用比例相当大，其影响也不容小视。有些泡沫剂的起泡性不好，往往在表面活性物质上找原因，从不考虑水的影响因素，这是不正确的，应予纠正。

水的总硬度是指水中含有的 Ca^{2+}、Mg^{2+} 的总量。硬度是水质的一项重要技术指标。硬度高的水若用于某些泡沫剂中，可以影响泡沫剂的起泡性，而且有可能造成泡沫剂产生离析和沉淀。

但目前，我国泡沫剂生产者，在配制泡沫剂时，大多不会过问水的硬度，随便采用河水或自来水。这种粗放的生产方式，在一定程度上降低了泡沫剂的起泡质量。作者提醒，在以后的生产和使用泡沫剂的过程中，采用工业纯净水或在水龙头上安装净水器，控制和降低水的硬度。

表面活性物质起泡剂对水质的适应性分为两大类：一类是耐硬水的；另一类是对水硬度十分敏感的，不耐硬水。即使耐硬水品种，其对水硬度要求也有一个范围。我们在配制泡沫剂时，要用到许多表面活性材料。对这些活性材料，很难做到都能采用高耐硬水的表面活性品种。就算是其中有些品种是耐硬水的，也不能排除那些不耐硬水的表面活性材料不受影响。所以，配制和稀释泡沫剂，最好采用纯净水。限于条件，不能采用纯净水的，就要在设计配比时，充分考虑多采用耐硬水的表面活性剂品种。

我们最经常使用的各种阴离子表面活性剂，如许多皂化液等活性剂，它们都对水的硬度非常敏感，在高硬水的水中，容易发生沉淀，影响泡沫量及泡沫稳定性。而在纯净的低硬度水中，它不但不易沉淀，而且起泡力可提高20%以上，稳泡性也大大增强。

表面活性物质不同，其对硬水的耐受能力也不同。所以，我们在配制和稀释泡沫剂前，要先弄清其耐硬水程度。必要时，还应通过具体的试验来检定。

4.1.4　泡沫剂中功能助剂的影响

在泡沫剂的配比设计及实际配制时，我们常常加入各种功能性助剂，如增泡剂、水泥强度增强剂、分散剂、低温抗冻剂、防沉剂、增溶剂、抗菌杀菌剂等。这些助剂，有些可提高泡沫剂的泡沫性，如增泡剂，但其他品种，就难以确定其影响。有些助剂可能会增泡促泡，而有些可能会降低泡沫剂的起泡性，甚至完全起负面作用，引起泡沫剂不起泡，或者消泡。

泡沫剂的功能助剂众多，每一种又有很多的品种，我们很难在此列出哪些对起泡起正面作用，哪些对起泡起负面作用。如何做到正确地选择和使用各种功能助剂，除了要在使用前清楚地了解各种功能助剂所采用的原材料，对起泡主成分的适应性及协同性之外，还应在实践中通过试配摸索经验，最好能进行材料选用的正交试验。

例如，泡沫剂若加有低温抗冻剂时，抗冻剂的成分中往往含有大量的无机盐。这些无机盐大多数对泡沫剂的起泡有促进作用，但也有一些无机盐类对泡沫剂的起泡有负面作用，会影响起泡。无机盐的品种很多，常用于抗冻剂的也有10多种。这其中，哪些品种的无机盐对泡沫剂的起泡有促进作用，哪些品种的无机盐对泡沫剂的起泡有负面作用，其正面作用或负面作用有多大，都不能完全预知，这就给配比设计带来困难和不确定性。再如有些泡沫剂需加入防沉剂，防止泡沫剂分层。但防沉剂往往会具有增稠增黏的功效。在泡沫剂被增稠增黏后，其起泡性就会受到影响。在防沉剂量少的情况下，起泡性影响不大，而当量较大时，起泡性就会明显降低。其他功能助剂也有类似的正、负影响性。面对如此多而复杂的功能助剂，当功能助剂多种并用之时，其影响性及影响程度更难预估。解决这一问题的唯一方法，是试配验证。先从理论上加以推断，再从实践上加以摸索。

总之，各种功能助剂对泡沫剂起泡性的影响且比较复杂。在研究新的泡沫剂配方时，对这些影响必须给予足够的关注，并进行合理而科学的解决。

4.1.5　复配对起泡的影响

除了主起泡剂对起泡性影响很大外，复配对起泡性的影响也非常大，现在的泡沫剂，其成分中的起泡剂，很少单独采用一种，往往采用2~3种复合使用。这样，通过复配，组成新的、起泡力更强的复合泡沫剂，就可以大大提高泡沫剂的起泡力。通过主起泡剂与辅助起泡剂、增泡剂的多元复合，即使主起泡剂起泡性能不太优异，也可在辅助起泡剂的复合增效下，获得性能优异、起泡量很大的高泡型泡沫剂。所以，复合对泡沫剂起泡性的影响是非常突出的。采用复合手段来配制高起泡的泡沫剂，将会是下一阶段提高泡沫剂起泡性的主要技术途径。

这里，我们以市面上流行多年的松香皂泡沫剂为例，可以看出复配对松香皂起泡性能的重要影响。事实上，现在销售和应用较多的松香皂泡沫剂，均不是以松香皂作为单一起泡成分，而是采用复合技术，加入多种阴离子复合型表面活性剂作为辅助的起泡剂，并加入一定量的无机盐作为促泡剂，形成了复合起泡成分，才得以大幅提高松香皂泡沫剂的起泡性。一般情况下，复合以后，松香皂泡沫剂的起泡量可提高 30% ~ 50%。以我们复配起泡的 FS-2000 型松香皂泡沫剂为例，没有加入辅助起泡成分及促泡成分之前，1kg 的松香皂（加有骨胶），泡沫总量只有 355L，而采用复合起泡对松香皂改性后，它的 1kg 起泡量达到 500 ~ 600L，几乎提高 2 倍。这足见复配对泡沫剂起泡性的重大影响。

复合不但可以增大泡沫剂的泡沫量，也可以降低泡沫剂的起泡量。所以，复合对泡沫剂的起泡性可以产生正反两个方面的影响。前几年，我们配制的一款泡沫剂起泡量过大，达到了 1kg 出泡 800L。由于起泡性与稳泡性是一个矛盾，高起泡就必然导致稳泡性不足。为了获得起泡性与稳泡性的统一、两者兼顾，实现高泡高稳定，我们就采用二次复合技术，加入了一款起泡性较优异而稳泡性更好的辅助起泡剂，且比例较大，结果，起泡量降低了约 10%，但仍属高泡范畴，其稳泡性却大大提高，基本达到起泡稳泡双优的目的。生产实践说明，复合技术事实上是一种调节起泡性能的理想技术手段。这一技术手段对泡沫剂起泡性的影响不可小视。

复合技术是通过改变泡沫剂的成分构成，来影响它的起泡性能，若使用得当，可以任意调节起泡性，既可升又可降，得心应手，不受主体起泡剂性能的限制，不失为一个理想的技术措施。

4.1.6 泡沫剂浓度对起泡性能的影响

水是泡沫剂的一个重要组分。在泡沫剂配方中，水的比率一般为 20% ~ 60%。完全不用水的液体泡沫剂是很少的。如果是粉体泡沫剂，它最终使用时，也要加水制成泡沫剂溶液，还是液态。液体泡沫液不但制备时用水，在使用时还要二次加水稀释，一般的正常稀释倍数，水是泡沫剂原液的 30 ~ 60 倍。粉体泡沫剂加水直接溶解为低浓度的制泡液，加水溶解的用水量也大致如此。其加水稀释倍数与泡沫剂的有效成分含量有关，高含量的泡沫剂，稀释倍数取大值；低含量的泡沫剂，稀释倍数取小值。决定泡沫剂最终用水量（稀释倍数）的，是它最理想的起泡浓度。

每一种泡沫剂，都有自己最佳的起泡浓度。不同种的泡沫剂，其最佳起泡浓度不同。

在一般情况下，泡沫剂的起泡力与浓度有关，随浓度的增大而增强。但这一倾向是在一定的浓度范围内，才可以实现。若继续无限地加大浓度，其起泡力不升反降，出现浓度越大，起泡力越差的现象。所以不同泡沫剂的起泡浓度，都有一个转折点，低于这个转折点，则起泡力随浓度增大而上升，超过这个转折点，则泡沫剂的起泡力随浓度的增大而下降。泡沫剂随浓度增大而发泡量增大，是由于当浓度过小时，不利于形成液膜，即使形成液膜，其韧性也很差，容易使气泡刚形成就破灭而无法存留。而当浓度增大时，液膜的致密性及弹韧性提高，液膜易包裹气体而形成气泡，且气泡不易破灭，可以集聚为泡沫。但当浓度继续提高，液膜过于致密和坚韧，不易在制泡机械的作用力下（如高压）将液膜拉开包裹气体，也难以形成气泡和泡沫。所以，当浓度过大时，起泡力反而下降。但这也有例外，一般泡沫剂如果黏性低，即使高浓度也形不成高致密高弹黏性液膜时，即使浓度高达 30% 以上，也仍然具有较好的成膜力。有人测定鸡蛋液的不同浓度起泡力，其起泡最佳浓度区间为 9% ~22%，超过 22% 也有较高的起泡性，但这种特例不多。在一般情况下，大多数泡沫剂，仍然是遵循在一定范围内，起泡力随浓度增大而增大，增大到某一转折点，起泡力反而下降的规律。

4.2 制泡工艺对起泡性的影响

除了泡沫剂的成分影响起泡性能之外，制泡所采用的工艺方式对起泡也有很大的影响。成分的影响是泡沫剂内在的因素（即内因），而工艺的影响是泡沫剂外在的因素（即外因）。要获得效果优异的泡沫剂，不但要了解和把控好泡沫剂内因，而且要了解和把控好泡沫剂起泡性的外因。

4.2.1 制泡温度对起泡性的影响

研究表明，制泡时的温度将会对泡沫剂的起泡性能产生重大影响。

这一温度包括环境温度对泡沫剂溶液温度的影响，以及泡沫剂稀释用水温度对泡沫剂温度的影响，还有低温天气直接将泡沫剂加热对泡沫剂的影响。这些影响都会使泡沫剂温度不稳定，随四季的变化而变化，随人工升温的变化而变化。这些泡沫剂溶液温度的变化，将会明显影响泡沫剂的起泡性及稳定性。

一般说来，温度变化对泡沫剂起泡性能的影响呈以下规律：泡沫剂溶液的温度上升，其起泡力随之上升，而泡沫稳定性随之下降。这一变化有一个温度范围，超过这一范围，温度上升时，泡沫剂的起泡力则下降。所以，泡沫的起泡力也并不总是随温度而上升，它有一个最佳温度点和温度范围。例如，蛋清，其最佳的起泡温度值为 30℃。在 30℃ 以下，蛋清的起泡力，随温度的升高而增大，当超过 30℃ 时，其起泡力反而下降。不同的泡沫剂，其起泡温度的最佳点也不同，而且这个最佳温度点，与泡沫剂的浓度有关。当浓度变化时，这个最佳温度点也变化。例如，上述鸡蛋清的 30℃ 最佳起泡温度点，是当其浓度为 5% 时测定的。若浓度不是 5%，其最佳的起泡点的温度也将变为其他数值，而不再是 30℃。所以，要测定一种泡沫剂的最佳起泡温度，应先测定并确定出它的最佳起泡浓度，再以最佳浓度为基础，测定并确定出它的最佳起泡温度。研究发现，当泡沫剂浓度很低时，其溶液的温度，对起泡性影响很小，且浓度越低，影响越小。这是因为，当泡沫剂的浓度很低时，泡沫剂的发泡能力已很低，且泡沫质量也很差，已基本不怎么起泡。所以即使温度升高，对它的起泡性影响不大。而当浓度逐渐增大，起泡力很强，稍微增加温度，就会很明显地提高起泡力。

泡沫剂的起泡力随温度变化而变化的规律的形成，是由以下原因造成的：

（1）温度的变化影响了泡沫液的表面活性

泡沫剂都是表面活性剂，而表面活性剂溶液，是一个热力学不稳定体系。温度可以明显地影响表面活性剂的活性。当表面活性剂的温度升高时，该体系可获得更多的热能，其溶液的分子会在热能刺激下，更加活泼，也就是表面活性剂的活性得到提高，从而使其液面的表面张力下降。大家知道，表面活性剂的表面活性越大，其液体表面张力也越低。表面张力越大，越容易起泡，产生的泡沫量也越大。但当温度过高时，表面活性剂的表面活性过强，其溶液的表面张力过低，形成的液膜过薄过弱，难以包覆空气，也就无法形成稳定的气泡，所以气泡量反而降低。

（2）温度的变化影响了泡沫液的黏度

泡沫剂在温度作用下，其黏度会不断地变化。一般情况下，温度越低，黏度越小，液膜越没有弹性，越不易伸展。相反，温度越高，溶液的黏度越大，液膜的弹性越强，越容易伸展成膜。

我们知道，气泡的形成，有赖于黏弹性优异而坚韧的液膜来包覆空气，形成气泡壁，进一步形成气泡。所以，性能良好的黏弹性液膜，是形成泡沫的前提条件。温度上升提高了泡沫剂溶液的黏度，增强了气泡的形成力，所以起泡力就会强，形成的泡沫也会更稳定地存在。但是，若泡沫剂的温度过高，溶液的黏度过大，液膜黏弹性过强，就不易被起泡机械的作用力（如高压）拉伸为泡膜。这如同弹弓的橡胶绳过粗、过强，就不易被人拉长。这样，表面活性剂溶液反而因黏度过大，形不成泡沫或形成的泡沫很少，也就是起泡力下降。

那么，在实际生产中，我们应该如何控制泡沫剂溶液的温度，才能使之达到最好的起泡效果？试验证明，只有当泡沫剂溶液的温度升高到了 Krafft 点，溶液达到胶束状态，体系才能达到理想的发泡效果。所以，Krafft 点，应作为泡沫剂溶液最佳起泡温度的控制值。

什么是 Krafft 点？它有什么应用上的意义？

当离子型表面活性在水中的溶解度随温度的升高达到某一温度值时，其溶解度急剧升高，此温度就称为 Krafft 点，简称 K 点。

Krafft 点是离子型表面活性剂的一个重要特征值，它反映的是表面活性剂能够应用时的温度下限。只有当溶液的温度高于 Krafft 点时，离子型表面活性剂才能更大限度地发挥作用。当离子型表面活性剂的 Krafft 点在常温范围内，它才能具有更大的应用价值。例如，当一种表面活性剂的 Krafft 点在 80℃ 时，它在室温下就很难应用，降低它的实际应用价值。这表示它在室温下很难溶解、表面活性很低，常温是很难起泡的。

所以，要想获得起泡优良的泡沫剂，就要将其 Krafft 点控制在 Krafft 点以上。从某种意义上讲，Krafft 点虽不等于溶液的 CMC 点，但它也间接反映了 CMC 所反映的表面活性剂的表面活性，即形成胶束的浓度所对应的温度。

泡沫剂在温度过高时起泡性不好，而在温度过低时（如低于 5℃），其起泡性也不好，甚至不起泡。这是因为，过低的温度，影响了泡沫剂的活性。在低温时，表面活性剂分子无法获得外界能量（热能）的刺激，难以活跃，表面活性很低，表面张力很大，而溶液黏度又很低，失去了液膜的黏弹性，所以形成气泡较困难。泡沫剂的温度越低，起泡性就越不好，且大多数泡沫剂在 0℃ 时还结冰，无法发泡。若要在低温时还能获得良好的起泡性，就要寻找低温发泡剂。这样的发泡剂必须具有低 Krafft 点的特点。例如，我们如果想在 3℃ 时，让泡沫剂仍能良好地发泡，所用表面活性剂就必须将其 Krafft 点控制为 2 ~ 3℃。为适应这种低温应用，我们研究了两种低温泡沫剂。一种为 Krafft 点为 1℃ 的超低温泡沫剂，只要温度不低于 1℃，这种泡沫剂就能正常发泡，起泡性能如常。另一种为 Krafft 点为 -5℃ 的负温泡沫剂，只要负温不低于 -5℃，它也可正常发泡，起泡性不因负温而降低。目前，我们还在研究更低 Krafft 点的超负温泡沫剂，力争在 -8℃ 时，泡沫剂仍可使用，不结冰、不降低泡沫性能。

图 4-1 所示为温度对 K12 起泡性能的影响。

图 4-2 所示为不同浓度起泡剂温度对起泡性能的影响。

图 4-3 所示为 K12 的 K 点及溶解曲线。

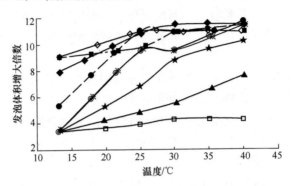

图 4-1　温度对不同浓度 K12 发泡性能的影响

□—1 号 1.5‰；▲—2 号 2.0‰；★—3 号 3.0‰；※—4 号 3.5‰；◎—5 号 4.0‰；

●—7 号 5.0‰；■—8 号 5.5‰；◆—9 号 6.0‰；

◇—11 号 7.0‰

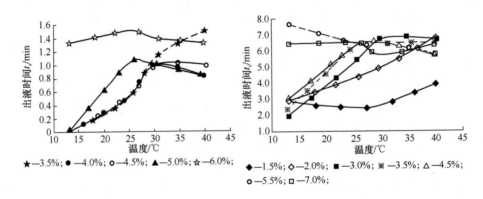

★—3.5%；●—4.0%；○—4.5%；▲—5.0%；☆—6.0%；

◆—1.5%；◇—2.0%；■—3.0%；※—3.5%；△—4.5%；

○—5.5%；□—7.0%；

图 4-2　温度对不同浓度泡沫稳定性的影响（加稳定剂前）

温度对起泡性能的影响，我们在日常生产中能够明显地感觉到。因为，夏天泡沫剂总比春秋季节的起泡力强。在 10℃ 以下时，起泡力显著地变差。

4.2.2　泡沫剂保存方式对起泡性的影响

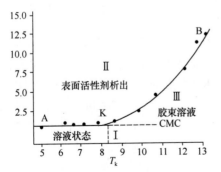

图 4-3　K12 的 K 点及溶解曲线

泡沫剂从生产到使用，一般都有一定的时间间隔。从生产车间到工厂的仓库，再经长途运输，在使用方库房或工地存放。这一系列流程，少说也要 10 多天，因种种原因，有些会长达半年以上，甚至一年以上。长时间的存放，会对泡沫剂的起泡性能造成巨大的影响。这种情况，有些通过人为的努力，可以改进，缩短存放期，而许多情况，限于客观条件，又难以避免。这就会给制品及工程质量产生影响。

（1）存放期的影响

泡沫剂的存放期越长、活性越低、起泡性越差。在一般情况下，泡沫剂的起泡量与存放时间密切相关。特别是那些加有蛋白质、有机高分子化合物、生物制剂的泡沫剂，其在存放期间，起泡性能下降得更快。像加有动物蛋白、骨胶、海藻酸钠、淀粉、汉生胶、纤维素及纤维素酶藻成分的泡沫剂，泡沫剂的起泡性随存放时间的延长，起泡性会直线下降。

表 4-1 是复合松香皂 FS-2000 型保存时间与起泡性的关系。

表 4-1　复合松香皂 FS-2000 型保存时间与起泡性的关系

存放时间（月）	1	3	6	12
泡量（L/kg）	580	510	450	400

若是纯动物蛋白泡沫剂，可能泡沫剂失效得更快。存放期越长，泡沫效应越差，已是泡沫剂的一个基本特征。不论何种泡沫剂，都有这个特征，只是失效的程度不同而已。

（2）存放方式的影响

存放的不同方式也影响泡沫剂的起泡及稳定性能。存放方式不当，也会导致泡沫剂的起泡性能快速下降。

存放方式包括低温存放、高温存放、开口存放、密闭存放、室外露天存放、室内遮阴存放等。

其中，低温存放、密闭存放、室内遮阴存放是正确的存放方式，会延长存放期，且对泡沫剂的泡沫性影响较小，而高温存放、开口存放、室外露天存放是错误的，会大大影响泡沫剂的起泡性，较快地降低起泡量。

在实际生产中，有些企业忽视泡沫剂的存放方式，虽然一再叮嘱，他们仍毫不在乎，把泡沫剂随便扔到工地上，任凭日晒冰冻。前些年，有一家中国企业在蒙古国进行墙体泡沫混凝土施工，从国内一次运去几吨泡沫剂，为了使用便利，把泡沫剂直接露天放在工地上。后来由于各种原因，工程停工，他们也没有及时将泡沫剂保存在室内。第二年再想使用时，发现泡沫剂起泡性能已经很差，不能再使用，几吨泡沫剂全部报废。

目前，长效泡沫剂还不多，存放几年效果不下降的泡沫剂还没有。所以，存放期及存放方式对泡沫剂起泡的重要影响，要足够重视。

（3）影响泡沫剂起泡性的原因

① 泡沫剂的变质腐败

泡沫剂中都加有一定量的有机成分。这些有机成分（如骨胶、蛋白质），在高温条件下易变质腐败。即使在生产时加入一定量的抗菌杀菌成分，只要环境温度较高，仍难免在长期保存中腐败。抗菌杀菌剂的效能，都有一定的时效期，并不能保证泡沫剂在高温下长期不腐败。若泡沫剂在阳光下或闷热环境下长时间保存，腐败变质就很容易发生。动物蛋白出现腐臭味，就表明其已部分腐败变质。

② 树脂及高聚物的胶凝

泡沫剂中有时加有树脂、高聚物，及其他能缩聚、胶凝的化合物。在存放过程中，若遇高温环境，易引发这些成分发生聚合和胶凝，而且有些凝胶将不再溶化。泡沫剂一旦在高温下发生慢性胶凝，将使泡沫剂的发泡能力下降，以至于不再起泡。

③ 表面活性物质的分解失效

有不少表面活性物质不够稳定，短时间内没有明显的变化，但若在高温下长期存放，泡沫剂的有些表面活性物质会发生慢性分解，使泡沫剂失效，产不出泡沫，或泡沫量降低。

④ 有些成分的脱水稠化

若泡沫剂在保存中密封不严，或开口保存，长时间保存时会缓慢脱水，逐渐稠化，甚至最后变成半固体或固体，也会导致泡沫剂不会起泡。在稠化以后再加热水稀释，泡沫效果也会大幅降低。

⑤ 结冰后效能降低

有些泡沫剂存放在露天或没有保温条件的地方，在冬天低温时易结冰。这些结冰的泡沫剂，其中的有些成分会发生一些性质劣化，甚至失效。每冰冻一次，泡沫剂的效能就降低一次。这与有些成分在冰冻过程中分子结构被破坏有关。

（4）降低存放对泡沫剂起泡性能影响的技术措施

① 避免高温存放

泡沫剂一定要存放在低温遮阳的环境中。在室外工地保存时，一定要覆遮草帘 3~4层，并尽量存放在多风散热处，尽量使泡沫剂避开高温。因为高温是影响泡沫剂性能的第一因素。

② 避免低温冰冻

在北方冬季，泡沫剂应存放在有防冻措施的地方，不能让泡沫剂结冰。在工地没有其他条件时，应对泡沫剂桶覆盖多层棉被并用绳子捆紧，防止被风刮开。

③ 严格密封、防止水分蒸发

泡沫剂包装桶的盖一定要盖严，取料后一定要重新密封好。要严禁在工地上大开口存放，杜绝取料后不密封。

④ 准备长期存放的，要补加抗菌杀菌剂

一般泡沫剂在生产时，加的抗菌杀菌剂都不足，且抗菌杀菌时效有限。如一次性购料较多，剩下的需较长时间保存时，一定要补加一定量的抗菌杀菌剂，且最好采用广谱高效型抗菌杀菌剂。

⑤ 坚持少购勤购原则

一次不可购进泡沫剂过多。即使大型工程，也要坚持每次少进，勤进货，随购随用的原则，特别是蛋白类泡沫剂，或其他加有大量有机物的泡沫剂，一次务必不要大量购进。

4.3 制泡设备对起泡性的影响

4.3.1 三种制泡设备的不同特点

前已介绍，目前充气型、搅拌型、双分散型（高压空气分散型）制泡设备，在我国均有应用。其中，高压空气分散型应用最广，占应用量的大多数。其中，各大专院校及科研单位实验室研究多采用高速搅拌制泡设备。充气型在工业生产中只用于对泡沫质量要求不高的工程。

采用什么形式的制泡设备，对起泡产量及泡沫质量有重大的影响，差异很大。其中，以泡沫体积比较（以 1L 泡沫剂制备泡沫剂体积为例），高压空气分散型设备制泡体积最大，其次为充气型，最差的为高速搅拌型。我们研发的 417 型泡沫剂，采用三种不同工艺形式，1L 泡沫剂（稀释 30 倍）的泡沫体积：高压空气分散型为 700L，充气型为 500L，高速搅拌型为 450L。以产泡速度比较，采用相同功率的电动机，三种制泡设备的制泡量：高压空气分散型 $2m^3/5min$，充气型 $1.5m^3/5min$，高速搅拌型仅 $1.1m^3/5min$。

三种不同的制泡设备，不但制泡的体积（单位体积泡沫剂）、产量、速度不同，差别较大，而且泡沫质量有较大的差异，证明制泡设备影响所制泡沫的品质。若采用相同的泡沫剂，三种制泡设备所制泡沫的孔径各异，形态各异，稳定性各异。现分述于下：

高速搅拌型制泡：品质最优，泡径小，泡沫细微，可 $< \phi 300 \mu m$，甚至可达纳米级，且泡沫稳定性高，外观呈微乳状，有一定的流动性。其不足的是，制泡均匀性不够，容器上部泡沫含水量低，密度低，而下部泡沫含水量略大，密度高。这种形式所制泡沫的密度较高。前述美国大学制出的纳米微泡，采用的就是高速搅拌的制泡形式。就目前的技术水平而言，采用其他形式的制泡工艺，还制不出纳米微泡，即使采用高性能的泡沫剂也是如此。所以，以泡沫质量而论，当数高速搅拌制泡形式为好。

高压空气分散型制泡：泡沫品质中等，泡径 $> 300 \mu m$ 居多，也居中等、大众化，泡径较大但含水量低于高速搅拌型，泡沫密度较低，产泡量大，泡沫稳定性也不如高速搅拌型。总体来讲，其泡沫品质低于高速搅拌型，而优于充气型。由于其制泡速度快、产泡量大，泡沫密度较小，所以在实际工程中应用较多。

充气型：制泡品质最差，泡径大（$> 1mm$），泡沫不能稳定存在，寿命短，且含水量高，密度大、外观不细腻，类似小孩吹泡泡，总体泡沫质量不高。目前除特殊需要外，在实验室及工程中均很少应用。

以上分析说明，制泡设备对泡沫剂的起泡性能会产生重大的影响。优质的泡沫剂，采用低性能的制泡设备也得不到优质的泡沫效果，产不出更大体积的泡沫。因此，泡沫剂制泡效果，不单取决于泡沫剂本身成分及组成，也取决于制泡设备。制泡形式对泡沫剂的影响不可小视。

4.3.2 高压分散型制泡设备核心结构对制泡效果的影响

泡沫剂的制泡效果不但受制泡工艺的影响，也受制泡设备核心结构的影响。这些结构对泡沫体积、泡沫稳定性、泡沫状态都将产生重要的影响。下面分别对高压空气分散制泡设备核心结构、高速搅拌制泡设备核心结构、充气设备核心结构对泡沫剂的制泡效果的影响进行详细分析。

本节首先介绍高压空气分散制泡设备核心结构对制泡效果的影响。

高压空气分散制泡设备俗称发泡机。其核心结构之一为发泡筒。这是对泡沫剂制泡效果影响最大的核心结构部件。它的影响包括以下三部分。

（1）发泡筒长径比的影响

发泡筒也称分散器。其结构示意见图 2-15。这一结构件也就是一个钢筒填充钢丝球而已。然而看似简单，但它的一些结构参数对泡沫剂的产泡量与产泡质量产生较大的影响。这些影响中，首先就是发泡钢筒的长径比。

总体来说，钢筒的直径越小，长度越长，发泡剂在高压空气作用下，流速就越快，力量就越大（请参看流体力学理论），分散液、气的能力就越强。它的直径越小，聚集能量就越大，液体在高压空气的压力下，经钢丝的分散，泡沫剂形成的液滴就越细微，制出的泡沫就越细密，泡沫直径小，外观细腻，泡沫稳定性好。反之，若钢筒短粗，长径比小，产泡快，产量高，单位泡沫剂产出的体积大，气泡直径大、外观差，泡沫稳定性不好，降低泡沫剂的泡沫质量，即使高品质的泡沫剂，也不可能制出品质优异的泡沫。

每一台发泡机的发泡筒，都应有一个合适的长径比，太大太小都不行。合适的长径比应根据空气压缩机的压力，泡沫剂稀释液输送泵的压力，要求的泡沫产量、泡沫质量要求等工艺参数，按照流体力学理论，进行计算和设计，并通过实践验证调整而最终确定。如果随便确定一个长径比，不可能会制出优质的泡沫。这与设备设计者的设计水平密切相关。

（2）发泡筒里钢丝填充量的影响

发泡筒里现在填充的都是不锈钢钢丝球。其填充量也是一个重要的核心参数。钢丝球是作为气、液分散体来使用的。所以，它的填充量决定了分散气、液的效果和速度，也就是泡沫的产量和质量。

简单地说，发泡筒里的钢丝球填充量越大，阻力越大，液、气的通过也越困难，但分散能力也越强，所制泡沫越细密稳定，均匀度高，气泡大小更一致。不过，其产泡能力也越低，单位泡沫剂所产泡沫体积也越小。反之，若填充量小，阻力越小，液、气的通过也越容易，分散能力也减弱，分散的泡沫剂液滴大，泡径大，泡沫不细腻，泡沫密度小，泡沫产量大，单位体积的泡沫剂所产泡沫体积也大，其泡沫质量较差。

合适的钢丝球填充量，应根据对泡径要求、空压机及液泵的压力以及钢丝球填充量与阻力的关系值，经计算设计，不可随意填充。若不能计算准确，也应根据大量试验来确定填充量，以满足制泡的要求。

（3）高压空气、高压水进料管安装位置的影响

发泡筒安装高压空气、高压水（即泡沫剂稀释液）进料口的相对位置及角度，十分重要。不同的相对位置与角度，对泡沫剂的起泡性能有很大的影响，如两根管可并排安装于发泡筒的端部，也可并排安装发泡筒的筒身，或者进液管虽垂直状态安装于进气管上，其安装角度，既可水平，也可与水平成一定的角度，斜着安装。目前看，各地的安装方式并不相同，各有特点。实际经验告诉我们，采用不同的安装方法，制出的泡沫体积及质量是有一定区别的。目前，各地还在创造新的进气、进液结构，以期获得更好的效果。这说明，这种结构的变化，对泡沫的产量与质量是存在影响的，尤其对泡径及泡沫均匀度，影响很大，对黏性较大的泡沫剂影响更加明显。

（4）气泵与水泵调节与控制机构的影响

制泡机除了发泡筒之外，最重要的机构就是空压机与水泵（泡沫剂稀释液输送泵）的控制与调节机构。两者将决定液气比、压力比。采用什么样的控制与调节机构、调控效果如何，会对泡沫剂所制泡量与泡沫质量也产生重要的影响。

一般来说，如果高压空气的量大，而泡沫剂稀释液的量小，则所制泡沫的泡量小、密

度低、泡径大。高压水的量大，而高压空气量小，所制泡沫的泡量大、密度大、含水量大、泡径小。任何一个量超过计算和设计比例，所制泡沫都不好。要使泡量大而质量又好，水气比例一定要控制和调节好。而决定水气比例控制与调节的，就是制泡机上安装的水气调控装置。

目前，水气调控装置有两大类型：自动控制型与手动控制型。自动控制型的调控较精确，所制泡沫质量高。而手动控制型，则因人为操作，控制效果差，不精确，影响泡沫的量与质。就现有实际情况看，自动控制型应用较少，而手动控制型则调控效果差，误差很大，泡沫的均匀度、泡孔大小，泡沫密度都难以按要求实现，不能达到技术要求，常常造成泡沫的含水量忽高忽低、密度忽大忽小。即使是自动控制型，目前达到技术要求的也不多，泡沫质量虽高于手动控制，但与要求也还有距离。其中，把自动控制流量计安装在制泡机上者，因振动效果差。单独安装于发泡机外者，则计量精确度较高，泡沫质量较稳定。因为，计量装置安装在制泡机上，由于其非常灵敏，制泡机的电动机会引起较大振动，使计量装置失稳、误差较大，往往造成水、气比例的失调，影响到泡沫的产量与质量。这些因素，都会影响泡沫剂的制泡效果，尤其是泡沫的质量，会受到严重的影响。这是单靠泡沫剂本身的内在品质所不能决定的。

4.3.3 搅拌型制泡设备结构的影响

虽然搅拌型制泡设备目前工业化使用的不多，大多只用于实验室，但由于它制出的泡沫剂质量较高，尤其是可以制备纳米、微米级超微细泡沫，随着泡沫混凝土泡沫有向微细型发展的可能，将来推广使用这种设备也展现出良好的前景。因此，研究它对泡沫剂制泡效果的影响，已有很大的必要。

（1）分散头的影响

高速搅拌型制泡机是目前结构最简单的制泡设备。由于简单小巧所以在实验室多用它作为制泡机。就应用状况看，60%以上的科研单位实验室在做泡沫混凝土实验时，使用的均是这种制泡机。由于它是间歇式制泡，无法连续制泡，产量低，且泡沫的含水量较大，在实际工业生产中，很少被采用。将来若能改进为连续制泡，且降低含水量，或许会应用于工业化生产中。

高速搅拌制泡的关键影响因素是分散头，也称搅拌头、乳化头。其名称的区分大致为：叶片叶轮形，且不带轮齿的，称为搅拌头，用于制取低黏度泡沫剂的泡沫，制泡效果较差。盘式且带有轮齿的，称为分散头，适合高黏度（也适合低黏度）的泡沫剂制取泡沫，制泡速度高于搅拌头，其制泡效果也优于搅拌头，泡沫更加微细化，属于中档搅拌型。由齿轮型定子及转子组成高剪切结构的搅拌头，不叫搅拌头，称为乳化头。乳化头制取的泡沫更为微细和稳定，效果优于叶片叶轮式搅拌头及分散盘，是属于高档的分散器，也是目前最好的分散器。它对中低黏度的泡沫液效果较好，对高黏度的泡沫液效果较差。

目前，叶轮叶片型（图4-4）、分散盘型（图4-5）、乳化头型（图4-6）三种分散器，各自都还有很多种类，用途及特性还有更细的区别。三者相加，现有的分散器种类已有100多种，而新的分散器仍在研发中。

如此众多的分散器，它们的制泡效果各不相同，且各有特点。所以，它们各自对泡沫剂的制泡效果，影响也各不相同，有一定的差异。有些差异还较大。在此无法一一加以分析，需要根据泡沫剂的黏度、制泡要求、产量要求等来确定和选择。

图 4-4   叶轮叶片式分散器的不同种类

图 4-5   分散盘的不同种类

图 4-6   乳化器的不同种类

就现有使用情况看，各地实验室大多使用叶片形或打蛋机型分散器。这种分散器是目前最简单、效果也最差的分散器，制泡效果也最不好。但也是一种无奈，因为大部分搅拌器厂家，不可能给实验室用的搅拌机配备那么多种备用搅拌器。因此，实验室的一些研究结论往往与实际生产距离较大，无法直接用于指导生产。因为，采用实验室制泡设备制备的泡沫性能与生产中所用的泡沫差异是相当大的。不论是泡径、泡沫状态、含水量（泌水量）、稳定性（沉降距）、发泡倍数（起泡体积），都与实际生产应用的设备制备的泡沫有较大的不同，即使泡沫剂成分完全相同，但作为基础研究还是可以的。

在实验室和生产中，若要制出优异性能的泡沫，首先要选择好分散器。需知它对泡沫剂的制泡质量影响很大。随便一种搅拌分散器，是不可能得到理想泡沫的。

（2）分散筒的影响

除了分散器（即搅拌头）外，分散筒（即搅拌筒）的结构对泡沫剂的制泡效果也有不可忽视的影响。

现在，分散头的不同结构，已经有了与之适应的分散筒。当然，目前，大多数搅拌分散筒还是以光壁（内壁）为主，但为了提高效果，已产生了各种新型筒壁结构的搅拌分散筒。其主要的几种如下：

① 竖直挡板型（图 4-7）。这种搅拌分散筒的内壁按一定的间隔安装了竖向（即轴向）挡板。该挡板起到增加阻力和分散力的作用，防止泡沫剂稀释液沿径向旋转，而不能上下混合，增加液体上下翻滚的能力，强迫液体在径流时同时也产生轴流，从而提高了泡沫剂稀释液与空气的接触机会与携裹混合力，增大泡沫量，也使泡沫更细一点。这种挡板也称"导流板"，因为它给液体轴向的引导。但它不适于黏度过大的流体。

② 螺旋状导流板。该板的阻挡作用小，而导向作用强。它在筒壁上呈螺旋状自上向下安装。当中间的液、气沿轴向上升到筒的上部，它会引导液气呈螺旋状向下运动，在筒的周边形成旋流强化了液气向下的运动。当液气下降到筒底，会形成旋涡，吸入更多的空气，强化了液气的混合，增加了泡沫量。反复的液气上下剧烈地运动，使泡沫也更细腻。

③ 分层水平挡板（图4-8）。这种搅拌筒适用于在搅拌轴上安装有多层搅拌棒的搅拌机。其筒壁上安装有多层叶片形挡板，挡板与搅拌棒间隔交叉安装。即一层挡板、一层搅拌棒，搅拌棒位于两层挡板之间。这种搅拌筒在搅拌轴高速旋转时，泡沫液携带空气一起在各层挡板（也称固定搅拌叶）导向和阻挡作用下运动，由于层层混合，空气携入量较大。由于挡板的层层阻挡，反复改变运动反向，液气的接触机会更多，成泡效果较好。应注意的是，为了造成气液的上下运动，搅拌叶与挡板要倾斜一定角度安装，并成相反方向。

其他筒体结构还有很多，此处限于篇幅，不一一介绍。

不同的筒体结构，要配备不同的搅拌器（分散器），不能通用。它们的结构不同，制备的泡沫也大不相同，对泡沫剂制泡效果的影响也各不相同。

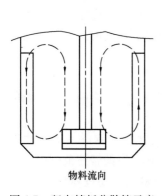

图4-7 竖向挡板分散筒示意

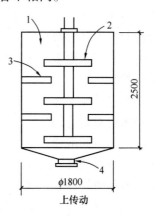

图4-8 分层挡板分散筒示意
1—筒体；2—旋转桨叶；3—固定桨叶；4—出料口

（3）分散筒筒底形状的影响

分散筒筒底的形状也影响高速搅拌制泡的制泡效果。相同的发泡剂（泡沫剂），放到不同筒底形状的搅拌机中，制出的泡沫质量及出泡量肯定是不同的。

就现有技术来说，分散筒筒底形状有4种，将来估计还会产生新的形状。

一是平底。这是最普通的，也是最常用的。它的筒底是平的，平底筒的径向流大于轴向流。在筒底，液气流被搅拌头在高速下甩向筒壁，超高离心力产生强大的径向流，撞击到筒壁上，造成对液壁强烈分散。然后沿筒壁向上，到筒的上部后，再沿径向返向筒的中心，被涡流旋入，沿轴向再向下运动。如此往返、径向与轴向运动配合，造成液气的混合，产生泡沫。它既可以采用叶片叶轮式分散头（搅拌头），也可以采用分散盘及乳化头。

二是锅形圆弧底（椭圆底）。目前，反应罐多采用这种筒底。它的优点是有利于在筒的中心形成强大的涡流，轴向运动强烈，而径向离心力相对小一些，离心力带动液气对筒壁的撞击分散力不足，但可引起液、气更强烈的轴向运动，使液、气在上下循环中得到分散、混合，形成更均匀的泡沫。因此，用它形成的泡沫均匀性优于平底，泡沫的细腻性略逊于平底的。

三是锥形底。锥形筒底比椭圆筒的轴向流更强烈，而径向流更弱，基本上以轴向分散混合作用力为主。它主要靠液、气上下沿轴向的不断高速运动达到分散、混合，使液、气充分接触，最终液滴包裹气体形成泡沫。相比较而言，它产生的泡沫均匀性最好，而细腻性更差。目前，这种筒底的生产应用不如椭圆形与平底形，相对少一些。

四是双底形（双平底或双椭圆底）。这种搅拌筒底是近些年出现的新型筒底。它是将两个圆筒连在一起的双筒搅拌机的底部。双桶搅拌机可以连续出泡。第一个搅拌筒为一级搅拌，制出的泡沫从上部的出口将泡沫排到另一个搅拌筒中。第二个搅拌筒边搅拌边从下部出泡。由于结构复杂且体积大，这种搅拌筒使用还不多。它的两个突出优点：一是连续出泡；二是泡沫品质更好。主要原因是经过两次分散，泡沫更细腻，更均匀，含水量更低、泡沫密度更小。但耗电量更大，制泡成本相对高一些。

图 4-9 所示为各种底部形状分散筒示意。

上述搅拌制泡的机械设备结构形式很多，也就是，搅拌制泡对设备的选择性更多，选择更灵活。但由于不同结构形式，对泡沫剂的制泡效果影响也变化更大，即影响的技术参数、技术因素也更多，让人更难选择。要真正找到最合适的搅拌制泡设备，还有一定的难度。所以，搅拌制泡设备看似简单，就是一个圆筒加搅拌分散头，但要是深入研究，它比高压空气制泡的影响因素更多，更复杂。没有最好的，也没有最差的，只有最适用的，适应需求就是最好的。

（4）搅拌速度的影响

除搅拌设备结构对制泡的影响外，搅拌速度也对制泡效果产生影响。其影响的主要方面是泡沫量与泡沫品质如泡径、泡沫含水量及稳定性。

一般情况下，转速越高，泡径越小、泡沫越细腻，其含水量越低，稳定性越好。反之，转速越低，泡沫质量越差，泡量越小。当然，这都是在一定的转速范围内，并非转速可以无限高。目前，国内外实验室用的转速，为 1000～8000 转。超过 8000 转的，还未见报道。大多数实验所用的转速应该 2000～6000 转，其中 2000 转～3000 转的最多。当然，每一种转速的确定，都是要根据以下几点来确定的，并非随心而定：

① 转速的确定，首先要考虑泡沫液的黏度。不同的黏度，将会有相应的转速。各种泡沫剂的黏度都不同，其转速也应不同。

② 搅拌设备的结构，尤其是其搅拌分散头的结构。不同的搅拌机结构，适应不同黏度和成分的泡沫剂。

③ 泡沫剂原材料的性质。有些原材料成分在超高速下易产生相分离或沉淀。所以，转速选择要充分考虑泡沫剂成分对高速搅拌的适应性，确保泡沫剂的稳定性。

④ 对泡沫质量的要求及发泡倍数的要求。如要求较低，就选择较低的转速。若要求较高，就选择较高的转速。总之，转速的选择与确定应以满足泡沫质量、发泡倍数要求为原则。

以上四个方面应综合考虑，这是确定转速的最基本条件。

4.3.4 充气型制泡设备的影响

充气型制泡设备在三种制泡设备中最简单。它把一个高压空气的分散头，放在泡沫剂稀释液中，压缩空气通过分散头，把泡沫液吹成气泡。这种制泡机类似小孩吹泡泡。其两大技术因素一是分散头；二是空气压力。

（1）压缩空气分散头的影响

其压缩空气分散头的任务，是让压缩空气均匀分散在泡沫剂溶液中。分散性越好，气泡大小越均匀，越细小，泡沫质量越好。分散头的大小则决定了泡沫产量。

分散头类似淋浴喷头。它的形状和结构影响成泡效果。

① 形状：喇叭口形、直筒形、圆盘形（图4-9）。喇叭口形是在一个金属喇叭口上蒙上一层半球形钢丝网，如图4-10所示，这种分散头空气分散效果最好，但分散面积小，产量低，应用最广泛。直筒形是在一个圆筒形长骨架上蒙上一层钢网，呈长直管状，最长达50cm。它的分散效果较差，但由于钢网面面积大，分散散力强，泡沫产量高。这种分散头实际应用较少，只用于对泡沫质量要求不高，但对产量要求较大的场合。圆盘形是在气管出口安装一个盒式圆盘，盘的外口蒙有一层半圆球形钢网。它的分散效果也不如喇叭口形，应用也较少。三种形式中，制泡效果最好的为喇叭口形，相同的泡沫剂，采用这一种，产泡效果最优，只是产量略低，不过也有弥补的方法，加大喇叭口尺寸，或采用双头，同样可达到高产优质。另两种不建议采用。

图4-9 各种底部形状分散筒示意图

平底　椭圆底　锥形底　圆台底

图4-10 喇叭口空气分散头外观

② 钢网层数及网孔的孔径

相同形状的分散头，采用几层钢网，钢网的孔径大小，也影响起泡体积和泡径、泡沫密度、稳定性等。

钢网的主要作用，是分散高压空气。它的层数越多、网孔越细小，泡沫就越细密稳定，但由于阻力加大，产泡量降低。目前，大多采用单层钢网，也有2层、3层的。网孔的直径有1mm、2mm、3mm。网孔越大，产量越高，但泡径越大，泡沫密度越小，稳定性越差。选用几层钢网，使用多大的网孔，应结合泡沫质量要求、空压机的压力等因素综合考虑。另外，高黏稠度的泡沫剂，不宜使用过于细密的多层钢网，以免糊网。

（2）空气压缩机压力的影响

除了结构之外，空气压缩机的压力也影响泡沫剂的泡沫量和泡沫质量。在一般情况下，空气压缩机的压力过大，液、气来不及混合均匀，气流速度过快，来不及成泡，泡沫液量不足，泡沫产量低，密度过小，易破泡，泡沫的稳定性较差。但如果压力过小、气流的流速过慢，携液量过大，泡沫密度过大，泌水量较大，稳定性也不好。所以空压机的压力必须合适，过大过小均不可行。

合适压力的确定，应根据以下几点：

① 喷头的大小，喷头越大，需要的压力越大。

② 对发泡产量及质量的要求。泡沫产量要求越高，压力大小越应严格选择，过大过小都降低产量。要求泡沫密度低，压力可略大些。

③ 泡沫剂的类型。黏度大的泡沫剂，压力可略大。反之，黏度小的泡沫剂，压力也可小些。起泡性强的，压力可小些，起泡性差的，压力可大些。

④ 钢网的层数和网孔。钢网的层数多，且网孔小的，阻力大，空气不易流过，压力可大些。而钢网层数少、网孔大的喷头结构，压缩空气的压力可以大些。

⑤ 喷头的数量。如果只有一个喷头，压缩空气的压力可小些。有些要求高产量的设备，安装了好几个喷头，压力就要大些。喷头数量越多，压力就要越大。

总体来讲，充气式的泡沫质量不好，不建议采用这种制泡方式。所以，本书不准备过细地讨论它的制泡工艺设备因素。如果不是特殊需要（如要求泡径较大的），一般情况下，还是不选用充气型为好。

制泡工艺设备，最佳方案还是选择高压空气分散型（发泡筒型）。

5　泡沫剂的泡沫稳定性及影响因素

5.1　泡沫的稳定性

泡沫的稳定性，即泡沫生成后的持久性，也等于从泡沫形成一直到泡沫消失所能维持的时间，有人称之为"泡沫寿命"。

泡沫稳定性反映的是泡沫实际上的使用价值。制成的泡沫再丰富，再漂亮，假若很快消失，不能稳定存在，那就没有什么使用价值。尤其在泡沫水泥及泡沫混凝土领域。因为，来不及把它混合到水泥或水泥混凝土浆中，制备不出泡沫水泥或泡沫混凝土产品。例如乙醇溶液具有良好的起泡性，也可以产生丰富的泡沫，但它产生的泡沫，寿命也就几秒或十多秒，对泡沫水泥或泡沫混凝土的制备，没有利用意义。因此，制备泡沫不是我们的目的，而制备出具有优异稳定性且有实际利用价值，能够生产出优质泡沫水泥或泡沫混凝土的泡沫，才是我们的目的和追求的技术效果。

由此可见，泡沫的稳定性对于泡沫剂及泡沫的制备，具有决定性的意义。没有泡沫稳定性，也就没有优质泡沫剂，也就不可能有优质的泡沫水泥和泡沫混凝土。从某种意义上讲，高起泡同时高稳泡的泡沫剂，是优质泡沫水泥及泡沫混凝土的技术基础之一。这绝不是夸大泡沫稳定性的作用，而是生产实践已经证明的重要经验。

起泡性与稳泡性，是泡沫剂的两大主要性能，缺一不可。起泡性是基础，稳泡性是价值体现。只有起泡性与稳泡性兼备的泡沫剂，才是真正优质的泡沫剂。单纯的高起泡性与单纯的高稳泡性，都不是理想的泡沫剂。

从实践经验看，高起泡还比较容易达到，而高稳定性不易达到，在生产中更难实现。因为，高稳定性的实现，因素太多。如泡沫剂本身内在的因素（材料及配合比、配制工艺）、应用过程中的外在因素（环境条件、发泡工艺、发泡设备、与胶凝材料的适应性、混凝工艺、浇注工艺、早期养护等）。起泡性不涉及泡沫水泥物料与工艺，而泡沫稳定性最终与这些因素有关。因此，实现泡沫的高稳定，难度更大。

鉴于泡沫稳定性的重要及难度，作者把泡沫稳定单列一章讨论，重点分析影响泡沫稳定性的各种因素，供大家参考。

5.2　气泡膜性质对泡沫稳定性的影响

在种种影响因素中，气泡膜（液膜）的性质对泡沫稳定性的影响最大。气泡膜的性能包括很多方面，包括表面张力、表面黏度与液体黏度、表面自修复作用、气体通过表面膜的扩散性（气体透过性）、表面电荷、表面排液等。这些因素都能影响泡沫的稳定性，而并非哪一个单一因素，其影响是各因素的综合。

现将气泡膜性质对泡沫稳定性影响的各种因素一一分析如下：

5.2.1 表面张力对泡沫稳定的影响

生成泡沫时，液体表面积增加，体系能量（表面能）也相应增加。泡沫破坏时，体系能量降低。从能量的角度考虑，低表面张力有利于泡沫的形成。即生成相同表面面积的泡沫，所需的功较少，体系能量增加较少。也就是说，低表面张力使起泡性更强，更易起泡，产生更大的泡沫体积。但是，低表面张力，不利于泡沫稳定性。因为，表面张力越低，单位体积的泡沫剂所生成的泡沫量越大，气泡的液漠就越薄，而液膜越薄，越容易破灭而消泡，越不稳定。

也就是说：起泡性与稳泡性是一对矛盾。起泡性越好的泡沫剂，稳泡性就会越差。表面张力低易于产生泡沫，但不能使泡沫保持较好的稳定性。

只有表面膜有一定的强度，能形成多面体泡沫时，表面张力的排液作用才会显示出来。如果液膜的表面张力低，根据前述 Plateau 边界理论，在 Plateau 交界和平面膜间的压差就会小，液膜的排液速度就慢，此时低表面张力才有利于泡沫的稳定。

人们往往容易将表面张力作为影响泡沫生成及稳定性的主要因素，但这是不对的。虽然表面张力对起泡性是决定因素，对稳泡性也有影响，然而并不是主要因素。若表面膜强度不高，表面张力即使很低，泡沫稳定性也不一定会很高。例如，纯净水的表面张力很高，不能生成泡沫。若向纯水中加入表面活性剂（如肥皂），水溶液的表面张力就降得很低，很容易制出大量的泡沫，但其泡沫很不稳定，很快就会消失。只有再向水中加入表面膜增强增密（即增加吸附分子量），泡沫才会非常稳定。这说明：表面张力对泡沫有一定稳定作用，但作用有限，单靠降低表面张力，并不能实现高稳定性。

5.2.2 表面黏度与液体黏度对泡沫稳定的影响

（1）表面黏度的影响

① 表面黏度的概念

表面黏度是指液体表面上单分子内层上的二维剪切黏度。它是表征表面膜流变性质的一个重要技术参数。

② 表面黏度的分类

表面黏度可分为表面膨胀黏度、表面切变黏度两种。前者反映表面膨胀或收缩时表面张力梯度对表面膜形变的影响。后者则是表示表面膜发生切变变形和膜内部相对运动时所受阻力大小的程度。

③ 表面膜黏度的应用

通过表面黏度的测定和了解表面膜的状态，膜的相变，膜中分子间的相对作用，从而有助于研究泡沫及乳液等表面膜的稳定性及应用规律，更好地利用表面黏度来提高表面膜的稳定性，也即提高泡沫的稳定性。

气泡膜的强度，是决定泡沫稳定性的最重要因素之一。而表面黏度是表征表面膜强度的主要技术参数。从某种程度来讲，表面黏度反映的是表面强度，即反映的是气泡膜抵抗外力破坏的能力。表面黏度越大，气泡膜强度越大，它抵抗外力干扰破坏的强度越大，泡沫则越稳定。

通过专家的几十年来的研究，发现泡沫的稳定性，与泡沫剂（表面活性剂）的表面黏度有关。泡沫寿命随泡沫液表面黏度的增大而延长。其原理是，当表面膜的密度增大，分子间的作用力增强，表面膜的强度就增大，泡沫寿命就延长，这4者呈正比例关联。这种关联表示如下：

表面膜密度增大→分子间作用增大→表面膜强度增大→泡沫寿命增长。

这里有双重作用。一方面，表面黏度大使液膜表面强度增大；另一方面，表面黏度大也使液膜中的液体流动变弱变缓，排液速度减慢，提高了泡沫的稳定性。另外，液体内部黏度的增加，也有利于泡沫稳定性的提高。但液体内部的黏度，仅是影响泡沫稳定性的辅助因素。

表5-1为一些表面活性剂0.1%溶液的表面黏度与泡沫寿命的关系。

表5-1　一些表面活性剂0.1%溶液的表面黏度与泡沫寿命的关系

表面活性剂名称	表面黏度 η_s(g/s)	泡沫寿命 t（min）
TX-100	—	60
Santomerse 3	3×10^{-3}	440
E607L	4×10^{-3}	1650
月桂基盐	39×10^{-3}	2200
纯月桂基硫酸钠	55×10^{-3}	69

从表5-1可以看出，表面黏度较大的溶液，所生成的泡沫的寿命也较长。例如，某月桂基盐的表面黏度最大，它的泡沫稳定性也最高。而纯净的月桂基硫酸钠，在纯化以后，表面黏度很低（只有 2×10^{-3} g/s），所以泡沫寿命极短，只有69min。

由此可以得出如下结论：要提高泡沫的稳定性，增加泡沫的寿命，最好的技术途径之一，就是千方百计地提高表面活性剂的表面黏度。

值得注意的是，提高表面活性剂的表面黏度，并不是人们想象中向其中添加高黏度物质，那是用处不大的。因为，提高表面黏度并不是提高液体的黏度，而是强化表面活性剂表面的黏度，即增加表面分子间的密度，提高其致密性。正确的技术方案，是采用复合表面活性剂，向原有的主表面活性剂中添加辅助表面活性剂。所添加的辅助表面活性剂，其分子必须能够被表面所强烈地吸附，形成表面混合膜。混合膜的吸附分子密度大为增加，使吸附混合膜中的分子相互作用较强，比单分子膜的强度有了较大的提高。加入辅助表面活性剂（也就相当于稳泡剂），表面吸附分子间的相互作用导致膜强度增大，从而提高泡沫寿命，这就是提高膜强度的有效措施。表5-2是加入稳泡剂后，稳定性的提高。

表5-2　月桂基硫酸钠在复合稳泡剂GH加入后的稳定性

源液浓度（g/mL）	稳泡剂加入量（g/mL）	表面黏度（g/s）	泡沫寿命（min）
1	0	2×10^{-3}	69
1	0.01	2×10^{-3}	825
1	0.03	31×10^{-3}	1260
1	0.05	32×10^{-3}	1380

表 5-2 说明，随着辅助表面活性剂（稳泡剂）的增加，表面黏度增大，也即表面吸附膜的密度在吸附分子后提高，因而泡沫寿命迅速延长，最高可达几十倍。

表面活性剂的表面黏度，可以通过表面黏度测定仪测定，使之量化，便于在选择表面活性剂时作为依据，选出表面黏度较大的表面活性剂作为泡沫剂的主料及辅料。

（2）液体黏度

液体黏度不是指上述表面黏度，即不是表面膜的分子吸附层的密度，而是指水溶液体系的整体黏度，即体现水溶液的流动性，表现其水溶液的流动性的强弱。它不是泡沫剂黏度的主要因素，而是一种辅助黏度。表面黏度是基础，液体黏度是辅助。虽然是辅助，但仍然发挥一定作用。在表面黏度较强的基础上，若液体内部的黏度也较大，则液膜中的液体排出较为不利，也起到加大液膜排液阻力的作用，使液膜厚度变小的速度较慢，因此延缓了液膜破裂的时间，增加了泡沫的稳定性。若无表面吸附膜的形成这一前题，则即使液体内部黏度增大，也不一定会形成稳定的泡沫。

由此可见，液体内部黏度并不会增加表面膜的坚韧性、致密性及强度，而会增大泡沫剂液膜中水的排液性，阻止水的快速排出，延缓泡沫液膜的较快变薄，从而起到一定的稳泡作用。它与表面黏度是配合、互补关系。

提高液体黏度的技术方案，是向溶液中加入一定量的增黏成分。这种增黏成分必须加量少而增黏作用强烈，且与表面活性剂的主成分有相溶、协同作用。

增加表面黏度的材料，大多是表面活性剂。而增加液体内部黏度的，大多是天然或合成树脂、乳液、高分子化合物、淀粉及其衍生物、无机化合物等。其对泡沫剂的适用性各有不同，应通过试验来挑选。

5.2.3 表面膜"自修复"作用对泡沫稳定的影响

（1）表面膜"自修复"的概念

通常，我们把表面活性剂表面膜因受到外界的作用力，受到干扰，而局部变薄时，表面膜局部会迅速地自我修复，恢复如初，而不致使泡沫被彻底损毁的能力称为"表面膜的自修复"作用。它是表面膜抗外力破坏的内在能力的显示。

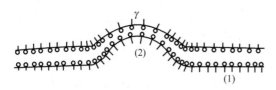

图 5-1　表面液膜"自修复"作用原理示意

（2）"自修复"作用的产生原理

如图 5-1 所示，表面活性剂的表面膜由于吸附作用，一般均呈双电层，显示出表面膜为两层。在没有受到外力干扰时，表面膜的上下（或内外）两层膜的间距是一致的，所以表面膜十分稳定。当表面膜受到干扰时，受干扰的（2）处液膜会比正常的（1）处液膜薄，$\gamma_{(1)} > \gamma_{(2)}$。由于（1）处的表面活性剂浓度高于（2）处的浓度，所以表面活性剂由（1）处向（2）处迁移，使（2）处的表面活性剂浓度恢复，同时带动邻近的液体一起迁移，使（2）处的液膜厚度恢复。

这种自修复作用，我们在日常生活中也可验证。洗衣时产生的肥皂泡，用小针刺它，肥皂泡可以不破。把针从泡中拔出，肥皂泡可瞬间恢复如初。

表面活性剂吸附于表面的薄膜，扩大其表面面积，将降低表面吸附分子的密度，同时，表面面张力的增大，就会进一步扩大表面面积需要做更大的功。液膜表面面积的收缩，则将增加表面吸附分子的密度，同时表面张力降低，于是，不利于进一步的收缩。因此，表面活性剂吸附于表面的液膜，有反抗表面扩张或收缩的能力，也即上述的"修复"或"复原"作用。纯液体没有表面弹性，因其表面张力不会随表面面积变化，从而不能形成稳定的泡沫，此即为表面自修复的本质。

对于此种作用，有两种不同的过程。一种是自低表面强力区域迁移表面吸附分子至高表面张力区域的过程（如上述）。另一种则为溶液中的表面活性剂分子吸附至表面的过程。此一过程可使受冲击液膜的表面张力恢复至原值，同时恢复了表面吸附分子的密度。但若此过程进行较快，即吸附分子快时，则在液膜扩张部分所缺少的吸附分子将大部分由吸附来补足，而不是通过第一种过程的表面迁移。于是，受冲击部分液膜的表面张力和吸附分子的密度虽可复原，但变薄的液膜并未重新变厚（因无迁移分子带来溶液）。这样的液膜，其强度较差，因而泡沫的稳定性也较差。一般醇类的水溶液泡沫稳定性很低，与醇自溶液中吸附于表面的速度较快有一定的关系；而一般表面活性剂在浓度较低时（<CMC值）吸附速度则较慢，泡沫稳定性较高。表面活性剂溶液的浓度超过 CMC 值较多时，表面吸附速度较快，因此，往往发现泡沫稳定性较差。

（3）"自修复"作用的应用

"自修复"作用，在泡沫稳定方面，有一定的指导意义。我们可以利用泡沫的"自修复"作用，提高泡沫的稳定性。

了解了表面活性剂表面液膜的"自修复"作用，可以从以下几个方面应用此原理，来改善和强化液膜，使它的"自修复"作用更强，以间接稳泡。

① 增加液膜的弹性

泡沫的"自修复"作用，依赖于液膜的高弹性，以便缓冲局部受力而伸展、变薄，也就是对外力产生一种"应变"反应，防止液膜在外力下破损。所以，弹性是实现液膜"自修复"作用的关键。液膜的弹性越强，其"自修复"作用也越强。硬脆性的液膜即使强度很高，也不会具有良好的"自修复"作用。鉴于此，我们应在泡沫剂复合时，加入可以增强液膜弹性的成分，提高其泡沫稳定性。

② 提高泡沫剂的表面活性

"自修复"作用的另一个前提，是表面膜应具有良好的活性。在局部液膜受干扰时，高活性的表面分子会带动邻近的薄层液体一起迁移，结果是使受外力冲击而变薄的液膜又变厚。表面张力复原（即吸附的分子密度复原）与液膜厚度复原，均导致液膜强度恢复。即表现为泡沫良好的稳定性，抵抗了破坏外力。这一切"应变"反应均有赖于泡沫剂的表面活性。较高的活性，有利于"自修复"作用的增强。

③ 强化液膜的双电子层

具有良好"自修复"作用的液体表面，都具有表面活性剂的双电子层。如果液膜的双电子层遭到破坏，"自修复"作用将会完全丧失。就这一问题，我们应注意的是，在泡沫剂复合及配方设计中，我们应该避免加入一些破坏表面活性剂水溶液双电层液膜的成分，而加入可以强化液膜形成更致密坚韧双电层的成分。

5.3 气体的透过性对稳泡的影响

5.3.1 概念

气体透过性又称为气体通过液膜的扩散。当泡沫形成后，其大小泡之间形成空气压力差，小泡中的压力总是大于大泡中的压力。这种压力差是由于毛细作用产生的压力所造成的（即 Laplace 关系）。在不同气泡间的压力差作用下，气体自高压力的小泡中透过液膜扩散到压力低的大泡中，造成了小泡变小直至消失，大泡变大，最后也因进入的空气过多压力过大而破坏。这种气体通过气泡液膜从小气泡向大气泡迁移而造成气泡破灭，使泡沫形成不稳定体系的现象，即称为气体透过性，它是气泡稳定性的基本特性之一。

一般在泡沫制备中，很难做到气泡特别均匀，其大小总是不均匀。所制备的气泡大小越是不均匀，泡沫越不稳定。反之，所制备的泡沫，气泡越均匀，则泡沫越稳定。

5.3.2 气体透过性原理

气体透过液膜的扩散，我们可以从浮于液面的单个气泡很清楚地看出：气泡随气体透过液膜扩散，逐渐变小。气泡的变小，正是它的气体不断向外扩散的显现。气泡中的气体逐渐透过液膜扩散的过程，是慢慢进行的，有一个逐渐的缓慢阶段，最后当气体完全扩散时，气泡就消失。气体透过液膜扩散速度的高低取决于气泡膜的坚韧性和黏弹性，尤其是黏弹性。当液膜的坚韧性及黏弹性较大时，气泡就消失得慢，会持续较长的时间。但不论气体扩散时间持续多久，只要气泡大小不均匀，尤其是不均匀较严重时，气泡仍然是要在扩散作用下较快消失的，想长久稳定很难。这种关系如下：

气泡大小不均匀→不同大小气泡压力差→气体逐渐扩散→气泡消失。

我们可利用液面上气泡半径随时间变化的速率来衡量气体透过液膜形成的透过性。

图 5-2 所示为液面下的气泡示意图。若停留在液面上的气泡半径为 r，气泡的一半埋于液面之下时，那么，由常识可以知道，气泡中的压力，肯定比气泡外的压力大，其超过量为 p_c。$p_c = 3\gamma/\gamma$（γ 为溶液的表面张力），因为此气泡的上半部有两个半球曲面，下半部有一个。气体透过泡壁进入大气。溶液先以空气饱和，则通过气泡下部的扩散即可忽略，而扩散的有效面积可认为是一半球面。

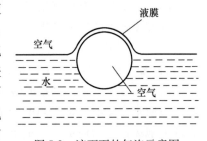

图 5-2 液面下的气泡示意图

于是扩散率为

$$-\frac{\mathrm{d}n}{\mathrm{d}t} = 2\pi r^2 k \Delta c \tag{5-1}$$

式中，$-\mathrm{d}n/\mathrm{d}t$ 为每秒通过泡壁的气体物质的量；k 为透过性常数；泡壁面积（半球形）$2\pi r^2$ 以 cm^2 为单位；Δc 为泡内外空气浓度差，以 $\mathrm{mol/mL}$ 为单位；n 与泡内压力和泡体积有关：

$$n = (p + p_c) \cdot \frac{4\pi r^3}{3RT} \tag{5-2}$$

式中，p 为大气压力。微分得

$$\frac{dn}{dt} = \left(\frac{4\pi r^2 p}{RT}\right) \cdot \frac{dr}{dt} \tag{5-3}$$

在此，假设 p_c 与 p 相比，可以忽略。另外

$$\Delta c = \frac{R_c}{RT} = \frac{3r}{rRT} \tag{5-4}$$

将式（5-2）~式（5-4）及式（5-1）联系在一起，得

$$prdr = -1.5k\gamma dr \tag{5-5}$$

积分之后得出气泡大小与时间的关系：

$$r^2 = r_0^2 - \frac{3krt}{p} \tag{5-6}$$

式中，r_0 为起始（$t=0$）时的气泡半径。以 r^2 为 t 作图应得一直线，直线斜率为 $-3kr/p$，由此可求出透过性常数 k。

5.3.3 气体透过性原理在稳泡中的应用

在我们已经搞清楚气体透过性原理的情况下，就可以利用这一原理应用于生产实践，来指导我们发泡及稳泡，尤其是稳泡。

（1）通过提高泡沫的均匀度来稳泡

既然气泡的合并与消失，都是由大小泡不均匀造成的，那么，我们在生产时，应设计、配制、应用高均匀度的泡沫。因为泡沫中气泡大小均匀，这是泡沫稳定的一个重要技术条件。以前，很多企业在生产中，只关心泡沫量，不关心泡沫气泡大小的均匀性，可能意识不到气泡大小不同所引起的气泡破灭，现在知道了，就应该采取一切手段去提高泡沫的均匀度，间接稳定泡沫。

（2）提高液膜的黏弹性来稳泡

同"自修复"作用一样，提高液膜的黏弹性，有助于气泡的稳定。虽然说气体自液膜扩散，主要因素是气泡大小不匀造成，但是，如果气泡液黏弹性好，它就可以承受更大一些的气体压力。液膜可随着气压的增大而扩展，延长气泡的寿命，不至于使很多的泡沫破灭。可以利用液膜的弹性使气泡变大，延缓气泡破灭，至少也起到辅助稳泡作用。这实际上是以提高液膜对气体压力的抵抗力来稳泡，肯定有一定的作用。当然，这一技术措施必须以泡沫中气泡大小一致为基础。这对于那些泡沫均匀度虽不高，但仍然具有一定均匀性的泡沫，效果会比较明显，可减少一大部分气泡的消失。

5.4 表面电荷对稳泡的影响

5.4.1 液膜表面的电荷作用

气泡液膜表面都带有同种电荷。这种电荷是当离子型表面活性剂制起泡剂时，它在水

中离解会产生电荷。如月桂基硫酸钠在水中电离，生成了 $C_{12}H_{25}SO_4^-$ 和 Na^+。$C_{12}H_{25}SO_4^-$ 使液膜两表面带负电，而 Na^+ 在两液膜之间。这样，两表面就使液膜形成带有相同电荷的两层离子吸附的双电层结构。其双电层结构示意如图 5-3 所示。

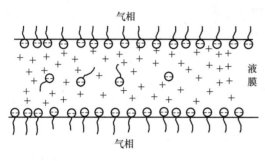

图 5-3　双电层结构示意图

由于液膜的两表面带有相同的电荷，则两表面就产生了相互排斥作用。这时，如果液膜受到外力的挤压，气流冲击，或重力排液，就会使液膜变薄。当液膜随外力、冲击、排液等作用而变得越来越薄，以至于薄到即将破泡时（这时，液膜的厚度已薄到 10nm 左右），液膜就会产生电斥作用，自我保护，使两表面继续保持一定的厚度，阻止液膜继续减薄以致破裂。液膜的电斥作用实质，是其自我防护的一种物理现象。若没有这种作用和双电层结构，液膜将不会长时间保持和存在。由此可见，表面电荷现象，对于泡沫剂的稳泡性能有一定的影响。在液膜较厚时，这种电斥作用较小，影响不大。而当溶液中电解质浓度较高时，扩散双电层压缩，电的相斥作用变弱，膜的厚度变小，使电斥作用减小。也就是说，电相斥作用只有在液膜变薄时才会强烈，且是液膜越薄，表面电斥作用才越强烈。

5.4.2　表面电荷作用在稳泡中的应用

液膜的双电层结构及电相斥作用，有利于液膜的稳定，可延长液膜的存续时间。那么，我们就要采取各种技术手段，加强和巩固汽泡液膜的双电层结构，强化其表面的电斥作用。在配比设计泡沫剂时，所用物料之间应有良好的匹配作用，有利于液膜双电层的形成。若对液膜双电层结构不利，甚至起破坏作用的辅助外加剂均不能使用。

5.5　排液作用对泡沫稳定的影响

在各种影响泡沫稳定的因素中，排液作用也是影响较大的一个因素。

5.5.1　液膜的排液作用

泡沫制成后，气泡之间形成含水液膜，液膜的厚度与其含水量成正比。在各种力的作用下，水自液膜中逐渐排出，使液膜变薄，并最终从液膜最薄处破裂，使气泡消失。排液的过程，也是液膜变薄而气泡破坏的过程。

液膜的排液是泡沫变化的一个自然现象和规律，不能避免。

液膜排液的引发因素有重力排液、Plateau 效应、外力干扰等。

（1）重力排液

液膜是由泡沫剂水溶液形成的。从某种意义上说，液膜的主成分是水。水约为液膜体积的 96% 以上。液膜中的水受地球引力作用，自气泡生成之时，就开始向膜外重力排液，即水沿液膜流动并最终离开液膜，使液膜变薄。重力排液是液膜排液的最主要因素。

（2）Plateau 边界效应排液

我们在1.4.1节曾介绍了泡沫的 Plateau 效应。这种效应造成了气泡壁不同点位的不同压力差（两泡交界处压力大，而多泡交界处压力小），促使液膜中的水从压力大的地方（两泡边界）向压力小的地方（多泡交界处）流动，当压力小的地方汇集的水过多时，气泡膜已难以支撑其水的质量，水就离开 Plateau 边界的低压处而排出膜外，使气泡膜因失水而变薄。

（3）外界的扰动排液

外界的各种扰动力，如振动、泡沫的流动摩擦、气泡间的挤压力、风的吹动或机械的搅动等，均可加大液膜的排液。外界扰动越大，排液的速度越快，当外力过大时，排液可以在极短时间内完成，泡沫很快会破灭消失。

（4）蒸发作用力排液

当泡沫生成后，空气对液膜水的蒸发作用也会形成排液。气温越高，天气越热越干燥，蒸发排液也会越强烈。当液膜被蒸发作用把水分全部蒸发失水后，只会留下一个由泡沫剂固体成分形成的超薄骨架，成为名副其实的干泡沫。

泡沫液膜失水（排液）而引起的消泡及泡沫失稳，不是单一因素引起的，而是各因素共同作用的结果。所以，只有对各种因素深入地了解，才能很好地找到应对的方法。

5.5.2 延缓和弱化液膜排液的技术方案

根据上述对各因素的详细分析，我们可以采取以下几个技术方案，来延缓和弱化泡沫液膜的排液。

（1）增加泡沫剂的黏度

液膜的排液受泡沫剂的黏度影响最大。也可以说，泡沫剂溶液的黏度较大时，其所制泡沫的排液就会延缓。增加溶液黏度后，液膜的水分的流动就会被黏滞，流动的能力和速度都会受到一定的限制。所以，增黏是弱化排液的最有效手段。

（2）提高泡沫剂的保水性

液膜上的水分快速外排，是由于泡沫剂保水不好，不能有效地保持水分。要延缓液膜排水，必须强化泡沫剂的保水性。泡沫剂溶液有了良好的保水性，液膜也就有了保水性。水分在保水成分的把持下，就不易很快失去。虽然保水抗排液效果不是特别明显，但还是有一定作用的。

（3）减小泡径，小泡有利于降低排液

气泡的尺寸越大，泡膜上不同点位的压力差也越大，排液就越严重。亚微米及纳米级细小气泡，其泡与泡之间的界面膜极小，从宏观上根本分不出液膜上的高压力点及低压力点，压力差可视为零。这样，微细气泡的 Platuea 效应引起的边界效应就极小，由其引起的压力差排液就很微弱，排液被弱化。

上述几个技术手段，单用一种，抑制排液的效果都不会十分满意，应该多措并举，使不同的技术手段产生协同效应，才会产生较明显的抑制气泡排液的效果，稳泡更理想。

5.6　制泡工艺因素对泡沫稳定的影响

影响泡沫稳定的因素，有泡沫剂性质及制泡工艺两个方面。前面已介绍了泡沫剂性能的因素，本节将重点介绍制泡工艺方面的影响因素。工艺因素既影响泡沫剂的起泡性，也影响泡沫的稳定性。

5.6.1　工艺环境条件对泡沫稳定的影响

工艺条件包括制泡温度、环境湿度、空气、其他干扰等。

（1）制泡温度

制泡温度是指泡沫稀释液的温度及气温，两者对制泡均有影响。

泡沫液的稀释温度对泡沫稳定影响较大。因为，液温越高，起泡量越大，而泡沫的界面液膜则越薄。液膜的厚度是由其携液量决定的，其携液量越大，液膜越厚；携液量越小，液膜越薄。携液量与液膜厚度成正比例关系。液温低，起泡差，泡量少，泡膜厚；而液温高，起泡量大，泡膜薄。液温过高过低都不好。过高的液温使液膜过薄，容易破泡。同样地，过低的液温泡量过少，液膜过厚，液膜排液速度快，也容易破泡。稀释液温度一般以25℃左右为宜，变化区间应为20~28℃。随液温的变化，泡沫稳定性也会有一定的变化。

制泡环境的温度也影响稳泡性。在低温时，即使我们把液温加热到20℃以上，但由于环境气温低，液膜在降温以后变得硬脆，弹性下降，在外力作用下易于破泡。而在气温达35℃以上时，即使液温初始温度为17℃，也会很快被环境温度加热而温度上升。20℃的稀释液，在夏季的露天放置1个小时，液温会达到25℃以上。液温随气温的不断变化，将使泡沫稳定性也随之有一定的波动。所以，高温及严寒天气所制泡沫，都不如正常气温所制泡沫的稳定性优异。

（2）环境湿度

环境湿度对泡沫稳定的影响，主要表现在干燥天气及干燥地区，蒸腾作用比较强的环境条件下，泡沫的液膜很薄，只有一层10nm~1μm厚的薄薄的水膜。如此薄的水膜，很容易在干燥环境的蒸腾作用下，使液膜很快失水而变得更薄，直到破裂。因此，环境湿度尤其是湿度很低的干燥环境，对制成的泡沫稳定是十分不利的。

（3）空气活动

空气活动对泡沫的影响，主要表现在风对泡沫稳定的影响。风是空气流动产生的。风力对制出的泡沫有一定的扰动，可将泡沫吹破，使泡沫很快消失。在露天施工时，制泡用泡必须避风操作，否则泡沫在风中消失量很大。

（4）其他干扰

如火车驶过的地面振动、周围爆破施工空气冲击波、周边工厂产生的各种机械振动等，都会对泡沫产生不利影响，缩短泡沫的寿命。

5.6.2　工艺参数对泡沫稳定的影响

（1）泡径的影响

泡径越大，排液越慢，泡壁越薄，泡沫越不稳定。而微米级、亚微米级、纳米级泡径的泡沫会更加稳定。2mm 以上直径的泡沫相对微细泡沫，要不稳定得多。相同的泡沫剂，随泡径的增大，泡沫的稳定性逐渐变差。

在使用我们研制的各型泡沫剂进行测定时，各泡径的泡沫，其泡沫半消时间范围如下：

以 2mm 左右的泡径为主的泡沫，半消时间 40min；

以 1mm 左右的泡径为主的泡沫，半消时间 70min；

以 300 ~ 500μm 泡径为主的泡沫，半消时间 120 ~ 210min；

以 <200μm 泡径为主的泡沫，半消时间 5 ~ 10h。

所以，要获得更稳定的泡沫，就必须制备细微泡沫。而我们泡沫混凝土行业，现在的做法是恰恰相反。一些企业由于认识上的偏差，或为了迎合市场上某些外行人士的错误要求，认为大泡孔的泡沫混凝土好看美观。泡孔小了看不见。一些外行认为泡孔太小看不见，就是发泡不好。所以追求大泡，是一股违背科学的错误潮流。追求大泡的结果，会导致泡沫破泡严重，泌水多、连通孔多、产品强度下降，各种性能劣化。建议各企业应该对市场上外行人的错误认识加以引导、纠正，而不是迎合、跟风。追求大泡，这等于行业自杀。以大泡为优的偏见应彻底扭转。

（2）泡沫剂稀释倍数的影响

泡沫剂稀释倍数实际反映泡沫剂溶液的浓度。在实际生产中，一线人员一般不称"浓度"，而以稀释倍数来表征泡沫剂溶液的浓度。由于本书主要服务于一线人员，所以也与大家的习惯保持一致。

由于各地泡沫剂的有效成分含量差别甚大，从 25% 到 80% 都有，所以稀释倍数也不能相同。一般应按照高含量的稀释倍数可以大一些，以加水 50 ~ 60 倍稀释为宜，而低有效成分含量的，以加水 40 ~ 50 倍为宜。具体应以试验数据为根据确定合适的稀释倍数。不可稀释倍数过大或过小。稀释倍数过大或过小都会影响泡沫的稳定性，尤其是稀释倍数过大时，溶液中的起泡剂和稳泡成分含量都会过低，不足以起到稳泡作用，会使泡沫达不到稳定要求，缩短泡沫寿命。

现在，各地的低档泡沫剂，有效成分含量仅 15% ~ 30%（市场价格为 3000 ~ 5000 元/t），中档泡沫剂的有效成分含量为 40% ~ 60%（市场价格为 6000 ~ 10000 元/t）。两者的有效成分含量本来就不高，如果再采用大倍数稀释，泡沫剂有效成分在其溶液中会很低，达不到稳泡的要求，消泡情况会比较严重。目前，有些企业为节约泡沫剂，已将泡沫剂稀释 200 倍使用，且还多使用价格低的低含量泡沫剂，其泡沫剂溶液中有效成分含量已非常低。以 20% 含量的泡沫剂为例，若再加水 100 倍稀释，其溶液中的有效成分含量只有 0.2%，起泡性和稳泡性，已完全不能保证。这种现象在行业被称为"以水代泡"，即以高含水泡沫中的大量水来代替泡沫，以水代泡来增加泡沫混凝土的浇筑体积，达到少用泡沫剂的目的。这种错误的做法不可取，应予坚决地纠正。希望各地企业能按照科学的稀释倍数规范化操作，以保证泡沫质量及工程质量。

（3）液气比的影响

液气比不但影响起泡性，同时更影响稳泡性。"液"，指的是泡沫剂水溶液，"气"，指的是空气，即高压空气。液气比是采用高压空气分散筒发泡的主要技术参数。就稳泡而言，液气比失调，对稳泡影响极大。当高压空气比例较大时，泡膜过薄，易于破泡，泡沫稳定不好。而当泡沫液的比例过大时，则泡膜含水过大，泡膜过厚，地心引力引发的重力排水性太强，泡沫失水快，也不够稳定。所以液气比要有合适的比例，才能制备良好稳定性的泡沫。不同的泡沫剂，液气比不同，具体应通过试验来确定。

液气比在泡沫性能上的表征是泡沫的密度和泌水量。比较稳定的泡沫密度一般应为 $50 \sim 80 g/L$。低于 $50 g/L$ 时，泡沫的泡膜太薄，易于破裂，泡沫不够稳定。而当密度大于 $80 g/L$ 时，泡沫的泡膜太厚，含水量高，也不够稳定。泡沫的泌水量反映的是泡沫的含水量及保水性。合适的泌水量（1h），一般泡沫剂应小于30g，高稳定性泡沫剂不应大于20g。泡沫的密度大、泌水量大，说明液多气少，泡沫的密度过小，则说明液少气多，两者的比例均为失调。只有泡沫的密度和泌水量都在合适的范围内，泡沫才可以实现良好的稳定。

（4）液气压的影响

液气压比是指泡沫剂溶液与高压空气的制泡压力比（即发泡机上安装的泡沫剂高压水泵与空压机的压力比）。两者的压力必须接近。当泡沫剂溶液泵送压力大于空压机的压力时，空气压入量就会不足，不但产泡量少，更主要的是液量大于气量，泡沫含水量大，泡沫稳定性差。反过来，若空压机的压力大于水泵压力时，液膜薄，也不稳定。只有两者的压力相近时，产出的泡沫才会比较稳定。

5.7 稳泡剂对泡沫稳定的影响

稳泡剂又称泡沫稳定剂，是泡沫剂中最重要的稳定泡沫的成分。在对泡沫稳定的各种因素中，稳泡剂是第一影响因素。它一般添加于泡沫剂中，也可以添加于泡沫混凝土配合料的浆体中。

5.7.1 稳泡剂的重要作用

目前，我国泡沫混凝土的发展特点是，整体规模很大，居世界第一，但工程及制品的质量不高，急需提升。造成泡沫混凝土普遍质量不高的一个重要原因是，我国现在使用的泡沫剂，泡沫稳定性不高。所以很多企业才不惜花高价进口德国等国外泡沫剂。虽然进口的泡沫剂价格是国内中高档泡沫剂的数倍，但为了产品质量的提高，也不得不使用。对比我国泡沫剂与德国等进口品性能，其起泡力相差不是很大，其最大的差别在于稳泡性。我国的泡沫剂在稳泡方面与国外产品有着较大的差距。国外发达国家泡沫混凝土品质高于我国，关键在于泡沫剂泡沫稳定性好。

由于我国泡沫剂稳泡性欠佳，导致了一系列泡沫混凝土质量问题：一是产品密度达不到设计指标。设计密度难以达到的原因，是泡沫剂加量很大，由于泡沫不稳定，泡沫破裂消失，使其实际密度增大。二是现浇产品上下密度差及不同部位密度差较大，验收不合格。这也是由于泡沫不稳定，导致一些部位消泡严重造成的。三是因为泡沫不稳定，使泡沫出现裂口，形成大量连通孔，导致吸水率增大，保温性下降。四是泡沫不稳定，大小泡沫合并严重，使大泡更大，泡沫更不均匀，使其强度下降。

要改变目前我国泡沫混凝土品质不高，与发达国家缩小差距，就要尽快提高我国泡沫剂的泡沫稳定性。这个问题的解决迫在眉睫。而解决这一问题的技术措施，就是在泡沫剂中添加高档稳泡剂，其既可以在泡沫剂厂家生产泡沫剂时加入，也可以在所购回的中低档泡沫剂中自行添加。稳泡剂的档次越高，稳泡效果越明显，用量也越少。

纵观我国市场，高档的、性价比好的稳泡剂不多。以前，大家多使用 6501、纤维素醚等稳泡剂，其效果较差。近年来，市场高档稳泡剂有供应，但价格较高，影响泡沫剂的成本。所以，许多企业为造价考虑，不使用稳泡剂。

所以，尽快研发出稳泡性好，且价格低的高档稳泡剂，很有必要。质优价廉，企业自然会使用。

5.7.2 复合稳泡剂的主要成分

复合稳泡剂的主要成分有液膜增密增韧成分、液膜保水成分、泡沫液增黏成分、细化泡沫的成分、提高表面活性的成分、强化表面膜自修复作用的成分等。

① 液膜增密增韧成分

本成分的主要作用也是稳泡的关键作用，是提高液膜的黏度，增加表面分子间的致密性和韧性。它可以有效提高表面分子间的吸附能力，加大表面膜强度，使液膜在各种外力作用下不易破裂，从而有效稳泡。

② 液膜保水成分

液膜重力排液是其破裂的重要因素。为阻止其排液，保持泡膜的液膜厚度，就要使液膜具有良好的保水性。本剂可赋予气泡液膜的自保水功能，阻滞水分流失，从而可使液膜稳定。

③ 泡沫液增黏成分

它不对表面膜增黏，而是对泡沫剂溶液内部增黏。其目的是利用泡沫液的黏度提高，增大液体从液膜外排的阻力，从膜外起到阻水作用。这样，表面增黏从内部强化液膜，溶液增黏从外部保护液膜，两者互相配合，稳泡作用就会大大增强。

④ 细化泡沫的成分

前已论述，气泡越小越稳定。这可以称之为"微泡效应"。因此，细化泡沫也是稳泡的一项重要技术手段。本剂是一种有无机并用的分散剂，它可以将泡沫液在机械作用的配合下，分散为更加细微的液滴，高压空气再将细微液滴吹成微细泡沫。

⑤ 提高表面活性的成分

泡沫剂的一些主要成分，如果活性低，表面分子的吸附能力会较低，表面分子膜的致密性会受到影响。另外，如果表面分子活性不足，在受到外力干扰时，液膜的自修复能力也会受到影响。本剂可以使泡沫剂始终保持较高的表面活性，间接提高液膜的应变能力及自修复能力，从而稳定了泡膜。

除上述几种主要成分外，稳泡剂还需要一些微量辅助成分，这里不再一一介绍。

5.7.3 稳泡剂对泡沫稳定的影响

很多因素虽然都影响泡沫的稳定，但最直接、最有效、最方便的技术因素自然是添加稳泡剂。至今，提高泡沫稳定的最主要手段，就是在泡沫剂中加入稳泡剂。稳泡剂对泡沫稳定的影响表现在以下几个方面。

（1）延长泡沫寿命

加入稳泡剂，泡沫寿命大幅增加。不同的稳泡剂，可延长泡沫寿命不等，但无疑，都会有不同程度的延长。优质稳泡剂，可使泡沫半消时间达到 1 小时以上，甚至数小时。

（2）提高泡沫与水泥浆体的适应性

有些泡沫剂制出的泡沫，对水泥浆体不适应，加入水泥浆体后消泡严重，在一般情况下，加入稳泡剂，这种状况都会有所改善。原本在水泥浆中消泡塌模的泡沫，在加入一定量的稳泡剂后浆体沉陷和塌模的情况都有所改善。

（3）降低泡沫的泌水率

不少稳泡剂，都有降低泡沫泌水率的功效。如果没有稳泡剂，一般泌水较严重，而加入稳泡剂，泌水率都会有不同程度的下降。泌水率是泡沫稳定的一个重要技术指标。泌水率的下降，意味着泡沫稳定性的提高。但加量过大，则增大泌水率。

（4）提高泡沫的均匀度，间接稳泡

稳泡剂也影响泡沫的均匀性。泡沫的均匀性，虽然不是泡沫稳定的指标，但它也可间接稳定泡沫。因为，泡沫不均匀、小泡首先破灭，向大泡排气，又把大泡胀破，引发连锁式消泡。所以，泡沫均匀度提高，有利于泡沫的稳定。

（5）影响泡沫密度

稳泡剂既可以升高泡沫密度，也可降低泡沫密度。当稳泡剂加量过大时，泡沫密度增大，不利于稳泡。而当稳泡剂加量合适时，它会降低泡沫的密度。泡沫密度过大，意味着泡沫的含水量也过大，会加剧排液消泡，引起泡沫不稳定。如果我们能控制稳泡剂加量合适，就可以很好地降低泡沫密度，降低泡沫排液速度，间接稳泡。

5.7.4 新型高性价比复合稳泡剂

鉴于目前高性价比稳泡剂的缺乏，作者近年来，一直致力于高性价比稳泡剂的研发，并取得了一定的技术进步和成功。这里，仅对一种新型稳泡剂做一简单的介绍，以供大家在研制复合稳泡剂时参考。

（1）成分

① 主要成分

本剂的主要成分为液膜分子结构致密剂。它通过改变液膜表面活性剂分子结构的排列顺序，使其分子之间的排列更加整齐致密，加固液膜，并赋予液膜更为良好的弹性及自修复能力，从而提高了坚韧性，不易破裂，延长其寿命。具有此功能的物质有多种，本剂选用了功能较强的两种复配成分。

② 辅助成分

本剂的辅助成分为保水剂、增黏剂、活性激发剂等。其发挥相互协同的作用，主要发挥水分的阻滞作用，降低液膜的排液速度，并增加液膜的黏弹性，使液膜具有更强的抗干扰能力。同时辅助成分也具有增强表面活性剂表面活力的作用，能辅助本剂的主成分增强自修复功能，降低破泡率。

（2）技术特点与技术进步

① 稳泡性能优异

本剂可以较大幅度地提高泡沫的延存寿命。包括在空气中延存寿命及在水泥浆中的延存寿命，并降低泡沫的沉降距、泌水率、密度以及泡沫混凝土浆体的沉陷距，保持浆体的稳定性。稳泡效果，在同等用量的情况下，不逊于国内目前使用较广且效果较好的各种稳泡剂。

为了检测其实际效果，作者反复进行了各种泡沫剂所制泡沫的稳泡试验。下面是其具体的一些测试结果。该检测的对比稳泡剂（高档型）为市购，泡沫测定仪采用作者仿制苏联中央工业建筑科学研究院研制的仪器，该测定仪已被行业标准《泡沫混凝土泡沫剂》（JC/T 2199—2013），指定为标准泡沫测定仪器。因为各次检测都有一定的偏差，为了检测数据准确，每项检测均进行 3 次，取平均数。各检测的气温为 15℃，泡沫剂液温为 20℃（因检测结果与当时的气温、水温相关）。检测项目为泡沫沉降距（1h）、泌水率（1h）、泡沫混凝土浆体沉降率（固化后）、发泡倍数等一些常规指标。前三项指标反映的是稳泡性，后一项指标反映的是泡沫剂的发泡能力（发泡量）。

表 5-3 所示是十二烷基苯磺酸钠起泡剂不加本稳泡剂与加入本稳泡剂 5% 的各项性能指标的对比。

表 5-3　十二烷基苯磺酸钠加入新型稳泡剂的性能

新型稳泡剂加量（%）	1h 沉降距（mm）	1h 泌水率（%）
0	56	80
3	30	60

我们知道，十二烷基苯磺酸钠具有高起泡率和低稳定性的特点。其稳定性较差，是影响其应用的主要原因。从表 5-3 可以看出，它的 30 倍稀释液所制泡沫，1h 沉降距高达 56mm（测定仪的泡沫筒高度仅 160mm），沉降了将近 1/3 多。其泡沫 1h 的泌水率也达到了 80%。说明它的稳泡性确实是较差的。而加入 3% 新型复合稳泡剂后，1h 泡沫沉降距由 56mm 减小为 30mm，1h 泡沫泌水率也由 80% 降为 60%，稳泡效果是十分明显的。

为了验证本新型复合稳泡剂的实际应用效果，我们选用了外购的泡沫混凝土企业自产自用的泡沫剂，进行加与不加新型复合稳泡剂的对比试验。其试验结果见表 5-4。

表 5-4　某企业泡沫剂加与不加新型复合稳泡剂性能对比

稳泡剂加量（%）	泡沫 1h 沉降距（mm）	泡沫 1h 泌水率（%）	泡沫混凝土沉降率（%）
0	10	67	5
5	0	48	0

从表 5-4 可以知道，某企业自产自用的泡沫剂总体质量还可以，泡沫 1h 沉降距仅 10mm，泡沫 1h 泌水率略大，为 67%，而泡沫混凝土固化后的沉降率也仅 5%。但是，在加入新型复合稳泡剂后，其稳泡性又大幅提高，泡沫 1h 沉降距为零，泡沫混凝土固化后的沉降率也为零，均不沉降。虽泌水率由 67% 降至 48%，略高一点，但从沉降来看，该泡沫剂在加入稳泡剂后，已由中档泡沫剂变成高档泡沫剂，品质上升了很多。毕竟，目前国内实际应用的泡沫剂，泡沫沉降距为零，泡沫混凝土固化后的沉降率为零，这种情况还不是很多。所以，新型复合稳泡剂完全可以用于泡沫剂的升级使用。

国内某企业的泡沫剂在实际工程应用中，稳泡性优异，适用于大体积浇筑及中高档制品（如自保温砌块）的生产，是行业内卓有声誉的品牌产品。它也是行业内少有的几家高档泡沫剂，价格也是国内最高的几种泡沫剂之一。我们以其稳泡性为对比样，进行了稳泡性对比试验。其试验结果见表5-5。

表5-5　普通泡沫剂加高档复合稳泡剂与某高档泡沫剂稳泡性对比

发泡剂品种	泡沫1h沉降距（mm）	泡沫1h泌水率（%）	泡沫混凝土沉降率（%）
普通中端泡沫剂加新型复合稳泡剂5%	0	51	0
某高档泡沫剂	0	43	1

从表5-5可以看出，加入新型复合稳泡剂5%的某中端泡沫剂的稳泡性，已达到某高档泡沫剂的水平。其泡沫1h沉降距均为零，不沉降，泡沫混凝土沉降率也相差无几。而泌水率，高档泡沫剂也只有微弱的优势，两者相差不是很大。这也说明，一般中档泡沫剂加入5%新型复合稳泡剂，就可以上升到高档泡沫剂的水平。

②适用性强，对各种表面活性剂均有适用性

目前，国内应用最普遍的某品牌稳泡剂，稳泡性虽然较好，但它突出的缺陷是对泡沫剂的主要成分有选择性，对不少阴离子起泡剂不适应，而只适用于少数几个品种，即泡沫剂中如含有某些起泡成分时，它就会降低起泡性。而新型复合稳泡剂没有这种缺陷，对任何一种表面活剂性均有良好适应性，配伍性好，不影响它们的起泡性。

③流动性好、方便使用

新型复合稳泡剂为无色半透明液剂，流动性非常好。加入泡沫剂后，不具有增稠性，不会使泡沫剂成为糊状或膏状，方便搅拌与混合、使用。而国内效果较好的稳泡剂为糊状，对泡沫剂增稠，使泡沫剂混合、搅拌、稀释不方便。

④经济性突出，使用成本低

本新型复合稳泡剂虽然属于高档稳泡剂，但使用成本却较低，约低于其他同等稳泡剂使用成本的20%，具有突出的经济性，不会过高地增加泡沫剂的使用成本。目前，许多企业不使用稳泡剂，主要担心使用成本过高，本产品易于被他们接受。

5.8　泡沫剂中功能外加剂对泡沫稳定的影响

泡沫剂生产中，为了改善或增加泡沫剂某一方面的性能，往往要加入各种功能外加剂。这些功能外加剂也会影响泡沫的稳定性。

（1）溶剂和助溶剂的影响

有些泡沫剂为提高起泡剂的溶解性，加入了一定的溶剂和助溶剂。这些溶剂和助溶剂大多对稳泡有不利的影响，但随其品种不同而影响不同。溶剂的加入，大多有利于起泡，会增大起泡高度，然而稳泡性会受到损害。不过，也有例外，有些溶剂和助溶剂不但不会对稳泡不利，反而会提高稳泡性。由于溶剂的种类很多，具体应通过试验，来确认某一具体溶剂或助溶剂对稳泡的影响。

（2）防沉剂对稳泡性的影响

泡沫剂的各种复合成分密度的差异，会导致配制的成品分层或沉淀，这往往需要加入防沉剂。当其加量较少或合适时，对泡沫会有一定的稳泡性，但当加量较大时，由于泡沫剂黏稠性过大，会影响起泡和稳泡。过稠的泡沫剂所制泡沫含水量大，液膜太厚，排液快，会使泡沫反而不稳。防沉剂种类应合适，并注意控制加量。

（3）促凝成分对稳泡的影响

有的泡沫剂配比中含有水泥促凝、增强的成分。这些成分以无机盐居多。其中，氟盐、钠盐、钙盐等10多种盐类对泡沫的稳定有帮助，而有些有负作用。不同的盐类适应的表面活性剂也不同，不能一概而论。

（4）抗冻成分的对稳泡的影响

北方寒冷及严寒地区，为延长施工期，要求泡沫剂冰点以下（-5℃）不结冰，正常发泡，至少也要-3℃。这样，泡沫剂中要加入那些抗冻成分，降低冰点。这些成分有无机型、有机型。由于有机型使用成本高，目前多使用无机型。这些抗冻成分对稳泡性负面作用多，正作用少，应加强品种选择和用量的控制。

（5）泡沫促进剂对稳泡的影响

这种外加成分虽对起泡有益，可增大起泡量，但对稳泡十分不利。起泡力与稳泡性往往成反比，起泡量越大，泡膜越薄，越易破裂。所以增泡剂不宜用量过大。

6 胶凝材料浆体对泡沫稳定的影响

6.1 无机胶凝材料浆体对泡沫稳定具有重要影响

在制备泡沫混凝土时，会发现如下现象：自然状态下，在空气中十分稳定的泡沫，一进入水泥浆，有相当多的泡沫会失去稳定性，消泡严重。也有相当多的泡沫，反而变得更加稳定，比在空气中存在的时间更长。但是，也有一部分泡沫，原本在空气中十分不稳定，消泡量大且非常快，而一旦进入水泥浆混匀，则变得很稳定，不易消泡，远比在空气中稳定。

这种现象反映出，无机胶凝材料浆体对泡沫的影响十分明显，且非常重要。这种影响应引起泡沫混凝土技术人员足够的重视。

现在，泡沫混凝土行业有不少从业者，只重视泡沫在空气中的稳定性，以泡沫量、泡沫外观（均匀性、细腻性）等指标来衡量泡沫剂的优劣，而不考虑其在水泥浆中的稳定性、成孔质量，以及其对泡沫混凝土凝结性能、成浆性能、泵送适应性等各方面的综合影响。这是十分片面的，有失科学性、客观性、结论正确性，无法客观公正地评价泡沫剂的品质，应尽快地予以纠正，改变这种错误的认识及做法。

事实证明，全面客观地评价泡沫剂的品质即泡沫质量，必须既看其泡沫在空气中的稳定性等性能，更应看其泡沫在无机胶凝材料浆体中的稳定性及其他性能。

空气与水泥等无机胶凝材料相比，其对泡沫的影响相对小一些，而水泥浆等无机胶凝材料浆体，影响要比空气大得多。这是因为，空气是单一物质相（气相），而无机胶凝材料浆体为多物质相（固相、液相、气相），而浆体中的固相成分和形态复杂。所以，它对泡沫的影响就要比空气更为复杂和多变，会产生更多的影响因素。概括来讲，无机胶凝材料浆体对泡沫的影响因素有无机胶凝材料的不同成分的影响（矿物成分、化学成分）、浆体物理性能的影响（无机胶凝材料的形态及粒度、稠度、黏度等）、浆体成分的影响（不同胶凝材料、不同集料、不同掺合料、不同外加剂）、浆体制成工艺的影响（搅拌设备、搅拌工艺、掺拌参数、搅拌水温等）、浆体泵送及浇筑工艺的影响（设备、工艺、泵送距离、浇筑方式、浇筑高度与体积等）。上述各不同因素，对泡沫均会发生不同程度的影响。

下面将浆体对泡沫影响的不同因素，给予详细的介绍。这对正确认识泡沫的影响因素，正确地评价泡沫品质及生产质量，会有一定好处。

6.2 制浆无机胶凝材料成分对泡沫的影响

6.2.1 不同胶凝材料对泡沫的影响

可以说，在任何一种胶凝材料浆体中，泡沫都会表现出与在空气中差别很大的变化。

而且在不同胶凝材料中，同一种泡沫剂制备的泡沫，也会显示出不同的状态。在一种胶凝材料浆体中，稳定性及成孔性均十分优异，但在另一种胶凝材料浆体中，它会表现得不怎么好，稳定性下降，成孔较差、开孔率高，连通孔多。而在第三种胶凝材料浆体中，它还会表现得更差，不仅稳定性完全失去，成孔性也十分差，大量形成连通孔。当然，也有一些泡沫剂所制泡沫，在大多数胶凝材料浆体中都表现较好，只有一些不大的差别，具有广谱性。

作者曾用5种胶凝材料对同一种泡沫剂进行过测试、观察这些胶凝材料浆体对泡沫剂的不同影响。测试采用在空气中稳泡性较为优异的328型复合泡沫剂（自制）。该泡沫剂在空气中性能稳定，其1h沉降距为零，泌水量仅80mL。将其所制泡沫加入不同的胶凝材料净浆中，加泡量相同，胶凝材料净浆体积相同，但混泡后，所制泡沫混凝土浆体的体积却大不相同。这说明，泡沫进入不同胶凝材料浆体后，消泡的程度不同。泡沫混凝土体积大的，说明消泡较少，泡沫受浆体影响小。而泡沫混凝土浆体的体积小的，则说明消泡较多，胶凝材料对泡沫的影响较大。测试所用的泡沫均为0.7L、胶凝材料净浆均为0.7L。测试结果见表6-1。

表6-1　328型泡沫与不同胶凝材料混合的成浆体积（L）

普通硅酸盐水泥	镁水泥	建筑石膏	高岭土地聚物	硫铝酸盐熟料
0.94	0.90	0.85	1.05	0.98

从表6-1可以看出，高岭土地聚物对泡沫影响最小，仅消泡0.05L，其次为硫铝酸盐水泥熟料，其对泡沫影响也较小，仅消泡0.12L，镁水泥消泡0.2L，普通硅酸盐水泥消泡0.16L，建筑石膏消泡0.25L。这说明建筑石膏对328型泡沫剂适应性最差、影响最大。概括来讲，对328型泡沫剂影响，负面影响（消泡）按自大至小排列，依次为建筑石膏＞镁水泥＞普通硅酸盐水泥＞硫铝酸盐水泥熟料＞高岭土地聚物。当然，这不是一个十分精确的对比，因为，在泡沫混合过程中，搅拌器的摩擦力也会造成一定的摩擦消泡。但抛开这一相同因素，也可在一定程度上反映出不同胶凝材料对泡沫稳定性的影响。

胶凝材料对不同泡沫剂的影响是不同的。在空气中不是很稳定的泡沫，有些品种在胶凝材料中的表现却较好，但也并不是在所有胶凝材料中表现都好。作者为进一步探讨不同泡沫剂对胶凝材料的适应性，进一步对比观察胶凝材料对不同泡沫剂的影响，又选用了在空气中稳定性较差的245型泡沫剂（自制）进行测试。245型泡沫剂在空气中测定，其1h沉降距高达60mm，泌水量356mL，稳定性比前面所测定的328型差多了。取该泡沫剂所制泡沫0.7L，胶凝材料净浆均为0.7L，两者混合2min，成为均匀的泡沫混凝土浆体。测定泡沫混凝土浆体体积。不同胶凝材料净浆（配比相同）各测一次，其结果见表6-2。测试表明，总体来看，245型泡沫剂在胶凝材料浆体中大多表现较好，远比在空气中稳定。但各种胶凝材料的影响显然也不相同。镁水泥的影响最大，消泡最多，泡沫混凝土浆体的体积最小。最出色的是硫铝酸盐熟料，其泡沫混凝土体积最大，泡沫略有消失（估计是搅拌因素），若抛开搅拌混合的消泡因素（约5%），泡沫基本不消失。这可以视为，硫铝酸盐熟料对245型泡沫剂的影响微乎其微，可视作接近于零。

表 6-2　245 型泡沫与不同胶凝材料混合的成浆体积（L）

普通硅酸盐水泥	镁水泥	建筑石膏	高岭土地聚物	硫铝酸盐熟料
0.93	0.81	0.96	0.98	1.04

6.2.2　无机胶凝材料复杂成分是其影响泡沫稳定的主要原因

根据 6.2.1 节的测试可知，胶凝材料对泡沫的影响很大，尤其是对其稳定性的影响。造成这些影响的主要原因是胶凝材料复杂的成分。上述泡沫混凝土测试浆，均没有添加任何外加剂及掺合料，除了胶凝材料、水、泡沫，没有其他成分，水也使用的是纯净水，所以，发挥影响的，主要是胶凝材料的成分。

目前，常用于泡沫混凝土的胶凝材料有 20 多种，通用水泥 7 种，特种水泥 2 种（快硬硫铝酸盐水泥和复合硫铝酸盐水泥）、镁水泥 2 种（氯氧镁水泥和硫氧镁水泥）、建筑石膏 3 种（建筑石膏、脱硫石膏、磷石膏）、地聚物 9 种（聚硅氧化合物和聚硅酸、低聚硅酸盐、高岭土/水化方钠石、偏高岭土 MK-370、钙基地聚物、岩石基地聚物、二氧化硅基地聚物、粉煤灰地聚物、磷酸盐基地聚物）。

上述 5 类 23 种无机胶凝材料均可用于泡沫混凝土的胶凝组分，而它们的主要成分有很大不同。如硅酸盐类 7 大通用水泥的主要成分是以硅酸钙为主的水泥熟料，活性掺合料、石膏、石灰石粉等。硫铝酸盐类特种水泥则是以硅酸钙和硫铝酸钙为主的熟料，活性掺合料、石膏等。镁水泥则是以氧化镁与氯化镁（或硫酸镁）为主的活性物质，没有掺合料的石膏。建筑石膏的主要成分则是半水石膏 $\left(CaSO_4 \cdot \dfrac{1}{2} H_2O \right)$。地聚物的成分更为复杂，随所用原料不同（或高岭土、或粉煤灰、或矿渣、或硅石粉、或稻壳灰、或磷酸盐等）其配套激发成分不同（或盐、或碱、或盐加碱）。正是因为各胶凝材料的成分有极大的差异，任何一种泡沫剂都很难适应所有胶凝材料。因此，不同成分的胶凝材料对泡沫的影响肯定是各不相同的。这些成分的影响主要表现在泡沫加入胶凝材料浆体的凝结阶段，尤其是初凝阶段。在凝结后期，泡沫基本消失，变为胶凝材料所形成的气孔，胶凝材料的成分对其已经不存在影响。

胶凝材料成分对泡沫的影响主要有以下几个方面：

① 酸碱度的影响。不同材料的酸碱度不同。胶凝材料成分不同，酸碱度也有较大差异，有的偏碱，有的呈酸，且含碱、含酸量也大不相同。例如，石膏为中性，通用水泥为碱性，地聚物因加强碱多呈高碱性。同属一类的也不同，例如，普通建筑石膏多呈中性，而磷石膏呈酸性。在水泥中，各品种虽多呈碱性，但碱含量的高低并不同，普通硅酸盐水泥碱性较高，粉煤灰硅酸盐水泥的碱性就较低，而低碱性硫铝酸盐水泥碱性更低。同样地，地泡沫剂品种不同，其酸碱度也不同。有些偏碱（如松香皂），有些偏酸（如添加有大量乳酸的泡沫剂）。如此复杂的情况，要想让一种泡沫剂去适应酸碱度不同的胶凝材料那是不可能的。有些泡沫剂偏碱性，它更适应偏碱性的水泥，而对偏酸性的水泥适应性就不好。同样地，适应偏酸性的泡沫剂，适应偏碱性的胶凝材料就不好。其适应度决定泡沫的稳定度。反过来，泡沫在各种胶凝材料浆体里的稳定度，也直接反映出它对某种胶凝材料的适应性。

② 水化速度的影响。应该说，各种材料的胶凝水化速度，对泡沫剂的影响，在各种因素中最为显著。其水化速度越快，生成的水化产物越多，泡沫就越稳定。因为，水化产物晶体可以附着在泡壁上，对泡壁起到加固作用。其水化产物越多，产生得越早，对泡壁的加固作用就越强，泡沫越稳定。反之，如胶凝材料水化速度较慢，长时间不能水化，尤其是在泡沫进入水泥浆的 30min 内，水化程度差，迟迟不能产生大量水化产物，泡沫壁得不到加固，就会因破泡而使泡沫消失。在各种胶凝材料中，水化速度较快的快硬硫铝酸盐水泥、双快硅酸盐水泥、铁铝酸盐水泥，对泡沫的稳定都有极好的表现。正是因为它们的水化生成物能够在很短的时间内大量产生，对泡壁的加固作用较强；相反，水化速度较慢的粉煤灰硅酸盐水泥，稳泡性就较差。

初凝时间及终凝时间，可直接反映各种胶凝材料的水化速度。初凝和终凝时间越短，其水化速度越快。其中，初凝时间对泡沫稳定性影响最大。初凝时间过长的胶凝材料，往往对泡沫的适应性较差，不适用于泡沫混凝土。因为，泡沫在水泥浆内的稳定存在时间大多为 30~60min，如果这一时间段胶凝材料还不能初凝，泡沫就很难继续稳定存在，破泡很容易发生。而 30~60min 这一时间段，正好是胶凝材料（大多数）的初凝时间。而决定其凝结时间的，是胶凝材料主要成分的水化速度。

③ 胶凝材料成分对泡沫液膜电性的影响

泡沫液膜保持电荷相同的双电层结构（液膜的两个表面带有相同的电荷），是液膜能够稳定存在前提条件。一旦这种电荷结构被破坏，泡沫的液膜就会破坏而造成气泡的消失。所以，胶凝材料的成分，必须有利于使气泡液膜保持这种双电荷结构。但由于胶凝材料的成分复杂而各不相同，有的成分不利于气泡液膜保持双电层结构，会使之发生改变，使其双电层结构遭到破坏，导致气泡破裂，造成消泡。也有些胶凝材料的成分，并不会影响气泡液膜的双电层结构，能够使之继续保持稳定存在，也就不会造成气泡的破坏。

6.2.3 无机胶凝材料外加剂对泡沫稳定的影响

大多数无机胶凝材料，都含有外加剂成分。如水泥都含有助磨剂。镁水泥则都含有氯化镁（或硫酸镁）。化学石膏都含有诸如磷酸、柠檬酸等有害成分。地聚物为双组分，都添加有碱性物质。如此等等，说明胶凝材料除本身的成分外，还有一些外加成分。在有些情况下，这些外加剂也会对泡沫稳定性产生重要的影响。当然，这些影响，有些是正面的，但也有负面的。有些负面影响程度还是很大的。例如，通用型硅酸盐类水泥，其添加的助磨剂就会对泡沫产生不小的影响。助磨剂现在已推广使用的就有 100 多种，其成分千差万别，并不相同。有些是有机的（如醇胺类），有些是无机的（如复合无机盐），有些则是有无机复合的（如三乙醇胺与无机盐）。各水泥厂选用的助磨剂各不相同，就是同一个水泥厂，其助磨剂也难以永久性地使用同一种助磨剂。这就大大增加了水泥成分的复杂性。同样地，地聚物也是如此，它们在粉磨时也使用助磨剂，而且使用碱类物质作为激发组分。碱类物质也非常多，且可复合使用也使地聚物的成分极其复杂。

无机胶凝材料胶凝组分与外加组分的双重复杂性加大了它对泡沫影响的差异性，使我们很难对这种影响得到一致的评判和结论。这一切，极大地妨碍了胶凝材料对泡沫影响性的正确把握，这必然只能通过具体的试验才能得出正确的结论。也就是说，胶凝材料成分的复杂性，使其对泡沫的影响具有很大的不确定性和不可预知性。

6.3 配合水对泡沫稳定的影响

制备泡沫混凝土的无机胶凝材料浆体，是多组分的，并非只有胶凝材料。除胶凝材料之外，还有辅料（水）、掺合料（活性、惰性）、集料（有机、无机）、外加剂（稳泡剂、增强剂、促凝剂、缓凝剂和改性剂等）。简单的配合比，其配合料也有 3 ~ 4 种，复杂的配合比，其配合料会有 10 多种。而这些配合料，不论哪一种，或多或少都会对泡沫的稳定性产生一定的影响（正面的、负面的）。那么，如此复杂的配合比，就不单单要考虑无机胶凝材料本身对泡沫的影响，而且要考虑每一种配合料的加入对泡沫产生的影响。也可以这样说，有些配合料对泡沫的影响甚至会超过胶凝材料对泡沫的影响。

下面，首先将浆体中所用配合水可能会对泡沫产生的影响进行分析。

6.3.1 配合水成分对泡沫稳定的影响

配合水的影响最容易被人忽视。配料时，很多人只看重它的配比量，很少关注它的成分对泡沫的影响。因为人们认为它成分单一，最简单。但事实并非如此。

现在，泡沫混凝土生产用的配合水，大多是自来水，少数为天然水（如井水、河水、湖水、回收净化水）。但是，不管何种水，都不是纯净水。实验室可以采用纯净水配料，在现实生产中，使用纯净水是很难做到的。这些水可以分为两大类：人工净化水（自来水、回收净化水）和天然水（井水、河水、湖水等）。这两大类水都含有各种其他成分。

人工净化水（包括自来水），都在净化时加入大量的净化剂和杀菌剂。一般加入的净化剂有硫酸铝、硫酸铝钾、硫酸铁、氯化铁、四氯化钛、聚合氯化铝等，自来水还加有杀菌剂次氯酸钠（漂白粉）、二氯化氯等。有时，还会加入絮凝沉淀剂聚丙烯酰胺等。这些成分，虽然对人不会造成伤害，但不等于它对泡沫不产生影响。现在，各地净水厂所选用的净水剂、杀菌剂、絮凝剂不同，对泡沫的影响也不同。但由于它们的含量较微，一般的影响不明显，但不等于没有。泡沫不可能适应所有的净水剂、杀菌剂、絮凝剂。

天然水，一般含有各种矿物质、有害污染杂质。它对泡沫的影响要明显大于人工处理的水。

在配合水的诸多因素中，水的硬度对泡沫稳定的影响最大，应重点关注。泡沫剂的起泡成分（表面活性剂），有的耐硬水，但也有很多不耐硬水，所以，泡沫剂对水的硬度较敏感。各地区的天然水，其由于地质条件不同，其硬度有一定的差别。尤其在一些沿海高盐碱地区及内陆干旱地区，水中溶入的矿物质较大，水多呈较大的硬度。这些高硬度水质地区，若水没有进行人工处理、就用来稀释泡沫剂和拌和胶凝材料，那些不耐硬水的泡沫剂，产泡量及泡沫稳定性就会受到不良影响，产泡量降低，泡沫稳定性下降。

另外，水中的污染物也对泡沫稳定产生影响。目前，各地水质较差，污染严重。由于工业污染或生产废水排放的影响，靠近矿区、工业区、生活区的地方，天然水就会被污染，混入大量的污染物（包括有机质和无机质）。目前，除了城市地区，其他地区还无法对污染水全部进行污染处理，还有相当多的地区没有建设污水净化厂。那么，在这些地方，用不同程度污染的天然水进行胶凝材料拌和和稀释泡沫剂，水中的有害的成分，就会破坏泡沫剂的起泡稳泡性能。水体污染越严重，这种不良影响就越大。所以，在这些地区生产泡沫混凝土，就要充分考虑水的污染状况及对泡沫剂的影响。在不得不使用污染水的时候，一定要进行事前试验，并采取必要的对策，如自行配备净水器。

6.3.2 料浆水灰比对泡沫稳定的影响

现在，泡沫混凝土企业在进行工程施工或生产制品时，水灰比控制不严格，比较随意，水灰比控制范围较大，从 0.35 到 0.80 均有。他们控制水灰比，多考虑的是其浇筑时的流动性，或者考虑的是强度，而很少考虑水灰比对泡沫稳定的影响。实际上，水灰比对泡沫稳定性影响也是很大的。

（1）低水灰比不利于泡沫的稳定

一些企业为了保证产品的强度，采用过低的水灰比。但更多的企业是为了在进行钢网模墙体施工时或其他易渗漏浆体工程施工时，降低浆体从网孔里或其缝隙里漏浆，采用很低的水灰比。目前，已知低水灰比，已控制在 0.35 左右。

这样做，对强度或浆体渗漏的控制，确实有好处。但是对泡沫的稳定极其不利。因为，低水灰比时，浆体流动性差，摩擦力大，浆体的水灰比越低，摩擦力越大。而摩擦力会使泡壁破裂，导致消泡。当水灰比低至 0.35 ~ 0.38 时，泡沫破灭率达到 30% 以上，低性能的泡沫剂所制出的泡沫，破灭率甚至可达 50% 以上。所以，料浆的水灰比不能控制过低，应该兼顾泡沫混凝土的强度、流动性、泡沫稳定性。

（2）高水灰比有利于泡沫的稳定

水灰比越大，料浆的流动性越好，物料之间的摩擦力越小，摩擦力对泡沫的损伤也越小，泡沫越稳定。总的来讲，高水灰比有利于泡沫的稳定，但并不是一个绝对的结论。因为，当水灰比过大时，会影响料浆的浓度，使水泥的水化速度变慢，水泥浆长时间不凝结，泡沫支撑不了那么长的时间，引起排液失水或承受不了浆体自重压力，反而会引起泡沫破灭而塌模。所以，高水灰比也应该有一个控制极限，不可无限地拉高。其最高水灰比，应该是泡沫的稳定存在的时间，大于浆体的初凝时间。过分强调高水灰比，也是一种错误的做法。另外，高水灰比会使气泡合并，泡径变大，不利于孔径的细微化。

（3）合适的水灰比

不考虑漏浆、强度，单从泡沫稳定的角度考虑，有关研究人员发现，水灰比以 0.5 为最佳，在 0.4 ~ 0.6 较好。但如此高的水灰比，会降低产品强度，为此，在采取高水灰比时，应加入促凝剂，而且要足量，还要配比一定量的减水剂。

6.4 掺合料对泡沫稳定的影响

为了降低泡沫混凝土的成本、提高泡沫混凝土的绿色化程度，或为一些特殊的需要，现在各地在泡沫混凝土的配合料中，都或多或少地加入一些掺合料（包括活性掺合料和非活性掺合料）。有些掺量还不小（大于 30%），而且不止是一种，有时还会多种复掺。这些掺合料或大或小也会给泡沫造成一定的影响。这些影响有正面的有利影响，也有负面的不利影响。现对这些影响分析如下：

6.4.1 细度的影响

掺合料的细度对泡沫稳定性的影响较明显。当掺合料的粒度为纳米级时,稳泡作用最好,$40\mu m$以下时也有较好的稳泡性能。但当掺合料的粒径大于$40\mu m$时,稳泡作用较差,甚至没有稳泡性。粒径越大,对稳泡越不利,当粒径大于$100\mu m$时,反而对稳泡有负作用。这是因为,超细粉体(纳米级或$10\mu m$以下)的细小微粒由于粒径小,质量小,容易被气泡壁吸附,在气泡表面形成一个吸附层,对气泡壁起到加固(加厚)作用,提高了气泡壁的抵抗外力的性能。但如果掺合料的粒径过大,气泡壁就难以将其吸附,它就无法加固气泡壁。当其粒径过大时,由于重力作用,会在浆体中下沉,加大浆体下部的密度,把浆体下部(尤其是底部)的气泡压破,造成浆体下沉(塌模)。所以,掺合料越细,对泡沫越有利;越粗,对泡沫越不利。所以,超细掺合料的使用,对泡沫混凝土是很好的。

6.4.2 密度的影响

掺合料不同,其堆积密度也不同。其松散堆积密度的大小,间接地反映出其颗粒的孔隙度。其松散堆积密度越小,粉体就越轻,其颗粒的孔隙率就越大。颗粒的孔隙率(尤其是开口孔隙率)越大,对泡沫的稳定性越不利。当掺合料密度很低时,说明其颗粒的内部孔隙很多。当这些孔隙多呈开口时,其吸水率就会很高。当泡沫进入泡沫混凝土浆体时,由于掺合料开孔的吸水作用,一部分气泡的水膜就会因为掺合料的吸水作用而变薄并破裂,从而造成消泡。试验表明,当泡沫混凝土的浆体内掺有硅灰时,消泡率就较高,硅灰造成了一定的消泡。而当掺入粉煤灰时,这种消泡作用不明显。两者的主要区别,就在于两者的松散堆积密度不同,硅灰的松散堆积密度要比粉煤灰的低得多。

6.4.3 活性的影响

掺合料的活性与泡沫也有一定的关系。活性越高,其水化越快,水化程度越高,水化产物越多,特别是高活性掺合料,对泡沫的稳定有很大的好处。一是活性高,水化快,水化产物易使浆体变稠,其水化晶体吸附于气泡壁上,易于加固稳定泡沫。二是活性高,泡沫混凝土浆体凝结时间短,在气泡破坏之前,浆体已凝结,气泡已经被水化产物的凝结层取代气泡壁而获得固定,避免了气泡在凝结前破灭。所以泡沫混凝土适合加入高活性掺合料,如矿渣微粉、磷渣微粉、磨细Ⅰ级粉煤灰、高细煅烧高岭土、超细烧黏土等。

如果掺合料活性差或是惰性的,则对泡沫的稳定不利。因为它们的水化产物较少,水化慢,不能对泡沫产生固定作用。一般惰性掺合料发挥的是微集料效应,而不是活性效应。只有当惰性掺合料为超细时,才有微集料稳泡效应。一般的惰性掺合料(粒径大于$40\mu m$),对泡沫只有负作用。

6.4.4 加量的影响

掺合料的加量对泡沫的稳定也有影响。即使是高活性的掺合料,也不能加量过大,惰性掺合料更不得多加。经验证明,掺合料加量越大,对泡沫的稳定越不利。因为,掺合料加量越大,泡沫混凝土水化产物越少,凝结越慢,浆体的固泡作用越差,泡沫会在浆体终凝前破裂消失。掺合料一般不如胶凝材料的活性高。即使高活性掺合料,其水化速度、水化产物、水化产热，均不如胶凝材料。当其掺量过大时，胶凝材料的用量就下降，水化产物的总量、水化热的总量均会大量降低，不利于浆体的稠化凝结，浆体的固泡作用远不如纯胶凝材料浆体。所以，从稳泡角度考虑，应该控制掺合料的加量，尤其是低活性和惰性掺合料的加量。在一般情况下，如果不造成对泡沫的负面影响，高活性掺合料不宜大于30%，低活性掺合料不宜大于10%，惰性掺合料不宜大于5%。大掺量时，应配合加入激发剂等。

6.4.5 掺合料品种的影响

掺合料的品种很多，常用的也有好几种，如粉煤灰、矿渣微粉、钢渣微粉、硅灰、石灰石粉、石英微粉等。由于这些微粉物理化学性能不同，它们对泡沫的影响也不同。作者在实践和实验中发现，这几种掺合料对泡沫的影响如下：

Ⅰ级粉煤灰磨细至比表面积 $400 \sim 600m^2/kg$，对泡沫在合理的掺量（小于胶凝材料的20%）下对泡沫有较好的稳定作用，是上述几种掺合料中效果最好的，其次为Ⅱ级粉煤灰。Ⅲ级粉煤灰负面作用较大，不能使用。因为粉煤灰质轻，活性又高，粒度又细微，容易被气泡壁吸附，产生微集料对泡壁的加固效应，又有较好的水化活性，对胶凝材料浆体的凝结时间影响较小。

矿渣微粉在合理掺量下（小于水泥等胶凝材料的30%），对泡沫也有较好的影响，不会造成消泡，其微集料效应也有利稳泡。其活性高于粉煤灰，对浆体的凝结时间影响更小一些。但由于它不如粉煤灰质轻（粉煤灰堆积密度为 $700 \sim 800kg/m^3$，矿渣微粉堆积密度为 $1200 \sim 1400kg/m^3$），所以在同等细度时，它的微集料效应不如粉煤灰，稳泡作用比粉煤灰略差一些。

磷渣的特点是密度略大，活性高（活性指数大于粉煤灰掺合料），密度大，同等粒度，其微粒不易被泡沫吸附，更易在浆体中下沉，对浆体浇筑后的下部泡沫不利。但由于它活性高，水化中又有水化产物产出，对浆体凝结时间的不利影响更小，所以有利于稳定泡沫。正、负作用相抵，当其粒度更小，磨得更细时（比表面积大于 $400m^2/kg$），对泡沫的稳定也是有益的。但总体来讲，它用于泡沫混凝土，从泡沫稳定作用讲，它不如粉煤灰和矿渣微粉。

硅灰的特点是高活性、高轻质，颗粒内部的孔隙度高，吸水性强，需水量大。在上述几种掺合料中，它的活性最高，堆积密度最小，轻质性最为突出。其颗粒的孔隙率很高，且多开孔，这也导致它的需水比较多，吸水性较高。它的这些特点，使它在泡沫混凝土的使用中具有两面性。一方面，从改善泡沫混凝土力学性能的角度考虑，它的水化产物多，水化快，增强效果好，促凝明显，可缩短泡沫混凝土浆体的凝结时间。但另一方面，它对泡沫的不利影响较突出。经实践证明，凡添加有硅灰的泡沫混凝土浆体，泡沫的损失较大。说明它具有破泡消泡的作用。产生这种负作用，估计是它的颗粒孔隙造成的。这些吸水作用使它大量吸取泡沫的水分，使气泡壁变薄，从而破灭。虽然硅灰具有促凝稳泡的正作用，但它的消泡负作用远大于其正作用。因此，不建议硅灰作为超细掺合料用于泡沫混凝土。若从增强作用讲，必须使用硅灰时，应充分考虑它对泡沫的不利影响，并采取必要的补救措施。

在活性掺合料中，常用的品种还有冶炼铜渣微粉、冶炼钢渣微粉等金属与非金属冶炼渣，它们的性能与使用特点，与矿渣微粉相类似，由于它们的使用不广泛，这里不再细述。

石灰石微粉和石英微粉，均属于非活性重质微粉。它们共同的特点是不具备活性，质重。它们目前在泡沫混凝土中应用较少，只在作为填充微集料时少量应用，发挥的是微集料效应。由于它们没有活性，又质重易沉淀，使浆体分层，又延长浆体的凝结时间，对泡沫的负作用较大，易造成破泡，所以，不建议采用这类非活性重质微粉。

6.5　集料对泡沫稳定的影响

泡沫混凝土现在大多加有集料。如在生产泡沫混凝土自保温砌块时加有陶粒、细砂。在现浇模网墙体时加有聚苯颗粒、在浇筑地面垫层时加有再生泡沫聚氨酯颗粒，而在生产墙板时加有浮石、珍珠岩、玻化微珠、炉渣等。这些集料对泡沫的稳定都有或多或少的影响，有正面的影响，也有负面的影响。下面对这些方面进行一些分析。

6.5.1　集料密度的影响

在集料对泡沫的诸多影响中，密度的影响最大。

用于泡沫混凝土的集料，有重集料，也有轻集料。同是轻集料，其密度也相差很大。如浮石的堆积密度达到 $450kg/m^3$，而聚苯颗粒仅 $8 \sim 25kg/m^3$。这些不同密度的集料，对泡沫的影响各不相同。

（1）轻集料有利于泡沫稳定

泡沫混凝土加入轻集料对泡沫稳定有利。因为，轻集料有一定的漂浮性，可以抵消一部分固体颗粒的下沉，降低浆体自重，减少浆体对泡沫的压力。浆体自重对泡沫有一定的挤压力。其自重越大，挤压力越大，泡沫承受不了浆体长时间的挤压力，就会破灭。显然，轻集料可以降低浆体自重，是有利于保护泡沫的。

但并非所有的轻集料都有利于泡沫稳定。通常，人们把堆积密度小于 $1000kg/m^3$ 的集料称为轻集料，但也有人把堆积密度小于 $1200kg/m^3$ 的集料称为轻集料。目前，尚无轻集料的统一概念。我们认为，凡是可以浮于泡沫混凝土浆体中而不下沉的集料，可以称为泡沫混凝土适用的轻集料，对泡沫稳定有利。凡不能浮于泡沫混凝土浆体中，在浆体中下沉，均不能作为泡沫混凝土轻集料使用，它们对泡沫稳定不利。

从泡沫稳定的角度考虑，轻集料堆积密度越小，泡沫越稳定。泡沫混凝土最适用的是超轻集料，其堆积密度应不大于 $300kg/m^3$。对于密度较大的泡沫混凝土，轻集料的堆积密度也不要大于 $700kg/m^3$。这样，才对泡沫稳定有利。

（2）重集料不利于泡沫稳定

重集料一般指砂子和碎石。碎石在泡沫混凝土中基本没有应用。细砂，在泡沫混凝土中却得到应用。而砂子的使用，对泡沫稳定是不利的。因为，砂子的密度太大，在泡沫混凝土浆体中下沉，而且下沉速度很快，粒度越大，下沉越快。砂子下沉后，把下部的气泡压破，导致消泡和浆体沉陷。所以，砂子的加入虽有利于泡沫混凝土强度的提高，但不利于泡沫稳定。如果不得不用砂子，应有配套的防沉技术措施，并使用高稳定泡沫剂。

6.5.2　集料外形的影响

除了集料的密度，集料的外形，也影响泡沫的稳定。不同外形会有不同的影响作用。

（1）圆滑外形的有利影响

集料的形状如果是比较圆滑的，就会对泡沫的稳定产生积极的作用，有利于稳泡。因为圆滑的形状，对泡沫是面接触，在搅拌机混泡及泡沫混凝土料浆泵送时，其集料与泡沫的摩擦力较小，不会伤及泡沫，泡沫不易破灭，泡沫的完整性得到保护。这类轻集料的典型代表品种是圆球形聚苯颗粒，其次是玻璃微珠、玻化微珠、粉煤灰漂珠等。这些轻集料的外形浑圆，近似球形，且表面比较光滑，又轻又圆，是最有利于泡沫稳定的轻集料。尤其是圆球形聚苯颗粒，应为泡沫混凝土的首选轻集料。另外，球形陶粒与陶砂，也是较好的适用轻集料。

（2）棱角分明外形的不利影响

有些轻集料外形不圆滑，而且棱角分明，或者比较粗糙。如粉碎浮石颗粒、膨胀珍珠岩、膨胀蛭石、粉碎性再生泡沫硬质聚氨酯颗粒及酚醛泡沫颗粒等。这些轻集料的外形由于粗糙不平或有棱角，在和泡沫混合时或浆体泵送时，泡沫与轻集料之间的摩擦力比较大，薄薄的泡沫液膜在摩擦力下就会破灭，或者合并形成大泡，从而不利于泡沫的稳定。柱状陶粒或陶砂，也有这种特征。据测定，这些轻集料随不同的品种，在混泡及浆体泵送浇筑过程中，泡沫损失率会达到10%～30%，甚至更高。

6.5.3　集料孔结构的影响

轻集料之所以轻质，是因为它有大量的孔隙。这些孔隙具有不同的结构形态，因而也具有对泡沫不同的影响。

（1）开孔结构对泡沫的消泡作用

轻集料的一个显著特征，是多孔隙。正是因为它们是多孔材料，才会轻质化。其孔隙形成了它的许多特性，而这些特性与孔结构有很大的关系。

目前的轻集料有两种孔结构：一种是开孔结构；另一种是闭孔结构。其中，开孔结构对泡沫的影响较大，因为这会引起消泡。

开孔结构的轻集料，由于孔隙开放，水会进入孔隙，直到把孔隙充满。这样，就会导致轻集料大量吸水。其中，口小肚大的孔隙，吸水极慢，要数十分钟或数小时才可把水吸满。如陶粒，就吸水较慢。这样，在泡沫混凝土生产中，轻集料在搅拌时，并不能立即吸饱水，因为搅拌短短的几分钟，很难让它把水吸饱，而是在浇筑成型后仍慢慢吸水。这样，泡沫液膜的水就会被轻集料吸收，使泡壁变薄而消泡。我们可以发现，开孔结构轻集料的加入，使泡沫破坏而消泡。加之目前绝大多数轻集料在使用前均不预湿，其吸水量更大，对泡沫的破坏性也更大。轻集料在使用前预湿，可以在一定程度上减小它对泡沫的消泡危害。需要预湿的轻集料如膨胀珍珠岩、膨胀蛭石、浮石颗粒、陶粒、陶砂等。其他轻集料预湿处理，也有利于对泡沫的保护。

（2）闭孔结构对泡沫的有利作用

虽然开孔轻集料较多，但也有部分轻集料是闭孔的。如聚苯颗粒、闭孔玻璃微珠等。

当然，它们也并非100%全闭孔，但基本以闭孔为主。

闭孔结构的轻集料，对泡沫显然是非常有利的。因为它们不吸水，或吸水很少。在与泡沫接触时，它们不会吸取泡沫液膜的水分，对泡沫的破坏较小，或基本不会引起消泡。这方面，聚苯颗粒表现最为优异，它不但闭孔，而且憎水性强，对泡沫最为有利。所以，从泡沫稳定来考虑，我们应优选聚苯颗粒作为轻集料。但由于闭孔轻集料表面比较干燥，表面在与水接触后，仍会有少量吸水以润湿。所以，即使是聚苯颗粒，也要先于泡沫加入，等它表面被浆体润湿后，再加入泡沫。现在，很多企业是先加泡沫，后加聚苯颗粒。这种做法是错误的，会造成表面吸水而有一定的消泡。

不管是开孔轻集料，还是闭孔轻集料，预湿处理后再加入搅拌机与泡沫混合，才是轻集料最科学的使用方法，有利于对泡沫的保护。

6.6 泡沫混凝土配合比中外加剂对泡沫的影响

泡沫混凝土中经常会添加各种外加剂，以增强各种功能。经常添加的外加剂有促凝剂、减水剂、黏稠度调节剂等。这些外加剂对泡沫也有一定的影响。

6.6.1 促凝剂的影响

促凝剂是泡沫混凝土最常用的外加剂。由于泡沫剂一般都有缓凝作用，加上泡沫混凝土的水灰比又较大，所以，浆体的凝结比较缓慢。为了加速凝结硬化，促凝剂就经常添加。

促凝剂的添加，对泡沫有稳定作用，基本上没有负面的影响。因为，促凝剂可以加快水泥等胶凝材料的水化，促进水化反应加快生成水化产物。这些水化产物结晶，会吸附于泡沫的液膜上，对液膜进行加厚。水化反应进行得越快，水化反应产物在液膜上的吸附层形成得也越快，液膜的加固作用越强。当浆体终凝后，水化产物吸附层凝结，基本上取代了泡沫的液膜，形成了坚固的固态气孔壁，水化反应进行得越快，这一转换过程越短。所以，促凝剂在稳定泡沫，促进液膜向气孔壁的转变，起着重要的作用。

一般情况下，促凝剂加量越大，稳定泡沫的作用越强。但若促凝剂加量过小，稳泡作用不明显。要想使促凝剂产生防止消泡塌模的效果，其加量应达到使浆体的初凝时间短于泡沫的稳定时间。也就是在泡沫破灭前，就使浆体初凝，用水化产物固定泡沫。促凝剂不同，其合适加量也不同。但加量过大，也会产生不利影响。

促凝剂品种很多，促凝效果也不同，所以稳泡效果也有较大的差别。这可以通过调节其加量来解决，促凝效果不好的促凝剂品种，只要加大加量，同样可很好地稳泡。

6.6.2 减水剂的影响

减水剂是混凝土中应用量最大的外加剂品种。在泡沫混凝土中，它也是最常用的外加剂。减水剂对泡沫的稳定，发挥的大多是有利影响。其有利影响：一是气泡分散作用；二是降低浆体阻力的作用。

（1）气泡分散作用

前面已经进过，气泡越均匀，泡沫越稳定。大小气泡不均匀，就会使小气泡先破灭，把气体排向大气泡，而把大气泡也胀破，最终使大小气泡先后都破灭。所以，气泡分散度好、大小均匀，有利泡沫的稳定。而减水剂，可以把气泡分散得大小一致，增加其均匀性，也就间接提高了它的稳定性。

减水剂又称分散剂。它具有强烈的分散作用。这不但对固体物料如此，而且对泡沫也如此。在加入减水剂以后，泡沫被分散，大泡被分散为小泡，这样，泡沫均成为均匀一致的小泡，提高了泡沫稳定性。

（2）润滑流动作用

减水剂的加入，可以大幅提高泡沫混凝土浆体的流动性，使浆体的润滑性提高，其流动阻力减小。所以，减水剂又称为"破阻剂"。浆体的阻力来自物料间固体颗粒的相互摩擦作用。在摩擦作用力下，浆体流动性变差，阻力变大。这些摩擦和阻力，均会促使泡沫破坏。气泡的液膜是很薄的，抵抗外力的作用较差，摩擦力稍大，就会把气泡壁破坏，从而造成消泡。而减水剂可以有效地降低浆体的摩擦力，克服其流动阻力，提高其流动性。浆体摩擦力及阻力的降低，无疑会使气泡得到保护，也就等于提高了它的稳定性。减水剂的加入，一般泡沫破灭率至少可以降低5%。所以，其稳泡作用还是比较明显的。

6.6.3 黏度及稠度调节剂的影响

泡沫混凝土加入黏度调节剂，本来是为了防止泌水，提高水泥浆与轻集料的结合力。而稠度调节剂用于保水，并提高轻集料在浆体内的悬浮力，防止集料下沉或漂浮。

这两种外加剂虽然不是为了稳泡而加入，但是，它们对泡沫都有一定的影响。这一影响有正面的，也有负面的。

（1）黏度调节剂的影响

前面曾经介绍，泡沫的稳定有赖于泡沫液黏度的增加。因为，黏性物质可以提高液膜的韧性。在一定的黏度范围内，黏度增大，气泡液膜的坚韧性提高。稳泡物质之一类，也大多是泡沫剂中添加了高黏性物质。例如，小孩子吹泡泡所用的泡泡液内，不少是添加了黏度非常大的纯蜂蜜。所以，小孩吹出的泡泡才会长时间漂浮于空气中，而不易破裂。

在泡沫混凝土中如果添加了一定量的增黏剂，浆体黏度会得到提高。这种黏性物质会吸附于气泡液膜上，加固了液膜，使液膜不会轻易破裂，也就起到稳泡作用。

当然，这种黏度的增加，对于浆体是有限度的。如果浆体的黏度过大，增大了浆体的摩擦力，反而会使泡沫在摩擦力下破裂，而且还会影响泵送浇筑。所以，黏度调节应适可而止。

（2）稠度调节剂的影响

稠度调节剂的应用，在轻集料泡沫混凝土中应用较多。如前介绍，这一方面是为了浆体的保水，更重要的是防止轻集料在搅拌过程中漂浮和泵送时与浆体分离。

那么，稠度对泡沫的作用就是间接的。其影响有两个方面，既有好的一面，也有不好的一面。

好的一面，由于稠度调节剂可以增稠保水，提高泡沫液膜的保水性，阻滞液膜排水变薄而消泡。

不好的一面，浆体会因为稠度调节剂的增稠作用，使浆体的稠度变大，从而使浆体的流动性变差，阻力增大，物料对泡沫液膜的摩擦增大，增大液膜在摩擦力作用下破裂的机率，使稳泡性下降。

如何既发挥稠度调节剂的作用，保水稳泡，又可避免其增大稠度而增大摩擦力消泡，这就要控制稠度调节剂的用量，不要使用过量。在用量合适的情况下，稠度调节剂对稳泡是有好处的。

7 典型泡沫剂的生产方法

7.1 松香皂泡沫剂生产方法

7.1.1 松香皂泡沫剂的应用历史与现状

松香皂泡沫剂，是世界上最早被广泛推广应用的泡沫剂之一，1937 年前后由苏联工业建筑研究所的泡沫混凝土专家 M. H. 格兹列尔和 Б. H. 卡马夫曼等研发成功并推广应用。由于其成本低，工艺简单，效果优于当时的其他泡沫剂，很快被市场所接受，成为当时苏联实际推广应用量最大的泡沫剂品种。自 1937 年到 1960 年，基本垄断了苏联的泡沫剂市场，几乎各种泡沫混凝土产品，均由松香皂泡沫剂制成。当时，苏联还研发出植物蛋白泡沫剂、石油磺酸铝泡沫剂等，但由于其生产工艺复杂、生产成本高等原因，始终没有竞争过松香皂泡沫剂，没能获得广泛应用。

松香皂泡沫剂虽然在苏联推广应用较广，但在欧洲其他国家，却没能获得像苏联那样的广泛应用。由于欧洲其他国家的蛋白泡沫剂及化学合成泡沫剂技术体系更完善，所以，他们主要应用蛋白泡沫剂及合成泡沫剂，松香皂泡沫剂自然应用不像苏联那么广泛。

20 世纪 70 年代以后，由于化学合成泡沫剂在世界范围内的兴起，松香皂泡沫剂在苏联的应用量开始下降。如今，俄罗斯也已经不再以松香皂为主，但仍有一定的应用。

1950 年前后，我国大规模发展电力工业，新建电厂纷纷开工。但电厂的热力管道保温缺乏保温外壳材料。从苏联进口的岩矿棉材料，那时候价格非常高，我国用不起。苏联专家推荐以泡沫混凝土管道保温外壳，取代昂贵的岩矿棉外壳。为了解决急需，国家派出以中科院院士土木建筑研究所黄兰谷为首的专家团队，前往苏联中央建筑工业研究所，学习泡沫混凝土及其管道保温外壳生产技术，同时引进了苏联松香皂生产技术，使松香皂泡沫剂开始在我国推广应用。

自 1951 年起，一直到 1960 年前后的 10 年间，我国松香皂泡沫剂兴盛了整个中华人民共和国成立的早期阶段。那时，我国所有泡沫混凝土产品，使用的均是松香皂泡沫剂。1960 年以后，由于泡沫混凝土领域的苏联专家撤走，我国泡沫混凝土生产基本停止，松香皂也绝迹于世。其后，又略有恢复，但应用不多。直到 1980 年以后，随着改革开放浪潮，泡沫混凝土又开始兴起，松香皂又开始应用。在改革开放初期直到 1995 年前后，我国松香皂应用仍占主导地位。但自 20 世纪 90 年代以后，其用量开始逐年下降，慢慢被合成泡沫剂及蛋白泡沫剂所取代。目前，市场比例已经较低，不到 10%。但由于它具有憎水、增强、原材料可再生等优势，未来还会有一定的市场和应用，不会完全被淘汰。

7.1.2 松香皂的技术特点

（1）优点

松香皂泡沫剂的主要起泡成分是松香酸皂。由于这一成分有一定的憎水性、增强性，就赋予它与其他泡沫剂不同的优点。

① 使泡沫混凝土具有一定的憎水性。同等生产条件下，用其作为泡沫剂，吸水率低于其他泡沫剂所生产的产品，有利于降低产品的吸水率。

② 由于松香皂泡沫剂可以与胶凝材料浆体中的氧化钙、氧化镁等反应生成松香酸钙或松香酸镁，而松香酸钙等具有对胶凝材料的增强性。所以，使用松香皂泡沫剂，在同等生产条件下，其混凝土强度略高于其他泡沫剂。

③ 对镁水泥的改性作用。松香皂泡沫剂所含的松香皂与胶凝材料中所含有的氧化钙、氧化镁反应，生成松香酸钙等，可以对镁水泥改性。一是生成的松香酸钙等可填充毛细孔，降低返卤。二是松香酸钙等填充毛细孔，堵塞了泛霜的道路，可减少泛霜。三是松香皂与氧化钙、氧化镁反应，生成松香酸钙等，降低了浆体中氢氧化钙、氢氧化镁的形成量，从而也降低泛霜。因为，泛霜物质主要是氢氧化镁、氢氧化钙。

以上优点，使它特别适用于泡沫镁水泥产品、泡沫石膏产品的生产。石膏吸水率高，使用松香皂，有利于提高石膏的耐水性；镁水泥有返卤、泛霜的缺陷，使用松香皂泡沫剂，可对镁水泥改性，克服其返卤、泛霜的缺陷，降低改性剂用量。松香皂泡沫剂应是石膏、镁水泥首选泡沫剂。当然，一般水泥发泡，用松香皂作为泡沫剂，也有降低吸水率和增强优势。

（2）缺点

松香皂虽然有一些独特的优势，但由于它的成分的原因，也有一些不足。这些不足是影响它广泛应用的主要原因。

① 起泡能力较差

由于松香皂的主要起泡成分是松香酸皂，而松香酸皂的起泡能力相对于许多合成化学起泡剂是较低的，属于中档起泡剂。所以，等量应用，它的起泡量较小。化学合成泡沫剂，不少品种的起泡倍数可轻易达到 23～25 倍，而松香皂一般起泡倍数仅 14～17 倍，相对较低。

② 易变质发臭

由于松香皂以骨胶液作为稳泡成分，骨胶属于动物产物，在泡沫剂中不耐储存，易变质发臭。尤其是夏季高温季节变质更快。所以，它的储存期较短，发泡效果随其变质而降低。不过，这可以加入防腐剂或杀菌剂来解决。

7.1.3 松香皂的生产工艺

（1）主要原料

① 松香

松香是一种松树脂，可以从多种松树上获得。在松树身上割出口子，其分泌物称松脂，松脂经蒸馏加工提取，即为松香。松香为淡黄色或棕色的半透明固体，有松树特有的香味。松香 90% 的成分为松香酸。其生产松香皂泡沫剂主要利用其松香酸。工业松香以色浅透明度好为优。松香根据质量，分为特级、一级、二级、三级、四级、五级共六级。生产泡沫剂，一般松香均可满足要求，不需要特级品。

② 碱

松香泡沫剂所用的碱类有氢氧化钾、氢氧化钠、碳酸钠、碳酸钾等。各种碱均可使用，但所产松香泡沫剂的品质及工艺参数略有不同。

③ 骨胶

骨胶是动物骨骼的工业加工提取物。其外观为棕黄色半透明固体，主要成分是肽类蛋白质。骨胶具有较强的粘结性能，是应用较广的动物类粘结材料。其水溶液具有良好的黏性，使用时需热溶。工业骨胶有特级及一、二、三级。生产松香皂泡沫剂采用一般骨胶即可。其在泡沫剂中主要用作增稠、增黏、稳泡剂。

生产骨胶过程中，有一定的工业污染，近年不少生产企业被关停，导致其市场价格大幅上涨，给生产松香皂泡沫剂带来不利影响。

④ 外加剂

由于松香皂泡沫剂有一系列缺陷，所以要加入一些外加剂改性。常用的外加剂如下：

防腐杀菌剂。骨胶液由于是动物制品，易腐败，为防止其变质，要加入一定量的防腐剂、杀菌剂，市场可选用。

增泡剂。由于松香泡沫剂起泡能力差，所以要加入一定量的增泡剂。

乳化剂。松香皂的水溶性不是太好，水溶液不稳定。为提高泡沫剂的水溶性，需加入一定量的乳化剂。

（2）配比以及原理

松香皂的生产包括两套配比：一是皂化工艺配比；二是复合改性工艺配比。

① 皂化工艺配比

皂化工艺是松香皂生产的核心工艺。其皂化程度决定松香皂泡沫剂生产质量的高低。皂化工艺配合比主要是松香与碱的比例。松香所含的松香树脂酸与碱发生皂化反应，生成松香酸皂。生成松香酸皂的量影响泡沫剂的起泡性。因为，松香酸皂是松香皂泡沫剂的主要起泡物质。所以，本工艺配比决定着松香酸皂的生成状况。

松香与碱的配比量，是由松香的皂化值决定的。松香皂化值大，碱量就要大，松香的皂化值小，就要降低碱的配比量。所以，生产前应先对所使用的松香进行皂化值检测，或向松香供货单位咨询其皂化值。

不同的松香品质，会有不同的皂化值。皂化值与所购松香中松香酸的含量有关。皂化反应的松香与碱的配比量不是一个确定值，是一个可变值，应根据松香采购质量确定。

② 复合改性工艺配比

复合配比，一般包含以下配比：

骨胶复合：松香皂是起泡成分，但它的泡沫不够稳定，需加入骨胶。骨胶的配比量，应以松香皂的生成量作为配比依据。松香皂生成量越大，骨胶的配比量越大。一般情况下，大部分厂家只复合骨胶，其他成分不再复合。

增泡剂复合：增泡剂多数厂家没有复合，不是必需组分。若要提高泡沫量，可复合一定量。由于增泡剂种类繁多，具体复合量可根据具体品种及增泡技术要求确定。

乳化剂复合：乳化剂只在技术要求较高的松香皂中使用，一般产品均没有使用。若需提高松香皂泡沫剂稀释时的溶解性，可以根据需要加入少量乳化剂。

防腐抗菌剂复合：可根据具体防腐、抗菌要求选择防腐抗菌剂品种，根据其产品说明书配比。若泡沫剂不需长时间保存，可以在 1 个月内用完，也可以不加防腐抗菌剂。夏季易腐，最好加。

（3）生产流程

① 松香预处理

把购回的大块松香粉碎为 2~5mm 粒径的颗粒或粉碎为细粉状。这有利于反应的充分进行。

② 配制碱液

从前述各种碱中，选出一种作为皂化反应用碱。在反应器中先加入配比量的水，加入碱料，制成所需浓度的碱液。加入的碱量及碱液的浓度，应根据松香的皂化值确定。碱加入水中后，会放出热量，水温上升。

③ 加入松香、皂化反应

根据松香的皂化值和碱液的浓度，向碱液中加入经过粉碎处理的碎粒松香（或粉状）。开动反应器的搅拌器，以 20~30r/min 的转速搅拌，并快速升温至所需反应温度。不停搅拌，保温反应至皂化终点。出料，为淡黄色或棕色稀浆状。降至常温后为浓浆状或膏状。此反应产物即松香皂液，是起泡的主要成分。

④ 在另一个反应容器内加水，升温至 50℃，加入骨胶，继续升温至 60~70℃。开动搅拌器，转速为 20~30r/min。搅拌至骨胶全溶，成为淡黄色的骨胶液。

⑤ 松香皂与骨胶液的复合

趁热将骨胶液加入松香皂，搅拌均匀，即成松香皂泡沫剂。

⑥ 松香皂泡沫剂改性处理

在制成的松香皂泡沫剂中加入增泡剂、乳化剂，以及其他改性成分，搅拌均匀，即成性能更为优异的复合改性松香泡沫剂。

⑦ 防腐处理

如果要防止松香泡沫剂在储存过程中不腐败变臭，可在最后向松香皂泡沫剂中加入防腐杀菌剂，并搅拌均匀。此种泡沫剂可保存 1 年以上。不经此工艺处理、松香皂泡沫剂只能保存几个月，且泡沫度下降较快。

7.1.4 松香皂泡沫剂的使用

（1）使用时应热水稀释

质量良好的松香皂泡沫剂，在常温下为膏状，在低温下为胶冻状，这是正常现象。在使用时必须用热水溶解稀释。28℃以上气温时，可用常温水稀释。稀释水温应根据气温确定，春秋天气应 30~40℃，冬季低温可以为 50℃。

（2）防晒防腐

松香皂泡沫剂应遮阳防腐保存，温度越高，变质越快。所以，不使用时应存放于阴凉处，且莫暴晒。

（3）勤购少存

由于松香皂泡沫剂易变质，不易久存，且泡沫量随时间而下降，保存时间越长，泡沫量越低。所以，松香皂泡沫剂不要一次购进量太多，以勤购少存为佳。

（4）应注意到它的性能特点

松香皂泡沫剂的一个最显著技术特点：泡沫在空气中看似不稳定，不如其他泡沫剂。但它一进入水泥浆，远比一般泡沫剂稳定，优于各种泡沫剂。所以，松香皂泡沫剂不可使用普通泡沫仪检测，其检测的泡沫沉降距、泌水率等均没有参考价值。松香皂泡沫剂只需检测两项技术指标即可，就是它的起泡倍数和浆体沉降率。且不能以泡沫沉降距、泌水率来衡量它的质量高低。

7.1.5　松香皂泡沫剂的质量鉴别方法

由于一般施工企业没有泡沫质量检测设备和仪器，无法用准确的技术数据鉴定泡沫剂品质的高低。在日常生产中使用松香皂泡沫剂，仅是凭自己的感觉来判定其质量的优劣。这往往会带来一些不准确或是错误的结论。为了使大家凭直觉大致判别松香皂泡沫剂的品质，现介绍一些科学的判定鉴别方法。

（1）看颜色

松香泡沫剂的主要成分是松香酸皂。松香酸皂的颜色为深棕色。所以松香皂泡沫剂的外观颜色也应该是深棕色。松香酸皂含量越高，其颜色越深。你所见到松香皂泡沫剂若是浅黄色或泛黄，就说明皂化反应不充分，松香酸皂的生成量小，其品质较差。

（2）看形态

松香酸皂在常温下呈浓稠浆状，20℃以下时呈膏状，10℃以下时呈果冻状。其有效成分含量越高，其浓稠状、膏状、果冻状会显示得越明显。反之，如果有效成分松香酸皂含量低，它就不会呈现这样的状况。有人认为，松香皂呈膏状和果冻状不好，这是完全错误的认识，应予纠正。

（3）看稠度

松香皂泡沫剂由于可以任意加水稀释，有些生产企业为了低价竞争，就往松香皂泡沫剂里大量加水稀释，把1t变成2~3t销售。这种加水松香皂泡沫剂较稀，有流动性，且流动性很好。这说明里边加了大量水。越稀就证明加水越多。真正高品质泡沫剂，是没有流动性的，或流动性较差。稀浆状的松香皂是不合格产品。

（4）闻气味

优质的松香皂泡沫剂，由于松香用量较大，所以松香味很重，开盖就有很浓烈的松香味扑来。其有效成分含量越高，品质越好。如果其松香味虽有但不浓烈，说明其品质不高或储存期已较长。

（5）看泡沫泥浆沉降状态

用松香皂泡沫剂制取的泡沫水泥浆体，注入容器，刮平，待其硬化后，测其沉降值。由于松香皂泡沫剂所制泡沫水泥浆较稳定，其浆体沉降值是较低的。如果浆体沉降严重，说明松香泡沫剂有效成分低。如果不沉降，或者沉降值很小，说明其品值高。

（6）看溶解性

良好的松香皂泡沫剂，向30℃的水中滴入一滴，会很快在水中散开，反应不完全的泡沫剂，滴入水中分散不好，形不成透明、均匀的溶液。

（7）看价格

根据目前松香和骨胶的市场价格，质量上乘的松香皂泡沫剂（市场上的），生产成本不会低于 8 元/kg，正常的售价应为 9～10 元/kg。如果价格很低（目前有的售价仅 3 元/kg），其质量很差，大量兑水，为不合格产品。

7.1.6 新型高性能改性松香皂泡沫剂

我国目前市场上的松香皂发泡剂总体质量不高，低价竞争严重，劣质产品充斥，很难买到优质产品。主要表现在不按皂化值配比进行皂化反应，为了节约能耗而缩短加热反应时间，反应温度低，致使产品中的松香酸皂生成量严重不足。再者是兑水严重，有效成分含量低。同时，只加骨胶，不加改性成分，致使泡沫量较低，稳定性差。

针对这种情况，作者研发了新型高性能改性松香皂泡沫剂，以满足工程对高性能松香皂泡沫剂的需要。

（1）改性技术措施

① 严格按照松香的皂化值进行皂化反应配比，使皂化反应充分，不使松香或碱过剩。同时延长反应时间，确保反应温度，使皂化反应能顺利进行到终点。两项措施保证了充分的松香酸钠生成量。这从产品颜色即可看出来，产品呈棕黑色，低温时呈果冻状。

② 为保证高质低价，用价格较低而稳泡性能更好的新型稳泡剂取代骨胶。目前，由于环保原因，骨胶缺货而价格猛涨，已由几年前的 7～8 元/kg，涨至 18～20 元/kg，致使松香皂成本居高不下，给生产带来严重困难。作者大胆创新，取代骨胶后，生产成本已基本与原来持平，保证了使用成本，而且稳泡性更好。更重要的是，不使用骨胶，保存期延长，1 年以上泡沫量不降低。

③ 加入增泡剂，克服了松香皂泡沫剂发泡能力差的弱点，使泡沫量达到了中上等泡沫剂的水平。

④ 加入乳化剂，克服了松香皂泡沫剂稀释时溶解性差的不足，达到了入水即散。

⑤ 增加了辅助稳泡成分。除骨胶取代品外，还新增加了一种辅助稳泡剂，使稳泡性高于一般的松香皂产品。

（2）改性后效果

① 泡沫量达到每千克泡沫剂所产泡沫 600～800L，居中高端水平。高于普通松香皂泡沫剂的每千克 100～300L。

② 稳泡性较大提升。泡沫半消由一般松香皂泡沫剂的 40min 左右提高到 60～70min。

③ 在原材料价格大幅上涨的情况下，维持了原有的生产成本，维护了使用者的利润，有利于工程应用。

④ 保存期延长，1 年以上不腐败、不发臭，可以正常使用。

7.2 动物蛋白泡沫剂的生产方法

动物蛋白泡沫剂是欧洲人于 20 世纪 30 年代发明的泡沫剂。自从其正式推向市场之后，一直是工程应用量最大的泡沫剂之一。至今，无论是发达国家，还是我国，动物蛋白泡沫剂都是泡沫混凝土市场的主导性泡沫剂，其产销量几乎与化学合成泡沫剂不相上下。尤其在中高端泡沫剂市场，它还略胜化学合成泡沫剂一筹。近几年，德国等发达国家向我国出口的泡沫剂，大多是复合型动物蛋白泡沫剂。从长远看，在相当长的时期内，动物蛋白泡沫剂，仍然会是中高档泡沫剂的主要品种之一。

7.2.1 动物蛋白泡沫剂的主要技术特点

动物蛋白自发明至今，已经应用 80 多年，如此盛兴不衰，正是因为它有一些其他泡沫剂所不具备的优势。当然，它也有一些不足，但通过复合技术，这些不足都得到克服。它的具体技术特点如下：

（1）优异的泡沫稳定性

优异的泡沫稳定性，是动物蛋白泡沫剂最突出的优势，也是它被广泛应用的主要原因。与化学合成泡沫剂、植物蛋白泡沫剂、松香皂泡沫剂等其他类型的泡沫剂相比，它在泡沫稳定性方面的优势更加突出。这是因为它采用的动物性原料其主要成分为生物肽类，而生物肽分子结构比较致密，所形成的泡沫液膜相当坚韧，抗外力扰动能力强。再加上肽类制成液比较黏，滞水能力优异，使泡沫液膜的排液较慢，稳泡性强，泡沫不易破灭，存续时间长。其特点突出。

（2）原料具有生态性，且方便易得

动物蛋白泡沫剂的主要原材料为动物废料，不消耗资源，具有循环可再生性，生态优势突出。这种废料各地均有，方便易得。和化学合成表面活性剂泡沫剂相比，它不消耗石油资源，具有明显的环保优势。

（3）成本低

由于动物蛋白泡沫剂的主要原料是动物废料，价格非常低，甚至可以免费获得。所以，它的生产成本很低，不到化学合成泡沫剂的 1/2。这为它的市场竞争奠定了基础，易于推广。

（4）工艺简单，投资小

生产动物蛋白泡沫剂工艺十分简单，只有水解一道工序，投资小，有 1 台水解釜即可。这为它的普及推广创造了条件。泡沫混凝土企业都是小企业，工艺复杂、投资大的项目做不了。动物蛋白泡沫剂生产简单，适合中小企业生产。

（5）泡量较低

动物蛋白泡沫剂虽然泡沫稳定，但其不足是泡沫量不足，产泡能力较差。其起泡性不如化学合成泡沫剂。这是它最大的性能缺陷。不过，这已经通过复合改性技术予以解决，可以弥补其不足。

（6）不耐储存，易腐败

动物蛋白泡沫剂由于是生物制剂，易于变质，储存性较差，容易腐败发臭。尤其在夏天高温季节，几十天就有了腐臭，且泡沫性能下降。现在，也有了有效的防腐手段，只要加入适量的防腐杀菌剂，就能较好地解决。

（7）生产过程有一定的污染

蛋白泡沫剂生产在水解过程中，动物原料与碱反应时会产生较大难闻的气味，对空气污染较大。如果没有除臭空气净化手段，环保问题不好解决。所以，投产前要考虑好空气净化方案。另外，它会产生一定量的过滤残渣，会涉及固废处理问题，也应一并考虑。近年来，一些动物蛋白泡沫剂厂被关闭，均与环保问题相关。

7.2.2 主要生产原料

（1）动物废料

动物废料包括鸡、鸭、鹅等的羽毛、猪毛、马毛、驴毛、牛毛等毛发类，以及皮革下脚料，牛蹄、羊蹄、猪蹄等动物蹄甲，还有羊角、牛角等角类。

（2）碱类水解剂

碱类水解剂包括氢氧化钾、氢氧化钠、氢氧化镁、氢氧化钙、碳酸钠、碳酸钾等。可根据不同种类的动物废料，选择相适应的碱类品种。

（3）催化剂

催化剂为动物废料水解的外加剂，可加速水解过程，缩短水解时间。催化剂品种繁多、应根据不同原料、不同水解工艺选择。

（4）改性剂

① 增泡剂

由于动物蛋白的起泡性较差，必须复配一定量的增泡剂，提高其起泡性。

② 稳泡剂

动物蛋白泡沫剂虽然稳泡性很好，但仍不能达到十分满意的稳泡效果。所以，在实际生产中，仍需加入一定量的稳泡剂。

③ 抗腐杀菌剂

由于动物蛋白泡沫剂易于腐败变质，所以，其水解液不能单独使用，应加入抗腐杀菌剂。抗腐杀菌剂一般选用市售品即可。

（5）清洗剂

清洗剂用于动物废料的清洗、去油等预处理。动物废料一般很脏，应首先用清洗剂清洗，并去掉油污，才能使用。所以必须使用清洗剂。

7.2.3 工艺流程

动物蛋白泡沫剂的生产主要有 3 个工艺过程，比较简单：原料预处理、水解及过滤、复配为成品。其中，核心工艺就是水解。其水解程度决定其有效成分的生成量，也决定其起泡性及稳泡性。

（1）原料预处理工序

① 原料清洗

动物原料一般都是屠宰加工后的下脚料，使用前应先用水清洗干净。清洗时可先用清水清洗一遍，再加入清洗剂冲洗一遍，至少两遍。否则，生产时杂质较多。

② 去油脱脂

动物原料大多含有油脂，而油脂不但影响水解反应，还会降低水解液的起泡量。因为，油脂有消泡作用。所以，清洗过的毛羽及蹄角皮革下脚料，均需除油脱脂处理。本工序应升温，除油脱脂的效果才较好。除油脱脂应用碱类脱脂剂。

③ 烘干粉碎

经清洗、脱脂处理后的动物质原料应进行烘干，然后粉碎成粒径为 2～3mm 以下粒状。如不粉碎、下步水解反应进行缓慢，水解产物较少。尤其是动物蹄角，不粉碎是不能使用的。毛羽类较长，也应粉碎。

（2）水解工序

① 配制水解液

在反应器中加入配比量的水，升温至规定温度，再加入配比量的水解剂。开动搅拌器，搅拌下使水解剂溶解，配制成规定浓度的水解液。

② 水解

向反应器中的水解液加入动物质原料，边加边搅拌。搅拌速度为 20～60r/min，具体应看原料的种类而定。升温至规定的水解温度，保温水解。水解时间以水解充分为依据。至水解终点，停止搅拌和加温，放料，即得水解动物蛋白。

水解物的生成量与以下因素相关：

a. 动物质原料与水解剂的配比。不同的原料品种有不同的配比，应先做水解小试，确定水解剂的加量（即水解液的浓度）。

b. 水解温度。水解温度不同，水解产物的生成量不同。各种不同的动物质原料，都有各自不同的水解温度。应提前通过小试确定水解温度。

c. 水解时间。水解时间的长短，也决定泡沫剂的质量。毛羽类、蹄角类、皮革类、血液类，其水解时间有差别，不可照搬。具体的水解时间应看具体原料品种而定。

d. 水解时如果加温的同时加压，水解时间会缩短，且水解产物会更多，蛋白泡沫剂效果会更好。压力大小直接影响水解时间及水解效果。

（3）水解物净化、过滤工序

水解后的水解液加入适量澄清剂，静置澄清或者直接过滤，去除杂质，得澄清或滤清液。

（4）中和工序

澄清或滤清液 pH 值偏高，可加入中和剂中和，直至 pH 值为中性。

（5）浓缩工序

中和后的澄清液或滤清液浓度较低，达不到泡沫剂有效成分的浓度。所以，还要经过浓缩工序，加以浓缩，至浓度达到相对密度为 1.1～1.2 的技术要求。

（6）复合工序

单纯的水解液起泡性、稳定性等仍较差，还达不到中高档泡沫剂的要求，所以要复合其他成分，成为复合动物蛋白泡沫剂。

① 向水解液中添加一定量的增泡剂，直至检验后，其起泡能力达到中高档泡沫剂的要求为止。增泡剂加入后，应慢速混合均匀。

② 向水解液中加入一定量的稳泡剂，直至检验后，其泡沫沉降距及泌水率符合标准规定值。加入后，再次慢速搅拌均匀。

③ 向水解液中加入稳定剂、阻燃剂、防腐杀菌剂等辅助成分，搅拌均匀。然后检测、包装，成为泡沫剂成品。

现在市场上的动物蛋白泡沫剂，大多为复合产品，很少以纯水解原液的形式出售。也可以不复合其他成分，只向市场供应水解原液，由使用者复配。

（7）废水废气废渣处理

① 废水（清洗用水）排入沉淀池，上层清液再经消毒杀菌和过滤处理外排。也可自行循环使用。

② 水解废气可以经空气净化器净化、除味，无异味时排放。

③ 水洗废渣及过滤废渣，可自行无害化处理，可送至垃圾填埋场填埋，也可自行资源化再利用。

7.3 植物蛋白泡沫剂茶皂素的生产方法

蛋白泡沫剂，除动物蛋白之外，另一个应用量较大的品种，就是植物蛋白泡沫剂。许多富含蛋白的植物如大豆、茶籽等均可用于生产泡沫剂。但目前实际生产与应用的99%以上是植物茶皂素泡沫剂。所以，这里重点介绍茶皂素植物蛋白泡沫剂的生产。

7.3.1 茶皂素泡沫剂的技术特点

茶皂素泡沫剂是以南方植物茶、山茶、油茶等茶科植物种籽榨油后副产物茶籽饼为原料，经浸泡提取的起泡物质。它虽然也属于蛋白类泡沫剂，但与动物蛋白有较大的不同，有自己明显的特点。

（1）优点

① 稳泡性较好

茶皂素泡沫剂之所以能被广泛应用，只因为它的泡沫比较稳定。它的分子在泡沫液膜上的排列结构也比较致密，所以液膜坚韧，抗干扰能力强，不易破裂。相比于动物蛋白泡沫剂，它的泡沫稳定性略差，但仍优于多数化学合成表面活性剂。因此，在加气混凝土行业，茶皂素被直接用作加气混凝土稳泡剂使用，效果良好。

② 抗硬水能力特别好

有不少泡沫剂不耐硬水，在硬水中起泡效果变差。而茶皂素具有极其优异的抗硬水能力。在pH值2~11的广泛范围内，起泡能力不受影响，性能不变。茶皂素有着突出的抗碱、酸、盐、油污的能力。这一点，是其他泡沫剂少有具备的。正是因为如此，它的应用才更广。即使在盐碱地区水质较差的地方，用它施工也不受影响，有着更广的适用性。

③ 良好的杀菌性

茶皂素具有优异的杀菌性。它本身就是一种杀菌剂。所以，茶皂素泡沫剂可以长期保存，不易腐败。用它和其他泡沫剂复配，可以大幅提高复合泡沫剂的抗菌防腐性。例如，松香皂泡沫剂和动物蛋白泡沫剂均容易腐败，但若是与茶皂素复合使用，可以少加抗腐杀菌剂，就可以长期保存。所以，茶皂素是各种泡沫剂理想的复合成分。

（2）缺点

① 起泡性较差

虽然茶皂素泡沫剂的稳泡性能优异，但起泡性较差。与常用的几种化学合成阴离子表面活性剂相比，有一定的差距。若各取100mL泡沫剂，搅拌起泡2min，测各自泡沫高度。各阴离子表面活性剂的为750~800mL，而茶皂素的仅480~520mL，只相当于阴离子表面活性剂的60%~65%，差距明显。

② 生产工艺复杂

茶皂素生产工艺较复杂，投资较大，中小企业不易实施。生产成本也较高，要消耗大量溶剂如乙醇、丙酮等，并有一定的废渣、废气污染。

7.3.2 生产原料

（1）茶籽粕饼

茶科植物大量生长于我国南方各地。其茶皂素存在于其茎、叶、根、籽中，唯有其籽实中含量最高。所以，生产茶皂素一般使用其茶籽粕。茶籽粕为茶科植物种子经榨油后剩余的副产物，多数榨成了茶籽粕饼。茶皂素一般使用茶籽粕饼的粉碎物。由于茶籽粕对土壤有害，不能用作肥料和外排，处理困难。用于生产茶皂素，可以说是化害为利，变废为宝。这种原料方便易得。作者试验所用茶籽粕饼是从江西购取的。

（2）提取溶剂

常用的有乙醇、丙酮等有机溶剂。可采用工业品，各地均有供应。不需要高纯级产品，普通级乙醇、丙酮均可应用。也可使用甲醇、正丁醇等醇类。

（3）絮凝沉淀剂

用于浸出液的净化。加入后可以使浸出液的悬浮杂质絮凝、沉淀，加速有效成分的分离。不同的浸提工艺，有不同的絮凝沉淀剂。一般市场上的絮凝剂、沉淀剂均可使用。也有工艺采用氧化钙或氢氧化钙，效果也不错，使用成本较低。

（4）AB-8 吸附树脂

AB-8 吸附树脂用于茶皂素的进一步提纯。AB-8 吸附树脂对茶皂素的杂质吸附能力强，特别是对无机盐和糖类等小分子物质，易于被洗脱。吸附树脂种类繁多，但孔径太小的有不少。AB-8 属于大孔树脂，小分子杂质可以被其大孔吸附。若使用其他树脂，效果不如 AB-8。

7.3.3 生产工艺

茶皂素生产技术发明已久。1931 年，日本学者青山次郎首次提出茶皂素生产工艺，并成功制取茶皂素。1952 年日本东京大学石镐宇山和上田阳才分离出茶皂素纯晶体。20世纪 50 年代，日本把茶皂素用于生产混凝土泡沫剂。之后茶皂素泡沫剂开始在世界各地推广应用。

我国在 20 世纪 50 年代，就开始茶皂素提取工艺的研究，并于 1979 年首次实现从茶籽粕饼中提取茶皂素，其工艺达到工业化生产水平，1980 年正式投入生产，首先作为加气混凝土稳泡剂在加气混凝土行业应用，1990 年以后开始在泡沫混凝土行业作为泡沫剂应用，但长时间应用不广。直到 2000 年以后，才逐渐推广开来，成为主要的蛋白泡沫剂品种。目前，在蛋白泡沫剂方面，它的应用量仅次于动物蛋白泡沫剂。在植物蛋白泡沫剂方面，它的用量占总用量的 95% 以上。

（1）生产工艺概述

经过近 90 年的发展，茶皂素生产工艺，越来越成熟，并形成了不同的、各有特色的生产工艺。其主要生产工艺如下：

① 水浸工艺

它采用以水为溶剂提取，优点是水的成本低，污染小，工艺简单。但缺点是提取率低，生产能耗高，生产周期长，产品纯度差，用于泡沫剂起泡不好。它适合于小企业简易生产。在浸取前，应先将茶籽粕饼粉碎为小于30mm粒径的颗粒。

② 有机溶剂提取工艺

本工艺采用甲醇、乙醇、正丁醇等醇类，取代水作为浸取剂。其优点是产品纯度高，可达95%以上，用于混凝土泡沫剂品质优异、起泡性好、泡沫稳定。但此工艺有机溶剂消耗大，成本高，工艺复杂，投资大。

③ 水浸提—沉淀工艺

此生产工艺采用热水浸取，再用氧化钙沉淀法分离杂质，然后用离子转换剂转溶，经过滤和浓缩成为产品。此法生产的产品纯度较高，可达90%左右，工艺也不是太复杂，产品质量基本可满足泡沫混凝土泡沫剂生产要求，但本工艺沉淀剂产生大量有害废渣和废水，环保问题不好解决。

④ 水浸提—醇萃取工艺

本工艺综合了水提取工艺、有机溶剂提取工艺、水提取—沉淀法工艺的优点，用热水作为浸提剂。然后在浸取液中再加入一定量的絮凝剂，沉淀除去杂质，再用质量分数为95%的乙醇转萃取提纯。该工艺纯度可达95%左右，仅次于有机溶剂提取工艺，而且乙醇还可以回收利用，有利于降低生产成本，且工艺较为简单，投资中等，是较为理想的工艺。其不足是产品纯度仍低于有机溶剂工艺，且絮凝工艺产生工业污泥，环保处理有难度。

⑤ 超声波提取工艺

本工艺是原料经粉碎处理后，加入乙醇溶剂，在一定功率的超声波和固定温度下浸提，经过滤、旋转蒸发浓缩、干燥，得到茶皂素产品。本工艺可以大大缩短浸提周期，能耗较低，提取效率高（96%～97%），产品的质量好。但工艺影响因素复杂，不易掌握，技术难度较大。

（2）水浸提—醇萃取工艺详细介绍

根据上述介绍，综合产品纯度、投资、成本、环保、工艺难易程度，各方面都相对较为合适的工艺，无疑是水浸提—醇萃取工艺最值得泡沫混凝土行业实施。下面就详细介绍这一茶皂素的生产工艺。其他工艺不再详细介绍。

① 原材料茶籽粕饼预处理

茶籽粕饼为大块状，不能直接使用，可使用颚式破碎机联合锤头或锤片式细碎机，将茶籽粕饼破碎。破碎的粒度应不大于30mm。粒度越小，浸提效率越高。破碎后的原料过振动筛，太大的块重新返回细碎机再次细碎。

② 热水浸提

用输送机将破碎合格的茶籽粕饼送入热水浸提系统。水温不低于50℃，浸提应保持恒温一定的时间。其时间长短由水温决定。温度高时，浸提时间可以缩短。温度低时，浸提时间偏长。浸提到规定时间，将浸提浆液送入水渣分离器，分离出饼渣和一次浸提液。

③ 二次热水浸提

将上次分离出的浸提液送入储料罐储存。分离出的饼渣再次进入二次浸提系统，热水浸提一定时间。然后二次进入水渣分离器，分离出饼渣和二次浸提液。

④ 三次热水浸提

将二次分离出的浸提液送入浸提液储料罐，合并到一次浸提液中。分离出的饼渣再次送入下次浸提系统，进行三次浸提，如此循环。一般浸提应至少进行 3 次。3 次后化验饼渣，如茶皂素含量仍有提取价值，要进行下次浸提。一直浸提到饼渣内的茶皂素含量已经没有经济价值为止。到底进行几次浸提，应由试验决定。各次浸提液均要合并到浸提液储罐中备用。最后的残余饼渣作为废料排放处理。

⑤ 絮凝、沉淀除杂

将浸提液储罐中合并的各次浸提液混合物，定量定时抽入沉淀池，加入絮凝剂，搅拌溶解（絮凝剂也可在储罐中加入）。然后，停止搅拌，让浸提液在沉淀池内静置沉淀絮凝物。沉淀时间可根据沉淀效果决定，以浸提液基本澄清为准。澄清后，絮凝沉淀物从池底排出，作为三废处理。

⑥ 乙醇转萃取提醇

沉淀处理后的澄清浸提液，用泵抽吸到萃取系统。然后，加入 95% 质量分数的乙醇进行转萃取提纯。提纯后的萃取物，茶皂素纯度达到 95% 以上，即茶皂素成品。乙醇可以回收利用。

⑦ 复配为泡沫剂

萃取后的茶皂素是茶皂素原品，浓度太高，且起泡性、稳泡性都还达不到技术要求，需要复配一定量的动物蛋白、化学合成起泡剂、稳泡剂等成分，成为复合茶皂素泡沫剂。目前，市场上出售的茶皂素泡沫剂多数是复合品，可以直接用于泡沫混凝土生产。若购买的是茶皂素原液（或原粉），则应自己复合成泡沫剂。原品不能直接用于泡沫混凝土生产。

⑧ 废料处理

a. 浸提废渣处理

多次浸提工艺会产生大量茶籽饼浸提残渣。此渣有一定危害，对土壤不利，不能直接外排。处理方法一：可以把它烘干用作燃料。处理方法二：烘干后用作制造木质纤维压缩板。处理方法三：送入垃圾场填埋。

b. 絮凝污泥处理

本工艺的絮凝沉淀工序，可产生一定量的絮凝污泥，是有害污泥，一是燃烧处理，二是垃圾场填埋。

7.3.4　茶皂素泡沫剂使用

（1）可与各种泡沫剂复配

茶皂素泡沫剂有着良好的适用性，属于广谱泡沫剂，它可以很好地与动物蛋白、其他植物蛋白、松香皂、化学合成表面活性剂泡沫剂等很好复配，并有增效及协同效应，没有选择性。

（2）可提高易腐败变质泡沫剂的防腐性

茶皂素属于天然杀菌剂。它不但本身不会腐败，而且可以提高各种易变质腐败的泡沫剂的抗腐性。所以，它若与动物蛋白、松香皂等泡沫剂复配，可省去防腐杀菌剂，大幅提高其保存期及有效期。

（3）茶皂素不宜单独使用

由于茶皂素起泡能力较差，所以，不宜将其作为单一成分泡沫剂使用。在实际使用时，必须与其他泡沫剂复合，尤其是应与起泡能力优异的泡沫剂复合。若只作为稳泡成分使用，可以向其他泡沫剂中添加。也可以单独作为稳泡剂，用于加气混凝土。

（4）由于茶皂素耐酸碱、抗油污，它可以用于其他泡沫剂不能使用的领域，如油井泡沫混凝土、地铁盾构泡沫混凝土、桩基泡沫混凝土、沿海及高盐碱地区泡沫混凝土等。

7.4 洗手果植物蛋白泡沫剂的生产方法

7.4.1 洗手果泡沫剂概况

洗手果泡沫剂是迄今为止唯一由我国自主研发的泡沫混凝土泡沫剂。1964—1966年，由广西壮族自治区建筑工程局科学研究所，在没有苏联专家指导，而完全独立研发的泡沫剂。该泡沫剂于1966年4月结题，通过项目验收，并进行了工程应用。实际效果证明，其可以取代当时风行的松香皂泡沫剂。

洗手果泡沫剂的研发背景：自1951年以来，我国使用的是清一色的自苏联引进技术生产的松香皂泡沫剂。在10多年的工程应用中，人们发现该松香皂泡沫剂有几大缺陷。一是其起泡性随时间延长而下降，只有新鲜的才能保证起泡性。二是松香皂泡沫剂易腐败变质发臭，不耐储存。三是起泡性不高，满足不了工程需要。另外，随着1960年苏联专家全部撤走，指导我们生产松香皂的技术资料也被他们带走，使我们的生产受到影响。在这种情况下，我国有必要自主开发新的泡沫剂。其中，在各地立项研发的泡沫剂中，只有广西采用当地出产的洗手果所生产的泡沫剂最为成功，在当时具有创新性、领先性。这对于我国打破苏联的技术垄断有十分积极的意义。

现在，虽然已经过了50多年，但广西壮族自治区当时从事研究的科技人员大胆技术创新的精神仍值得我们敬重和学习，其战果也有借鉴意义。这里，作者将该战果与同行共享，希望南方各地有洗手果资源的地区，积极开发洗手果泡沫剂，使其老技术发挥新功效。

7.4.2 生产原料

（1）洗手果

洗手果，又名无患子、木患子、肥皂果、搓木子、假龙眼、鬼见愁、肥珠子、油患子等10多个不同名称。不同的地区有不同的叫法。它是同名乔木的果子。

洗手果树木为落叶乔木，生长于我国南方各省区。花期6~7月，果期为9~10月。核果球形，成熟时为黄色或棕黄色。

洗手果的果皮含有三萜皂苷，即皂素，可代替肥皂洗衣、洗手，所以俗称洗手果。其果皮含的皂素具有良好的起泡性能，且较稳定，可以用于提取皂素，生产泡沫剂。

图7-1所示为洗手果树木的外观，图7-2所示为成熟的洗手果外观。

图 7-1 洗手果树木　　　　　图 7-2 成熟的洗手果外观

（2）水解剂

洗手果中的有效成分需经水解浸提。其水解剂为氢氧化钠、氢氧化钾、碳酸钠、碳酸钾、氢氧化钙、氢氧化镁等碱性物质。可以从上述各碱性物质中任选一种，或 2 ~ 3 种配合。

（3）骨胶

骨胶为稳泡剂，选用普通工业骨胶即可，用时应熬成骨胶液。

（4）复合外加剂

主要为增泡剂、稳泡剂等，可根据情况选用。

7.4.3　生产工艺

（1）洗手果预处理

将洗手果洗净，去核，果肉在 60 ~ 70℃ 下烘干至恒重。用球磨机粉磨成细粉，经 0.15mm 筛孔过筛，然后送入储料库储存备用，可以长期保存。

（2）水解浸提

① 取洗手果粉，加入 20 倍清水浸泡，然后加入碱性水解剂，搅拌均匀，浸泡一定时间。

② 加热水解浸提。将泡过的洗手果粉，加热升温到一定温度，熬煮一定的时间。熬煮期间，不断补充蒸发减少的水分，使水分始终维持在初始的水平。反应浸提到规定时间，停止加热，降至常温。

③ 过滤去渣。熬煮之后，当液温降至 40℃ 以下，将反应物用离心机脱水，或人工过滤，去掉洗手果残渣，收取洗手果水解液，再次浓缩至合格。

④ 调节相对密度和 pH 值。过滤后的洗手果水解液，应调节相对密度。若相对密度大于 1.020，证明里边还存在较多果粉残渣，应再次过滤，至相对密度合格。然后调节 pH 值为中性，即成合格的洗手果浸提液。

（3）加骨胶稳泡

制好的洗手果浸提液，稳泡性还不够高，达不到使用要求。所以，应加入骨胶液稳泡。将规定量的骨胶粒加入定量热水，升温至规定温度，热溶一定时间，直至其成为胶液

123

为止。趁热将其加入洗手果热溶液中，搅拌均匀，即为洗手果泡沫剂成品。

（4）改性处理

传统方法生产的洗手果泡沫剂，其起泡剂不佳。即使加入骨胶，其稳泡性也不能满足高档泡沫剂要求。要使其性能更高，效果更好，也可以将其进一步改性处理。其改性处理方法是加入增泡剂和新型稳泡剂，以及其他改性成分。改性后的泡沫剂，称为"改性洗手果泡沫剂"。

7.4.4　洗手果泡沫剂的特点

洗手果泡沫剂的主要成分为无患子皂素。与茶皂素一样，其主要成本均是皂素。因此，它们都具有皂素类的共同特点。洗手果泡沫剂的技术特点与茶皂素类似。

（1）泡沫持久而稳定

植物蛋白皂素类泡沫剂的共同特点，就是分子排列结构紧密，泡沫液膜因而坚韧，不易破灭。洗手果泡沫剂也有这一特点。相比较同等价格档次的松香皂泡沫剂，不论是泡沫在空气中的稳定性，还是在水泥浆体里的稳定性，洗手果泡沫剂都略好于松香皂。

（2）泡沫混凝土的强度高

经试验对比，采用洗手果泡沫剂生产泡沫混凝土，其强度略高于松香皂泡沫剂生产的泡沫混凝土。前面已经讲过，松香皂泡沫剂由于可以与水泥中氢氧化钙生成松香酸钙而强度较好。然而，洗手果泡沫剂生产的泡沫混凝土的强度还略高于松香皂。这就说明，在增强泡沫混凝土方面，洗手果泡沫剂更有优点。

（3）杀菌性突出

皂素类物质，都有杀菌性。茶皂素如此，洗手果皂素也如此。它可以被直接用作杀菌剂。与其他泡沫剂复配使用，也可以增强抗腐性。所以，它与易腐败的动物蛋白泡沫剂复合使用特别好。松香皂在复合骨胶后，骨胶易腐败，需另加杀菌剂，而洗手果泡沫剂由于本身具有杀菌性，因此，它加入骨胶稳泡后，也不会腐败，不需另加杀菌剂。

（4）抗酸碱，耐硬水

茶皂素泡沫剂具有抗酸碱、耐硬水特性，而洗手果泡沫剂作为同类型的皂素物质，也同样具有抗酸碱、耐硬水的特点。所以，洗手果泡沫剂对稀释用水要求不高，偏酸或偏碱均可使用。在 pH 值 2～11 的宽泛范围内，它的性能不受大的影响，特别适应于硬水地区。

（5）原料广泛，成本低

洗水果泡沫剂的主要原料为无患子科的植物，分布广泛，供应充足，使用成本低于松香。目前，松香每吨 8000～10000 元，而洗手果仅 3000～5000 元。因此，它的生产成本远低于松香皂。尤其在我国南方各省区，这种优势是十分突出的。

（6）生产固废有一定环境问题

在洗手果泡沫剂的生产过程中，过滤工序会排放大量的滤渣，而在滤液浓缩阶段，会产生大量的蒸发废气。所以，其生产如同茶皂素一样，三废处理会有一定的困难。建议废渣晒干做燃料，或生产木质压缩板。废气建议采用净化塔吸收有害物质后排放。

7.4.5 关于洗手果泡沫剂开发的建议

（1）由于原料充足，开发有优势

洗手果泡沫剂的主要原材料为洗手果。这种果实在南方各地普遍存在，其林木生长分布广泛，产量大，况且至今没有被用于泡沫剂的市场开发。因此，这种泡沫剂有广阔的开发前景，建议南方各省区积极组织力量，开发生产这种泡沫剂。

（2）广西已经有开发经验可借鉴，易于成功

广西壮族自治区原建筑工程局科研所，已于20世纪60年代将本产品研发成功，并用于工程，有现成的研究资料及经验可以借鉴。所以，本技术不是从零探索，是在已有成果基础上发展，成功率很高，几乎没有开发风险，完全可以放心开发，将已有成果发展提高即可。

（3）产品成本低于茶皂素，有开发竞争力

本产品的原材料及消耗低于茶皂素的生产，不消耗大量的有机溶剂，所以其生产成本低于茶皂素，而性能与茶皂素不相上下，在性价比上有一定的竞争力。目前，茶皂素已经大量开发生产，市场已出现过剩状态。若本产品以成本优势进入竞争，有良好的发展空间。

（4）投资小，工艺简单适宜行业内企业投资开发

本产品与茶皂素相比，工艺和设备比较简单，小企业用熬煮设备即可，不需大型化工生产线，投资不大，这十分适合泡沫混凝土行业的发展水平。目前，泡沫混凝土行业小企业多，投资能力差。本项目适应了行业内企业的投资特点。

因此，建议泡沫混凝土行业内的企业，尤其是南方各地有洗手果资源的地区大力开发洗手果泡沫剂，填补市场空白。

7.5 污泥蛋白泡沫剂的生产方法

利用污水处理厂排放的活性污泥生产污泥蛋白泡沫剂，是10多年来新发展的一种新型泡沫剂技术。国内外都有大量的企业投入开发和研究，相关的学术论文及专利也已经有上千项。国内也有不少单位及个人在这方面进行了开发，目前已有产品获得实际应用，虽市场占比不高，但仍是一个良好的开端。污泥作为污染物，一直处理困难，国家拿重金鼓励利用。利用1t污泥，各地政府财政资金补助200～350元。如果用污泥生产泡沫剂，废物利用，化害为利，不失为一项值得鼓励发展的好技术。

为了鼓励这项技术的发展，作者特在此简要介绍一下它的生产技术，以抛砖引玉，引导更多的同行投身本技术的开发。

7.5.1 生产原料

活性污泥生产蛋白泡沫剂的主要原料有活性污泥、水解催化剂、pH值调节剂、泡沫剂复合剂等。现分述于下。

（1）活性污泥

城乡污水处理厂在处理污水后，其污水沉淀池及污水过滤机均可产生大量的污泥。一个污水处理厂日可排放污泥几百吨至几千吨。这些污泥包括初沉污泥、活性污泥、腐殖污

泥、化学污泥 4 种。这 4 类污泥中，活性污泥蛋白含量高，最适宜生产污泥蛋白泡沫剂。

活性污泥，指活性污泥处理工艺二次沉淀池产生的沉淀物。活性污泥法处理废水，是目前应用最广的污水处理方法。其优点是处理费用低、污水净化效果好，比其他污水处理方法更好。这种方法又称曝气法。它是将废水与活性污泥混合搅拌并在曝气池中曝气，由活性污泥中的微生物分解掉有机污染物，使生物固体与污水分离，净化水质的工艺。本工艺由曝气池、二次沉淀池、回流系统、剩余活性污泥排放系统组成。微生物分解有机物在曝气池进行，活性污泥主要由二次沉淀池及剩余污泥排放系统产生。活性污泥与其他污泥最大的不同是，其生物质含量高、活性高、蛋白含量高。因此，它是生产活性污泥蛋白泡沫剂的主要原料。

图 7-3 所示为活性污泥工艺曝气池。图 7-4 所示为活性污泥外观。

图 7-3　活性污泥工艺曝气池　　　　　图 7-4　活性污泥外观

（2）水解催化剂

活性污泥水解过程较长，能耗较高，影响产量和成本。为了缩短水解时间，降低能耗，加快水解进程，可以加入水解催化剂。它可以促进水解，提高水解效率，从而降低能耗。

（3）pH 值调节剂

水解液的酸碱度一般不太符合泡沫剂的生产。所以水解液在过滤净化后，应加入 pH 值调节剂，调节 pH 值至合格。

（4）泡沫剂复合剂

污泥蛋白液有一定的泡沫稳定性和起泡性，但均达不到现有泡沫剂的生产应用水平。因此，需要再与一些外加剂复配，弥补它的一些不足。主要的外加剂有增泡剂、稳泡剂、防腐杀菌剂等。

7.5.2　生产工艺过程

（1）污泥储存与输送

将进厂污泥通过输送机送入储料罐，储存备用。储料罐与输送机必须全密封，以防止臭气散发。输送机可选用螺旋输送机。储料罐可设置若干个。

（2）催化药剂混合

将活性污泥由螺旋输送机抽取，再送入搅拌混合机，加入催化药剂，进行搅拌混合，成为预处理混合料。混合时间由技术要求而定，以混合均匀为标准。

（3）加热水解

加热水解工艺是污泥蛋白生产的核心工艺，其产物的质量及得率，主要取决于水解工艺。水解工艺可以在大型反应器中进行。加入催化药剂的活性污泥由泵送进入反应器，再通入蒸汽加热升温，搅拌、水解。水解温度 105～185℃。水解时间由水解温度决定。温度高时水解仅需 1～2h，温度低时需 3～5h。水解充分后，停止加热，出料。

（4）内蒸降温

水解后的物料，在水解反应器压力作用下，可自动排入内蒸装置，进行内蒸降温处理，内蒸器为锥形或椭圆底容器。

（5）固液分离

经闪蒸降温处理后的水解蛋白液，用泥浆泵送入固液分离器，进行固液分离。固液分离装置可以选用离心机、板框压滤机、带式过滤机等，任选一种即可。分离出的污泥可以外排处理。滤液由锥形收集器收紧后，送入下道工序。

（6）水解液预热

水解液由收集器经泵，送入预热器预热。预热温度 50～70℃。预热的热量可利用固液分离装置排放的余热。预热的目的是缩短下步浓缩的时间。

（7）蒸发浓缩

由于水解液浓度只有 2%～3%、浓度太低，达不到生产泡沫剂的技术要求，所以，还需进行蒸发浓缩。蒸发浓缩可在蒸发器中进行。蒸发器可选择自然循环蒸发器、膜式蒸发器、强制循环蒸发器等，可任选一种。蒸发时间，以水解液浓缩达到浓度 30%～40% 为准。

（8）pH 值调节

浓缩后的水解液，基本已达到配制泡沫剂的技术要求，只需再调节一下其 pH 值即可。pH 值可按技术设计调节。

（9）复合泡沫剂

污泥蛋白水解液的起泡力、稳泡力、防腐性较差，所以，最后需要与增泡剂、稳泡剂、防腐杀菌剂复合。复合后即泡沫剂成品。也可以直接出售污泥蛋白水解液作为泡沫剂原料，由使用者自己复配。

（10）废泥废气废水处理

① 固液分离工序排放的废水，重新返回曝气池利用，或处理为清水外排。排放的固体废泥，有机质含量很高，可作为种植土或肥料供农业使用。由于经过高温水解，细菌已经杀死，没有危害。所以，废水废渣可以无害外排利用处理。废水也可浇灌农田，有一定肥效。

② 蒸发浓缩工序排放的废气，以及整个生产线泄漏的有害废气，可抽入废气净化塔，进行脱臭净化处理，达标后外排。

7.5.3 污泥蛋白泡沫剂特点

（1）稳泡性优于多数合成表面活性剂配制的泡沫剂

与其他植物蛋白和动物蛋白泡沫剂一样，污泥蛋白泡沫剂有着与大多数蛋白泡沫剂的共同特点，那就是泡沫稳定性较好。它产生的泡沫稳定性优于大多数化学合成阴离子表面活性剂及其复合的泡沫剂。但是，与动物蛋白泡沫剂相比，其泡沫稳定性还是略差一点。与植物蛋白相比，基本相当。

（2）起泡性略差

蛋白泡沫剂的起泡性，总体来看，都不如化学合成阴、阳离子表面活性剂及其复合的泡沫剂。污泥蛋白泡沫剂也有这一特点。其水解液成分单一，有一定的起泡力，但达不到生产应用的高起泡性。这是它的最大缺陷。

（3）易腐败变质

污泥蛋白泡沫剂（即污泥水解液）不耐储存，若不加防腐杀菌剂，在储存过程中，仍然会腐败变质。所以单独使用时，储存期较短。这可以通过复合防腐剂、杀菌剂解决。

（4）成本较低、有性价比优点

由于污泥利用，政府有高额补贴，再加上污泥原料价格低，一般只需运费即可。所以，污泥蛋白泡沫剂的生产成本较低，有性价比的竞争优势。其最终的使用成本低于动物蛋白和植物蛋白产品。

（5）投资较大、工艺复杂

本产品由于工艺流程较长，设备较多，相比之下，它的工艺复杂、投资也较大，小企业投资有一定难度。所以，本产品适宜有一定经济实力的企业实施，其效益还是可以的。

7.6 豆饼植物蛋白泡沫剂的生产方法

豆饼是豆制品及豆油生产行业排放的副产品，一般用作肥料、饲料等，其附加值较低，没有发挥其真正的价值。若用其生产植物蛋白泡沫剂，则可以大幅提高其附加值，增效增收。这里，介绍其简易生产方法。

7.6.1 主要生产原料

（1）豆饼

豆饼是大豆榨油后的副产品，各地均有，又称豆粕。它是生产豆饼植物蛋白泡沫剂的主要原料。也可使用大豆食品的其他下脚料。除大豆副产品外，大多数含油副产品（如花生粕饼、葵花籽粕饼、核桃粕饼、杏仁粕饼等榨油副产品），均可以作为植物蛋白泡沫剂的原料。但其他品种的量比较小，最方便易得的还是大豆饼。

（2）水解剂

水解剂为各种碱类，常用品种有氢氧化钠、氢氧化钾、氢氧化钙、氢氧化镁、碳酸钠、碳酸钾等。可以单用一种，也可以两种以上复合使用。复合使用，效果更好。

（3）杂质脱除剂

过滤后的水解液有一定量的杂质，需要脱除，所以，要有杂质脱除剂。工艺的不同，碱的种类不同，杂质脱除剂也不同，可根据工艺特点选择。

（4）中和剂

中和剂一般选用醋酸，主要用于调节 pH 值。

（5）稳定剂

一般选用含 Co^{2+} 离子和/或 Ni^{2+} 离子的盐作为稳定剂。

（6）复合剂

复合剂又称改性剂，主要有增泡剂、稳泡剂、抗腐杀菌剂等，用于改善豆饼泡沫剂的性能，也可以不用。

7.6.2 生产工艺

（1）豆饼粉碎

豆饼的块形较大，无法直接使用。所以要先做粉碎预处理。先用颚式破碎机粗碎，再用锤头或锤片式粉碎机细碎。细碎粒径为 <10mm。粉碎后的豆饼应过筛，大于 10mm 的更新返回细碎机细碎至合格。

（2）水解液的配制

水解前，应首先配制水解液。其浓度应先通过小试确定。采用不同的碱品种，就要有不同的浓度。先将水加入水解釜，然后加入碱类水解剂。开动水解釜的搅拌器，搅拌溶解，使之成为达到规定浓度的水解液。

（3）水解反应

水解反应为主反应。水解液配好后，向其中加入粉碎后的豆饼。加入过程应在搅拌状态下进行。然后升温到水解规定温度，水解几个小时。具体的水解时间，要以水解反应进行充分为标准。水解反应进行得好坏，决定了水解物的生成量及品质。水解反应应在加压状态下进行。水解过程不能停止搅拌。

水解反应的成功与否，与以下多个因素相关，其中任何一个因素出现偏差，都不可能得到合格的水解产物。

① 水解液的碱浓度。碱浓度偏大或者偏小，均不能使水解顺利进行，其与豆饼加量相关。也就是说，碱的用量与碱液浓度，与豆饼量有一个比例协调性。碱用量与水用量必须合适。碱、水、豆粕三者应有合适比例。

② 反应温度。水解反应有一个最佳温度范围。温度低，水解反应时间长，浪费能耗，反应不充分。但若水解温度过高，也不合适，水解也受影响。

③ 蒸汽压力。水解反应因为是在蒸汽加热加压下进行，所以压力高低也影响水解反应时间、反应温度、反应产物。一般情况下，压力应调节在 0.1～0.12MPa 范围内。

④ 反应时间。反应时间影响水解产物得率及反应能否彻底。反应时间与碱浓度、蒸汽压力与温度相关。一般应为 1～5h。

（4）水解液过滤

水解结束后，水解物中存在大量未水解的豆饼、水解剂残渣等。所以，水解出料后，应将水解物过滤。过滤可采用各式过滤机，以板框压滤机为好。滤渣脱除，另行处理。滤液收取后备用。

（5）杂质脱除

水解物过滤后所得的滤液，还含有一定量的微细悬浮性杂质，仍需脱除。这时，采用机械过滤已无效，需加入脱除剂将其吸附络合进一步将滤液净化处理。加入脱除剂后、充分搅拌，然后静置沉淀 4h 以上，或二次过滤。

（6）中和

杂质脱除后的水解液，一般 pH 值不符合技术要求。所以，还要加入各种酸调节 pH 值。其中，以醋酸为最佳。pH 值应调至 6.5~7.0，接近中性，微偏酸。

（7）蒸发、浓缩

中和后的水解液浓度很低，无法作为泡沫剂使用。这可以采用蒸发器蒸发浓缩。浓缩要求为 20~28°Be。

（8）调节稳定度

由于浓缩后的水解液不稳定，容易离析、沉淀。所以，要加入含 Co^{2+} 离子和/或 Ni^{2+} 离子的盐作为稳定剂，优选的是醋酸钴和醋酸镍，加入量视浓度而定，一般为 2%~6%，具体应通过小试确定。

（9）加防腐剂、包装

豆饼植物蛋白泡沫剂不像茶皂素那样可杀菌，它易变质、变臭。所以，其水解液成品为防腐应加入防腐杀菌剂。加入量根据浓度而定，也可根据防腐剂、杀菌剂的使用说明书添加。其中，防腐剂采用 PM 型，低毒高效。

（10）改性

为了使大豆蛋白植物泡沫剂的性能更为优异，也可以再进行一次改性处理。是否进行改性，应根据产品市场定位而定。若直接作为大豆蛋白水解原液进入市场，可以不改性。若想使其成为中高端泡沫剂，则必须对其进行改性。改性方法是加入增泡剂、稳泡剂、分散剂、增稠剂等。改性后，可作为中高档泡沫剂直接销售。

7.6.3 工艺先进性及创新

本工艺为改进提高型植物蛋白生产工艺，有多项技术创新，降低了生产成本，提高了产品质量和产量，缩短了生产周期。所以，本生产工艺是国内当前比较先进的生产工艺。

其主要技术创新如下述。

（1）采用加压水解

目前，国内很多植物蛋白水解工艺，均采用常压生产，温度低，无压力。所以其水解时间很长，水解进行不充分，未水解物多，能耗高。本工艺创新加压升温水解工艺，可缩短水解时间一半，水解产物提高 30%，水解剩余物大幅减少，降低生产成本 1/5。

（2）采用弱酸和弱酸盐中和稳定

一般的水解工艺，中和物稳定、采用的都是强酸和强酸盐，泡沫剂最终产品腐蚀性强，会腐蚀包装材料，且不能用金属包装，使用中还会腐蚀钢材。而本工艺不采用强酸及强酸盐，转而采用醋酸和醋酸盐，酸性较弱，在储运及使用过程中，基本不会造成腐蚀性，十分安全，改善了储存及运输使用性能，是一项技术进步。

（3）采用 PM 作为防腐剂

平常多数蛋白泡沫剂选用甲酚或苯酚作为防腐剂，其溶解性不好，使泡沫剂浑浊、分层，使部分蛋白质变性、产生沉淀等不足，使用效果差，且价格较高。本工艺不选择甲酚或者苯酚作为防腐剂，而改用 PM 作为防腐剂。该防腐剂具有高效、低毒、广谱、水溶性好、不影响泡沫剂的稳定性、价格较低等优点。其防腐性优于甲酚和苯酚，有利于提高泡沫剂的性价比。

7.6.4 大豆饼蛋白泡沫剂的评价

（1）稳泡较好，略逊于茶皂素

豆饼蛋白泡沫剂具有植物蛋白泡沫剂的通性，即稳泡性较好，并有较好的起泡性。但与同为植物蛋白泡沫剂的茶皂素泡沫剂相比，稳泡性略差，也不及洗手果泡沫剂、皂角泡沫剂等其他植物蛋白泡沫剂。与多数化学合成离子表面活性剂相比，则稳泡性较好。

（2）起泡性略差

豆饼蛋白泡沫剂有一定的起泡性，泡沫较丰富。但与茶皂素相比，也逊色一些。和那些化学合成表面活性剂（特别是阴离子表面活性剂）相比，起泡性相差较大。但若通过复合改性技术，与化学合成阴离子、阳离子、两性离子表面活性剂复合，则可以达到既高泡，又稳泡的效果。

（3）生产成本较低

豆饼目前供应量充足，方便易得，且易于水解，其生产成本较低，性价比较高，作为中档泡沫，有良好的开发前景，建议开发。

（4）没有杀菌性、抗腐较差

像茶皂素、洗手果皂素等植物蛋白泡沫剂，均有良好的杀菌性，所以可以长期储存，不易腐败。而豆饼蛋白泡沫剂如不加防腐杀菌剂，就容易腐败变质，不耐储存。因为它没有杀菌性。这是其一个缺陷。

总体来看，在植物蛋白泡沫剂系列中，它的性能不如茶皂素，但价格比茶皂素低，性价比优于其他蛋白泡沫剂。

7.7 环烷酸皂泡沫剂生产方法

环烷酸皂泡沫剂一般是指环烷酸钠、环烷酸钾、环烷酸钙等。它们有较好的起泡力与稳泡性，在国外产生于20世纪40年代，曾作为泡沫剂使用，在我国20世纪90年代也已有研发应用。但由于它的原料来源不广泛，性能不是特别突出，所以没有获得大规模推广应用。然而，它的生产工艺简单，泡沫度及稳泡性可满足一般工程的需要，作为一款中档泡沫剂，还有一定的应用价值。所以，这里以环烷酸钠为例，进行介绍。

7.7.1 主要生产原料

（1）环烷酸

环烷酸为油状液体。精制后为透明淡黄色或橙色液体，有特殊气味。几乎不溶于水，而溶于石油醚、乙醇、苯和烃类等。对某些金属有腐蚀作用，特别是对铅和锌，腐蚀更严重。别名石油酸、环酸等。它是存在于石油中的一种酸性化合物，为环烷烃的羧基化合物，主要成分为五碳环。分子量范围180～350，有特殊的气味。

环烷酸因产地不同，含量也不同，一般含量为0.3%～7%。它主要由石油产品精制分离出的酸，是含环烷基的原油中的煤油或柴油生产过程中的馏分，经一系列工艺，再精制而成。其密实为0.92，0℃闪点149。储运中避免与氧化物接触，低毒、对眼、皮肤，对呼吸道有一定的刺激性，操作中应有防护措施。

（2）皂化剂

皂化剂是各种碱类物质，如碳酸钠、碳酸钾、氢氧化钠、氢氧化钾等。它们与环烷酸发生皂化反应，生成环烷酸皂。环烷酸皂就是主要的起泡物质。所以皂化剂是环烷酸皂泡沫剂生产的两大主要原料之一。选择不同的皂化剂，其生成物的起泡性能有一定的不同。所以，选好皂化剂很关键。

（3）增溶剂

由于环烷酸皂水溶性不是太好，应用稀释有一定的难度。所以，应在其皂化生成物中加入一定量的增溶剂，提高其溶解性。增溶剂有很多种可选，建议选用碱性阳离子表面活性剂。

（4）改性剂

环烷酸皂的起泡性较好，但仍不是很理想，稳泡性也达不到要求。因此，最后，还需对环烷酸皂进行改性处理。改性处理主要是加入增泡剂、稳泡剂等。

（5）骨胶

骨胶在本产品中主要是起稳泡作用，类似松香皂中加骨胶一样。骨胶应制成水溶液使用。这几年，由于环保压力，骨胶生产由于污染环境受限、大部分企业关停、价格飞涨。所以，建议采取各种骨胶替代品。

7.7.2　生产工艺

（1）碱液配制

在反应器中加入水，再加入配比量的碱。开动搅拌器，使碱溶解、配成一定浓度的碱溶液。碱的加量及碱溶液的浓度，应视环烷酸的浓度而定。由于各地生产的环烷酸浓度不一，差别很大，从0.3%～7%均有，所以，碱的加量和碱溶液的浓度很难统一恒定。具体生产时，应根据所购环烷酸的浓度，计算出可以充分进行皂化反应所需的碱量及碱浓度。

（2）皂化反应

碱溶液配好之后，在搅拌状况下，将溶液升温至皂化温度，然后陆续分批地加入环烷酸。每批间隔10min，至少应分3～5次加入，不可一次加入，以防反应过于激烈，发生危险。加料期间，不能停止搅拌。加料结束后，回流反应皂化20～40min。取反应物检测，至反应充分，剩余碱消失为止。停止加热，降温至65℃，皂化反应结束。如反应产物中过剩的环烷酸或碱量偏大，证明皂化不充分，还应该继续反应，直至基本检测不出环烷酸为止。

（3）加增溶剂

反应结束，降温至65℃时，即可加入增溶剂，并搅拌均匀。增溶剂的加量，应以溶解性合格为准。先少量加入，取皂化液检验其溶解性，如不合格，可以再次加入，直至合格为止。也可事先测定增溶剂加量，一次性加入。

（4）加骨胶液

增溶剂混匀后，在搅拌状态下，向皂化液中再加入骨胶液稳泡。其加入量为皂化液的0.8～2倍。具体加量应根据皂化液的浓度确定。由于骨胶近几年大幅涨价，其用量又特别大，使产品成本过高。所以，也可以不用骨胶，而使用骨胶取代品。

（5）加改性剂

由于环烷酸皂起泡力不是太高，要达到理想的起泡性，就要加入增泡剂，同时也加入稳泡剂。单靠骨胶稳泡，也不是十分满意，可以再加入少量稳泡剂与骨胶复合使用。

（6）加防腐剂、杀菌剂

用骨胶作为稳泡剂，其最大的缺陷就是骨胶作为生物制剂，溶液易于变质，使泡沫剂不耐储存。所以，要在环烷酸皂中加入一定量的苯甲酸钠或其他防腐剂。另外，还要加入一定量的杀菌剂。杀菌剂可选用广谱型。

8　泡沫剂标准及检测方法

在 2011 年以前，由于当时我国泡沫混凝土发展水平的限制，泡沫剂的生产和应用量还不高，所以，那时没有全国统一的泡沫混凝土用泡沫剂标准及检测方法。当时多是沿用苏联的检测方法，或者是借用化工行业、日化行业、食品行业等所使用的泡沫剂检测方法。2011 年后，我国推出了国内第一个全国统一的泡沫混凝土用泡沫剂标准，同时推出其他泡沫剂检测方法，使我国的泡沫剂生产和应用结束了无标准可依的历史。本文拟对这些标准的主要内容进行介绍，同时，也介绍一下化工、日化行业的泡沫检测方法，供读者参考。

8.1　《泡沫混凝土用泡沫剂》(JC/T 2199—2013) 标准　泡沫剂指标及检测方法

目前，国内泡沫剂的技术指标及检测方法所依据的标准比较混乱，各自为政，互不相同，其技术指标及检测方法不一致，失去了参考意义。这种状况应尽早结束。笔者认为，《泡沫混凝土用泡沫剂》（JC/T 2199—2013），是迄今为止国内推出的最完整及最权威的泡沫剂标准，也是泡沫剂生产、应用最主要的技术依据。建议各地企业以此标准指导生产泡沫剂，选购泡沫剂。各企业泡沫剂的技术指标及检测方法，应当统一标准，以这一标准为主要执行标准，其他标准为参考标准。否则，检测数据仍然没有可比性。

《泡沫混凝土用泡沫剂》提出的泡沫剂主要技术指标为发泡倍数、1h 沉降距、1h 泌水率、泡沫混凝土料浆沉降率 4 项，并提出了相应的检测方法。下面分别介绍这 4 项技术指标及检测方法。

8.1.1　发泡倍数及其测定方法

（1）发泡倍数的概念

发泡倍数是指制得的泡沫体积与形成该泡沫的泡沫液的体积比。

（2）发泡倍数的意义

发泡倍数是生产泡沫剂及应用泡沫剂的企业所关心的泡沫剂首要技术指标。它反映的是泡沫剂的起泡性能。发泡倍数越大，则泡沫剂的起泡能力越强。

（3）发泡倍数测定方法

将待检泡沫剂按说明书规定的稀释倍数，加入发泡机制备出泡沫并取样。泡沫取样时，应将发泡管出料口置于容器内接近底部的位置，利用发泡管出料口的泡沫流自身重力盛满容器并略高于容器口。

发泡机应符合以下规定：产泡能力（150 ± 90）L/min，发泡时空压机气压（0.9 ± 0.3）MPa，送液泵输出压力（1.5 ± 0.5）MPa，送液流量控制在（10 ± 5）L/min，具有专用气阻消除装置。发泡管为内径 50mm、长 550mm 圆管，进口内径为 15mm，出口内径为 32mm，圆锥形过渡。发泡管内填不锈钢丝状体，每个丝状体质量控制为（50 ± 0.5）g，装填 10 个，密度应均匀，钢丝断面尺寸应小于 0.05mm×0.4mm。

按上述发泡机制取泡沫装入容器后，刮平泡沫，称其质量。整个过程在 30s 内完成。发泡倍数按公式（8-1）计算：

$$N = \frac{V}{(m_1 - m_0)/\rho} \tag{8-1}$$

式中　N——发泡倍数；

　　　V——不锈钢容器容积，单位为毫升（mL）；

　　　m_0——不锈钢容器质量，单位为克（g）；

　　　m_1——不锈钢容器和泡沫总质量，单位为克（g）；

　　　ρ——泡沫液密度，取值 1.0，单位为克/毫升（g/mL）。

（4）发泡倍数性能指标

将泡沫剂按供应商推荐的最大稀释倍数配制泡沫液制泡，其发泡倍数应为 15～30 倍。

目前，国内各企业实际工程应用的泡沫剂，高档型的发泡倍数为 23～30 倍，中档型的发泡倍数为 20～23 倍，低档型的为 15～19 倍。

这里需要说明的是，根据作者的测定，稀释倍数越大，泡沫携液量越大，所以发泡倍数越大，但泡沫稳定性及泡沫混凝土的性能越差。所以，抛开泡沫质量，单纯追求高发泡倍数，是没有意义的。发泡倍数必须与泡沫泌水率、沉降距等统一控制，不能片面地强调高发泡倍数。

8.1.2　泡沫 1h 沉降距和 1h 泌水率及其测定方法

（1）泡沫 1h 沉降距及 1h 泌水率的概念

① 1h 沉降距的概念

按前述发泡倍数检测方法取泡沫样品，加入泡沫测定仪的泡沫筒中并刮平，1h 后泡沫在筒内的沉降尺寸（mm），即泡沫沉降距。具体可参看下面的检测方法。

② 1h 泌水率的概念

按前述发泡倍数检测方法取泡沫样品，加入泡沫测定仪的泡沫筒中并刮平，1h 后泡沫泌出的水量（g）与泡沫筒中所加入泡沫的总质量（g）的百分比值，即泡沫泌水率。具体可参看下面介绍的检测方法。

（2）泡沫 1h 沉降距及 1h 泌水率的意义

泡沫 1h 沉降距及 1h 泌水率均反映出泡沫在空气中存在时的稳定性，即其消泡的速度。1h 沉降距是最直观地反映泡沫稳定性的指标。泡沫筒内的泡沫破灭多少，其沉降距就多大。沉降距越大，消泡量也越大。1h 泌水率则是间接反映泡沫的稳定性的指标。泡沫的液膜主要物质是水。泡沫液膜在重力作用下向外排液，泡沫越不稳定，其排液量就越大。排液量即泌水量。所以泌水率反映出泡沫液膜逐渐排液变薄或完全破裂的速度。泡沫在空气中存在时的稳定性，主要就看泡沫沉降距及泌水率这两项技术指标。

（3）沉降距及泌水率的测定方法

① 测定仪器

泡沫的沉降距及泌水率测定仪由苏联中央建筑科学研究所于 20 世纪 40 年代研发，并

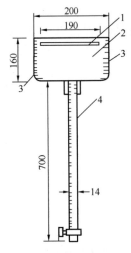

图 8-1　泡沫沉降距与
泌水率测定仪结构

1—浮标；2—广口圆柱体
容器；3—刻度；4—玻璃管

成为当时的主要泡沫剂质量检测仪器。1985 年，作者根据我国翻译的文献，在国内率先研制（至今还没有发现有其他研制），并在国内推广使用，成为国内各大专院校及科研单位研究泡沫剂的主要检测仪器，先后在全国推广应用了近 200 台。包括国家建科院、清华大学等单位均已选用。2012 年，当起草《泡沫混凝土泡沫剂》标准时，专家们推荐其作为标准检测仪，并被标准所采用。该仪器从 20 世纪发明以来，已经推广应用了近 80 年，并广泛被世界泡沫混凝土行业所采用。现在，本仪器又被我国标准所采用，这为其普遍应用奠定了基础。建议各地企业在检测泡沫剂质量时，将本测定仪作为标准仪器采用。

图 8-1 所示为泡沫沉降距与泌水率测定仪结构图。

② 试样

按照前述发泡倍数测定方法，制备出泡沫试样。

③ 测定方法

将试样在 30s 内装满容器，刮平泡沫，将浮标轻轻放置在泡沫上。1h 后打开玻璃管下龙头，称量流出的泡沫液的质量 m_{1h}。

④ 测定结果

1h 后对广口圆柱体容器上的刻度进行读数，即泡沫 1h 沉降距。

泡沫 1h 泌水率按公式（8-2）计算：

$$\varepsilon = \frac{m_{1h}}{\rho_1 V_1} \times 100\% \tag{8-2}$$

式中　ε——泡沫 1h 泌水率,%；

　　　m_{1h}——1h 后由龙头流出的泡沫剂溶液的质量，单位为克（g）；

　　　ρ_1——泡沫密度，单位为克/毫升（g/mL）；

　　　V_1——广口圆柱体容器容积，单位为毫升（mL）。

其中，泡沫密度由公式（8-1）中的数据，根据公式（8-3）计算：

$$\rho_1 = \frac{m_1 - m_0}{V} \tag{8-3}$$

式中　ρ_1——泡沫密度，单位为克/毫升（g/mL）；

　　　m_0——不锈钢容器质量，单位为克（g）；

　　　m_1——不锈钢容器和泡沫总质量，单位为克（g）；

　　　V——不锈钢容器容积，单位为毫升（mL）。

（4）泡沫沉降距及泌水率的技术指标

根据标准，一等品泡沫 1h 沉降距应不大于 50mm，1h 泌水率应不大于 70%；合格品泡沫 1h 沉降距应不大于 70mm，1h 泌水率应不大于 80%。

8.1.3　泡沫混凝土料浆沉降率（固化）及其测定方法

（1）泡沫混凝土料浆沉降率的概念

泡沫混凝土料浆沉降率是泡沫剂性能检测中最重要的一项指标。它表示水泥净浆（或其他胶凝材料净浆）在混合泡沫后，混合均匀，成为泡沫混凝土料浆后，加入边长

150mm 的立方体钢试模，刮平，静置固化后，料浆凹面最低点与模具平面的距离，与试模立方体的高度（150mm）百分比。即泡沫混凝土料浆最大下沉值与试模高度（150mm）之间的百分比。

（2）泡沫混凝土料浆沉降率的意义

与泡沫沉降距及泌水率相比，泡沫混凝土料浆沉降率更为重要。因为，它们反映的都是泡沫剂所发泡沫的稳定性，但是其核心不同，泡沫沉降距及泡沫泌水率反映的是泡沫在空气中存在时的稳定性，而泡沫混凝土料浆沉降率，则反映的是泡沫在胶凝材料浆体中的稳定性。

2013 年之前关于泡沫剂的品质判定和检测方法，不论是国外还是国内，均是只看泡沫在空气中存在时的稳定性，即只看泡沫沉降距及泌水率。这是很不科学的。因为，在空气中无论如何稳定的泡沫，哪怕一年都不会消泡，但是如果泡沫进入水泥浆（或其他胶凝材料浆体）就消泡，不适应水泥等胶凝材料的料浆，那就等于零。最终能在水泥硬化体中转变为气孔的泡沫，才是真正有效的泡沫。只在空气中稳定，而在水泥浆体中不稳定的泡沫，其实是无用的泡沫。所以，决定泡沫剂所制泡沫稳定性的主要指标，应是泡沫在浆体中的稳定性，即泡沫混凝土料浆的沉降率。泡沫混凝土料浆沉降率，最直接地反映出泡沫在料浆中的消泡量。泡沫在料浆中消泡量越大，其反映出的料浆沉降率也越大。而泡沫在空气中的沉降距及泌水率只能作为参考值，或作为单纯考察泡沫在空气中稳定性的依据，不能作为泡沫剂最终能否用于泡沫混凝土的依据。

从整个泡沫混凝土的发展看，我国 2013 年推出的《泡沫混凝土泡沫剂》（JC/T 2199—2013）这一标准，具有重要的历史意义。因为它确定了将泡沫混凝土料浆沉降率作为泡沫剂品质的重要检测指标，并制定了相应的检测方法。这一标准结束了之前单纯以泡沫沉降率及泌水率来判定泡沫稳定性的片面性，为泡沫剂在泡沫混凝土行业的应用确定了正确的科学的标准和指标。这也是我国对国际泡沫混凝土发展的一大贡献。

（3）泡沫混凝土料浆沉降率的测定方法

① 水泥浆制备

采用符合 JG 224—2009 要求的公称容量为 30L 的双卧轴强制式搅拌机，将水倒入搅拌筒内，在 5 ~ 10s 将称好的水泥徐徐加入水中，搅拌 90s，停 15s，同时将叶片和锅壁上的水泥浆刮入锅中，再搅拌 90s，停机，制得水泥净浆。

② 制备泡沫及泡沫取样

在制备水泥净浆的同时，将泡沫按供应商推荐的最大稀释倍数进行溶解或稀释，搅拌均匀后，采用本标准规定的空气压缩型发泡机制泡。

泡沫取样时，应将发泡管出料口置于容器中，接近底部的位置，利用发泡管出料口泡沫流的自身重力盛满容器并略高于容器口。

③ 制备泡沫混凝土料浆

将前面制好的泡沫在 1min 内加入上述已制好的水泥净浆中，将净浆与泡沫搅拌 2min，静停 15s，清理搅拌机内壁上的泡沫，再搅拌 1min，一次性出料后，再人工混合均匀，制得泡沫混凝土料浆。

④ 试件成型

按照上述方法制备出泡沫料浆后，在 60s 内装满边长 150mm 的立方体钢模，刮平泡沫料浆，静置，固化。待泡沫混凝土试件完全固化以后，测量料浆凹面最低点与模具上平面的距离，即泡沫混凝土料浆沉降距。测量完毕，将模具拆开，观察是否有中空现象，如有，则该项性能为不合格。

泡沫料浆沉降率按公式（8-4）计算：

$$h = \frac{H_1}{H_0} \times 100\%$$ (8-4)

式中 h——泡沫混凝土料浆沉降率，%；

H_0——立方体模具高，单位为毫米（mm）；

H_1——料浆凹液面最低点与模具上平面之间的距离，单位为毫米（mm）。

8.2 《泡沫混凝土》（JG/T 266—2011）标准 泡沫剂指标及检测方法

除了《泡沫混凝土用泡沫剂》（JC/T 2199—2013）标准所规定的泡沫剂指标及检测方法之外，住房和城乡建设部于 2011 年 4 月发布了《泡沫混凝土》（JG/T 266—2011）标准。该标准的附录 A（资料性附录）规定了泡沫剂性能指标及检测方法。这个标准是我国发布的涉及泡沫剂技术指标及检测方法的标准，虽然发布较早，有些地方不够完善，但它对于引领泡沫剂的规范化发展，仍起到奠基作用。后来编制的《泡沫混凝土用泡沫剂》（JC/T 2199—2013）部分内容，就参考了这一标准所规定的泡沫剂一些技术指标及检测方法。

8.2.1 发泡倍数

本标准所规定的泡沫剂发泡倍数指标及检测方法，与《泡沫混凝土用泡沫剂》（JC/T 2199—2013）有一定的差别。现将其方法及指标介绍于下。

检测方法

① 检测仪器

发泡倍数的检测仪器是容积为 250mL、直径为 60mm 的无底玻璃筒。

② 检测方法

将制成的泡沫注满无底玻璃筒内，两端刮平，确定其质量。发泡倍数 M 按式（8-5）计算：

$$M = \frac{V}{(G_2 - G_1)\ \rho}$$ (8-5)

式中 M——发泡倍数；

V——玻璃桶容积，单位为三次方毫米（mm^3）；

ρ——泡沫剂水溶液密度，单位为克每三次方毫米（g/mm^3）；

G_1——玻璃桶质量，单位为克（g）；

G_2——玻璃桶和泡沫质量，单位为克（g）。

③ 发泡倍数指标

按本标准检测方法，泡沫剂发泡倍数的技术指标 >20 倍。

④ 两个标准发泡倍数检测方法与技术指标的不同

对比《泡沫混凝土用泡沫剂》与《泡沫混凝土》附录 A，两个标准对发泡倍数的检测方法与指标有所不同。其不同点如下：

技术指标不同。《泡沫混凝土用泡沫剂》规定的发泡倍数技术指标为 15～30 倍，而《泡沫混凝土》附录 A 规定的技术指标为 >20 倍。前一标准的技术指标更宽泛一些。

检测方法不同。《泡沫混凝土用泡沫剂》标准规定的发泡机技术参数、取泡方法更为科学、严谨，但它没有规定取泡容器的容积和直径，略显不足。而《泡沫混凝土》附录 A 没有规定发泡机的技术参数和取泡方法，有一定的缺陷，但它规定了取泡容器的容积及直径，更便于操作。

由于两个标准规定不同，其检测结果是有差异的。相同的一种泡沫剂，若采用不同的标准检测，结果肯定不同，使同一种泡沫剂出现不同的发泡倍数。

8.2.2 泡沫沉降距与泡沫泌水量

《泡沫混凝土》附录 A 规定的泡沫剂指标除了发泡倍数，还有沉降距与泌水量两项。

（1）检测仪器

泡沫沉降距和泡沫泌水量的检测仪器与《泡沫混凝土用泡沫剂》相同，均采用泡沫测定仪。具体可参看本书 8.1.2 及图 8-1 的有关介绍，这里不再另做介绍。

（2）检测方法

与本书 8.1.2 的规定基本相同，其不同之处，在于它采用的泌水技术指标为泌水量，而不是泌水率。这样做的好处，是检测更简单、更直观，不用计算泌水率，缺陷是泌水量不如泌水率更能反映泡沫的泌水真实状况。因为泌水率与泡沫密度有关，泡沫密度越高则泌水率越大。泌水率要涉及泡沫的总质量，而总质量涉及泡沫的密度。采用泌水率更为科学。

① 泡沫沉降距测定方法

将被检的已发泡的泡沫在 30s 内装入泡沫沉降距和泌水量测定仪的泡沫容器内，并将容器上口刮平，将 25g 的铝质浮标放在泡沫上，开始计时，1h 后测定泡沫沉降距。泡沫玻璃容器的内壁上刻有刻度（mm 量度），浮标所对应的刻度值，即泡沫沉降距的数值。这一方法基本与《泡沫混凝土用泡沫剂》相同。

② 泡沫泌水量测定方法

仍用泡沫沉降距与泌水量测定仪测定泌水量。

从泡沫加入测定仪泡沫筒刮平，放上铝制浮标起开始计时。1h 后，泡沫仪下部的玻璃管内泌出的液量（mL），即泌水量。玻璃管上有刻度（量度值 mL），液面对应的刻度值即泌水量，可直接读取。

图 8-2 所示为作者根据苏联文献，制造的泡沫测定仪外观照片。

（3）泡沫沉降距和泌水量技术指标

本标准附录 A 所规定的泡沫沉降距及泌水率技术指

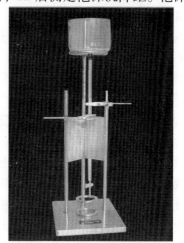

图 8-2　泡沫测定仪外观照片

标如下：

沉降距：<10mm

泌水量：<80mL

（4）本标准规定的检测方法的一些缺陷

由于行业当时发展水平的限制，经验尚不足，所以反映在《泡沫混凝土》（JG/T 266—2011）附录 A 所规定的泡沫剂质量指标及检测方法上，存在如下一些缺陷。

① 没有限定发泡机的技术参数

泡沫剂的质量不但与泡沫剂本身有关，而且其检测值与发泡机的技术参数有关。同样的一种发泡剂，在技术参数不同的发泡机上检测，就会有不同的结果，而且有时检测结果相差很大。因为发泡倍数、泡沫密度、泌水量与泡沫剂的稀释倍数，发泡机的液、气压力及进气进液量、产生泡沫的钢丝球管（发泡筒）的长径比及其中钢丝球的填充量，都有关系。如果对这些技术参数不做规定，那么测定的数据就失去了准确性、可比性，以及参考性。

② 没有规定泡沫混凝土料浆沉降率（或沉降距）

这一标准最大的缺陷，在于它只规定了泡沫剂所制泡沫在空气中的稳定性指标——泡沫沉降距和泌水率，而没有规定泡沫在料浆中的稳定性指标——泡沫混凝土料浆沉降率。

本书在前面的有关章节中，曾多次提及泡沫混凝土料浆对于泡沫的重大影响。在空气中无论如何稳定的泡沫，在泡沫混凝土料浆中未必稳定。假若它在料浆中不稳定，消泡塌模，那就等于没加泡沫。泡沫成了没有任何用处的东西。所以，只有在泡沫混凝土料浆中稳泡的泡沫才是有效泡沫。泡沫在料浆中的稳定性指标是泡沫混凝土料浆沉降率或沉降值。这一项指标必不可少，在标准中必须有相关指标及检测方法。但局限于这一标准制定时间较早，当时行业对这一问题的认识还比较模糊，所以在标准中缺了这一方面的内容，就使其不够完善。

③ 没有规定取泡方式

发泡机开始发泡时的前几秒钟，喷出的泡沫一般含水量较高，即密度较高，其检测时发泡倍数小、泌水量大、沉降距大。而当发泡机关停后流出的泡沫，一般含水量较少，即密度低，其检测时发泡倍数大、泌水量小，沉降距小。所以，在什么时间取泡，也影响检测结果。一般应规定，在发泡开始 5s 后，喷出的泡沫正常时取泡、比较正确，含水量既不会太多，也不会太少。但是，本标准对取泡的方式没有规定。其他几个标准也有这个问题。这就会大大影响检测值的准确性，会使其偏大或者偏小。

8.3 气泡轻质混合土填筑工程用泡沫剂技术指标及检测方法

填筑工程所用的泡沫混凝土，习惯称作"气泡轻质混合土"。在填筑工程领域，泡沫混凝土应用日益广泛，已发展成为应用规模最大的泡沫混凝土领域。为适应这一发展趋势，使泡沫剂更适合于填筑工程的生产实际，住房和城乡建设部于 2012 年 1 月发布了行业标准《气泡混合轻质土填筑工程技术规程》（CJJ/T 177—2012）。该标准的附录 A～附录 C 针对填筑工程特点，对填筑工程用泡沫剂（该标准称为发泡剂）的性能指标及检测方法，做了一些专业性规定。这些规定与前述通用性标准《泡沫混凝土用泡沫剂》（JC/T

2199—2013）有一定的不同。作者认为，作为特殊应用领域，进行一些有针对性的规定，这是合理的，也是有必要的。建议进行气泡轻质混合土填筑工程时，各企业可参照这一标准附录的一些规定对泡沫剂质量进行控制。下面对这一标准附录中对泡沫剂的性能指标及检测方法，做一具体介绍。

8.3.1 气泡群密度的检测方法

（1）气泡群的概念

气泡群是发泡液产生的气泡群体，也就是惯称的泡沫。

（2）气泡群密度的概念

气泡群密度是气泡群单位体积的质量。也可以理解为泡沫密度。

（3）发泡液的概念

发泡液是发泡剂稀释后的液体，即泡沫剂稀释液。

（4）检测仪器

① 发泡装置一套；

② 塑料桶 1 个，其容积为 15L；

③ 电子秤 1 台，其最大量程为 2000g，其精度为 1g；

④ 带刻度的不锈钢量杯 2 个，其内径 108mm，高 108mm，壁厚 2mm，容积 1L。

⑤ 平口刀 1 把，其长度为 150mm；

⑥ 钢直尺 1 把，其长度为 150mm，其分度值为 0.5mm；

⑦ 深度游标卡尺 1 把，精度 0.02mm；

⑧ 方纸片 1 张，边长 50mm；

⑨ 秒表 1 块。

（5）检测所需材料

① 稀释用水 10.0L；

② 泡沫剂 0.5L。

（6）气泡群制取

① 按稀释倍率计算好稀释用水量和泡沫剂量，并将泡沫剂稀释。然后将泡沫剂稀释液（发泡液）加入发泡装置的容器中；

② 启动发泡装置，调节阀门，并观察出口气泡群的质量；

③ 用量杯在管口接取气泡群，使气泡群充满整个量杯；

④ 用平口刀沿量杯杯口平面刮平气泡群。

（7）气泡群密度检测

① 将电子秤放置于水平桌面上；

② 称取量杯的质量 m_0，精确至 1g；

③ 将制取的气泡群称量其质量 m_1，精确至 1g；

④ 按式（8-6）计算气泡群密度 ρ_f（kg/m³）：

$$\rho_f = \frac{m_1 - m_0}{V_0} \tag{8-6}$$

式中 ρ_f——气泡群密度（kg/m³），精确至 0.1kg/m³；

m_1——量杯加气泡群质量（kg）；

m_0——量杯质量（kg）；

V_0——量杯体积（m³）。

⑤ 清洗并擦干仪器设备，再重复试验两次；

⑥ 取3次检测结果的算术平均值作为气泡群密度（kg/m³），精确至0.1kg/m³；

⑦ 气泡群密度检测应在每次取样后5min内完成。

8.3.2　泡沫沉降距与泌水量检测方法

按8.3.1提出的方法制取泡沫，然后进行以下泡沫沉降距与泌水率检测。检测仪器同8.3.1。

① 称取空量杯2质量 m'_0，精确至1g；

② 按8.3.1提出的方法，制取气泡群，气泡群密度应满足50kg/m³±2kg/m³；

③ 用量杯1接取标准气泡群，将装满标准气泡群的量杯1平放于水平桌面上；

④ 将方纸片平放于标准气泡群表面中央，静置1h，用秒表计时，精确至1min；

⑤ 将钢直尺平放于量杯1的杯口中间；

⑥ 用深度游标卡尺量测钢直尺下缘至方纸片的垂直距离，精确至0.1mm；这一数值即为标准气泡柱静置1h的沉降距 l（mm）；

⑦ 将量杯中分泌细水倒入量杯2中，称其质量 m'_1，精确至1g，计算（$m'_1 - m'_0$）即标准气泡柱静置1h的泌水量 m'（g）；

⑧ 清洗并擦干仪器设备，再重复试验③~⑦步骤两次；

⑨ 取3次沉降距检测的算术平均值作为标准气泡柱的沉降距 l（mm），精确至0.1mm；

⑩ 取3次泌水量检测的算术平均值作为标准气泡柱的泌水量 m'（g），精确至1g；

⑪ 标准气泡柱的沉降距及泌水量检测，应在每次取样后70min内完成。

8.4　现浇泡沫轻质土路基用泡沫剂指标及检测方法

近10年来，我国泡沫混凝土发展最快的工程应用领域，就是路基工程。泡沫混凝土公路路基，已列入交通运输部发布的新版《公路路基设计规范》（JTGD 30—2015）。目前，我国已有几百家从事泡沫混凝土路基施工的企业。路基用泡沫剂，其技术要求与一般泡沫剂有一定的区别。为规范路基用泡沫剂的生产与应用，天津市市政公路管理局于2011年10月发布了天津市市政公路工程地方标准《现浇泡沫轻质土路基设计施工技术规程》（TJG F10 01—2011）。在该标准的附录A中，规定了路基用泡沫剂的技术指标及检测方法。虽然是地方标准，其他地方的企业在从事路基工程泡沫混凝土施工时，其泡沫剂的质量标准，也可参照这一标准执行。天津市永暖建材科技开发有限公司多年来一直采用这一标准规定的泡沫剂技术指标及检测方法，来进行路基工程泡沫剂的质量控制，保证了工程一直优质，验证了这一标准对促进工程优质确实行之有效。

天津地方标准附录中，提出的涉及泡沫剂技术指标及检测方法的，共有3项：泡沫泌水率、泡沫轻质土料浆沉降距、泡沫轻质土湿密度增加率。其中，泡沫轻质土料浆沉降距及湿密度增加率，反映的是泡沫在泡沫轻质土料浆中的稳定性，泡沫泌水率则反映的是泡沫在空气中的稳定性。现将这 3 项内容分别详细介绍于下。

8.4.1 泡沫泌水率及检测方法

（1）基本要求及试验器具

① 设泡沫剂稀释倍率为 N，发泡倍率为 M，则泡沫剂标准泡沫密度按下式计算：

$$\rho = \frac{1000 \cdot N}{M} \tag{8-7}$$

② 电子秤 1 台，量程 300g，精度 ±1g；

③ 塑料桶 1 个，容量 25L；

④ 容量筒 1 个，金属制成，内径 108mm，净高 109mm，筒壁厚 2mm，容积为 1L；

⑤ 秒表 1 只；

⑥ 有机玻璃量筒 1 个，内径 44mm，净高 328mm，筒壁厚 3mm，容积 0.5L，最小刻度 2mm，每 1 刻度代表 2mm。天津市永暖建材科技开发有限公司专门配合本标准的推广，生产了这种有机玻璃量筒，支持这一标准的检测方法的应用。图 8-3 所示是这种专用量筒外观。

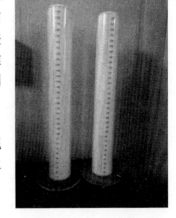

图 8-3　泌水率检测用量筒

（2）泌水率检测步骤

在 (20 ± 2)℃标准条件下，将泡沫剂按产品说明书规定的稀释倍率稀释成发泡液，以备制备泡沫。注意稀释水的温度也必须满足 (20 ± 2)℃的要求。

将制备好的发泡液置于发泡装置内，调节发泡枪发泡：

① 如无法发泡，则判断该泡沫剂不合格；

② 如能正常发泡，采用容量筒盛取泡沫，测量泡沫密度，并与式（8-7）计算的标准泡沫密度进行比较，如偏高，则调大发泡枪气路阀门。如偏低，则调小发泡机气路阀门。直至实测泡沫密度与标准泡沫密度的偏差不超过 $\pm 5 \text{kg/m}^3$。

在第②步操作时，应观察并描述泡沫质量，泡沫大小是否均匀细密，泡沫流是否完整。

在电子秤上称量有机玻璃量筒净质量，打开发泡枪盛取泡沫充满量筒。

秒表立即开始计时，并立即刮平量筒，使泡沫与筒口平齐，擦拭干净筒外壁，测量泡沫净重 M_q，精确至 1g。

将称量后的泡沫静置在无风处，同时，每隔 5min 读取 1 次量筒底端泌水的液面刻度数值，即发泡液体积 V_w（读数值读至 0.1mL），直至秒表计时达到 30min 为止。

泌水率按式（8-8）计算：

$$a = \frac{V_w \times \rho}{M_q \times 100\%} \tag{8-8}$$

式中　a——泡沫泌水率；

　　　ρ——发泡液密度，取 1g/cm^3；

　　　M_q——测得泡沫净质量；

　　　V_w——发泡液体积。

泌水率精确至0.1%，以30min时的泌水率作为泡沫剂的标准泌水率。

试验记录及成果整理应填表，表的格式见表8-1。

表8-1 泡沫轻质土料浆泌水率检测报告单

项目名称				施工单位				合同段		
工程部位				监理单位				公路等级		
重泡型	厂家	类型	稀释倍率	发泡倍率		标准泡沫密度（kg/m³）		代表批量（t）		检验日期
泡沫质量描述	泡沫均匀性	泡沫细腻性		泡沫流完整性				实测泡沫密度（kg/m³）		
泌水试验记录										
筒内泡沫质量 M_q（g）										
静置时间（min）	5		10	15		20		25		30
筒底液面读数										
泌水体积 V_w（mL）										
泌水质量（g）										
泌水率（%）										

泌水率时程曲线

（图：横轴 时间(min) 0~30，纵轴 泌水率(%) 0~30）

自检意见	
监理意见	

试验员		质检负责人		技术主办		项目主管	

144

8.4.2 泡沫轻质土湿密度增加率及检测方法

泡沫轻质土（即泡沫混凝土）湿密度增加率，是天津这一地方标准所独有的技术指标。其他各标准均没有这一指标。它能更准确地反映出泡沫在水泥料浆中的消泡速率，也就是泡沫在水泥料浆中的稳定性。规定这一指标，具有一定的先进性及创新性。

（1）湿密度增加率及其意义

① 湿密度增加率的概念

湿密度增加率是泡沫轻质土料浆经 6 次搅拌后，湿密度增加值与初始值的百分比值。

② 湿密度增加率的意义

湿密度增加值表征的是泡沫在水泥料浆中的消泡速度，间接反映出泡沫在料浆中的稳定性。泡沫越不稳定，消泡越快。消泡越快，则湿密度增高越快，也即湿密度增加率越大。

湿密度增加率越小，泡沫剂所发泡沫在泡沫轻质土料浆中的稳定性越高。

（2）湿密度增加率的检测方法

① 水泥净浆的制备

试验用搅拌机转速宜为 50r/min。应将水泥、粉煤灰、外加剂和水按设计配合比拌和。拌和时间不少于 2min。

② 泡沫制备

先将适量的泡沫剂按规定的稀释倍率稀释好，并置于发泡装置内；事先应根据标准密度泡沫的要求，调整好泡沫剂水溶液的发泡倍率，以备随时发泡。当水泥净浆制备好后，可以启动发泡装置制取泡沫。

③ 泡沫与水泥浆混合为泡沫轻质土料浆

启动水泥净浆搅拌机，在搅拌状态下，加入前述制取的泡沫，混合均匀。混合时间不少于 2min；拌合料总量应不少于搅拌机容量的 20%。泡沫的用量应采用量杯计量，泡沫体积误差 ±0.5%。

④ 检测用拌合料采取量应满足下式要求：

$$V_0 \geq 1.5 V_s \tag{8-9}$$

式中　V_0——泡沫轻质土检测用料体积；

　　　V_s——全部成型试样标准体积总和。

⑤ 也可以在施工现场出料口采取检测用泡沫轻质土拌合物。现场采取的拌合物，在实验室应再次拌和 1min，以确保质量均匀。检测用料制备完毕，应尽快进行检测。

⑥ 检测基本要求及检测用器具

a. 泡沫轻质土测试容积 ≥10L；

b. 电子秤 1 台，量程 300g，精度 ±1g；

c. 塑料桶 1 个，容量 25L；

d. 容量筒 1 个，金属制成，内径 108mm，净高 109mm，筒壁厚 2mm，密积为 1L。

e. 秒表 1 只；

f. 100mm 标准试模 1 条（含 3 格 100mm×100mm×100mm 模室）；

g. 游标卡尺 1 把。

⑦ 检测步骤

检测试验可采用手工搅拌或试验搅拌机搅拌两种方法。手工搅拌适合于施工现场检验；搅拌机搅拌适合于实验室做试配检验。

a. 手工搅拌检测方法

用塑料桶在施工现场泡沫轻质土出料口接盛泡沫轻质土（或在实验室接盛符合施工现场相同要求的泡沫轻质土），数量以大约达到桶的容量三分之二为准。

用容量筒测试所接盛泡沫轻质土的初始湿密度（ρ_0）。

用单手对桶内的泡沫轻质土连续进行搅拌，搅拌时，手应在水平方向和垂直方向分别交替做椭圆运动，但手始终置于泡沫轻质土内。搅拌持续时间大约 1min，用秒表计时。

测试搅拌后泡沫轻质土的湿密度。

重复以上检测 6 次（搅拌 1min、测试 1 次。共搅拌 6 次，测试 6 次）。设 6 次搅拌后的最大湿密度为 ρ_{6max}，可按下式计算湿密度增加率：

$$\delta = \frac{\rho_{6max} - \rho_0}{\rho_0} \times 100\% \tag{8-10}$$

b. 搅拌机搅拌检测方法

按本节①～④制备泡沫轻质土的方法制备出料浆试样，数量以不低于搅拌机容量的 20%、不超过搅拌机容量的 50% 为准。

用容量筒接盛所测试的泡沫轻质土料浆，并测试出其初始湿密度（ρ_0）。

设置搅拌时间为 1min，启动搅拌机，搅拌泡沫轻质土。

搅拌机搅拌结束后，测试搅拌后泡沫轻质土的湿密度。

重复上述搅拌和测试湿密度，直至达到 6 次，取得 6 个湿密度值。

设 6 次搅拌后的最大湿密度为 ρ_{6max}。

按式（8-11）计算湿密度增加率：

$$\delta = \frac{\rho_{6max} - \rho_0}{\rho_0} \times 100\% \tag{8-11}$$

湿密度消泡试验（湿密度增加值检测），试验报告单见表 8-2。

8.4.3　泡沫轻质土料浆标准沉陷距及检测方法

（1）料浆标准沉陷距的概念

泡沫轻质土料浆硬化后，料浆凹面最低点与模具上平面之间的距离，称为泡沫轻质土料浆标准沉陷距。

（2）料浆标准沉陷距的意义

料浆标准沉陷距表示的是泡沫在料浆中的消泡程度，也即间接反映泡沫在料浆中的稳定性，是一项泡沫稳定性的指标。料浆沉陷距越大，则消泡量越大，也即泡沫稳定性越差。

（3）料浆沉陷距的检测方法

按本节前述泡沫轻质土料浆的制备方法制备料浆。再按以下步骤检测：

① 用边长 100mm 试模接盛泡沫轻质土，并使接盛量略高于试模表面；

② 将接盛了泡沫轻质土的试模表面刮平；

③ 用保鲜膜覆盖试模表面，使保鲜膜紧贴泡沫轻质土；

④ 将试模置于 (20±2)℃的环境中，静置12h以上，直至泡沫轻质土硬化。

⑤ 用游标卡尺测量试模3个模室表面泡沫轻质土的沉陷距，精确至0.1mm。

⑥ 取3个沉陷距的算术平均值，作为泡沫轻质土的标准沉陷距，精确至0.1mm。

试验结果填入表8-2。

表8-2 泡沫轻质土湿密度增加率及沉陷距检测报告单

项目名称					施工单位			合同段		
工程部位					监理单位			公路等级		
原材料	发泡剂					水泥			粉煤灰		
	厂家/类型	稀释倍率	发泡倍率	标准泡沫密度(g/L)		厂家/品牌	类型	标号	厂家/品牌	类型	分级

配合比	配合比编号	水泥浆单方材料组成(kg/m³)			轻质土单方材料组成(kg/m³)			轻质土气泡率(%)	原材料实测密度(kg/m³)			拌合物理论湿密度(kg/m³)	
		水泥	粉煤灰	水	水泥	粉煤灰	水		水泥	粉煤灰	泡沫	水泥浆	泡沫轻质土

拌合物材料用量	成型容积(L)	原材料用量（g）			泡沫用量(L)	实测初始湿密度(kg/m³)		泡沫轻质土流值(mm)
		水泥	粉煤灰	水		水泥浆	泡沫轻质土	

搅拌	搅拌时间(min)	实测湿密度(kg/m³)	湿密度增加率(%)	消泡试验曲线		
	1					
	2					
	3					
	4					
	5			湿密度增加率评判	规定值（%）	实测值（%）
	6					

标准沉降距测试	沉降距实测值(mm)			沉降距评判(mm)	
	模室1	模室2	模室3	规定值	实测均值

自检意见	

监理意见	

试验员		质检负责人		技术主办		项目主管	

8.5 罗斯泡沫仪法泡沫剂指标及检测方法

8.5.1 罗斯泡沫仪法简介

罗斯泡沫仪法又称罗斯法或 ISO 法，俗称起泡高度法。它是化学工业及食品工业普遍使用的检测泡沫剂（或表面活性剂）起泡性能及泡沫稳定性的一种通用方法。后来，泡沫混凝土行业的一些研究者也常用这种方法检测泡沫剂的性能。

罗斯法（Ross-Milles 法）是国际上使用最普遍，也最权威的传统泡沫剂性能检测方法，并被 ISO 国际标准所采用，被定为 ISO-696—1975 标准；我国参照罗斯法，先后出台了几个相关检测标准和检测方法。例如，原轻工业部部颁标准 QB 510—1984、国家标准GB/T 7462—1994 等。因此，目前罗斯法在国内外跨行业应用最为广泛和流行，是化工、食品等行业主导性的泡沫剂检测方法。

罗斯法检测泡沫剂的性能，其技术指标与其他检测方法不同。它不是制定泌水率、沉降距、发泡倍数，而是以起泡高度和泡沫半消两项指标来反映泡沫剂的起泡性和泡沫稳定性。

罗斯法虽然在国际上应用较广，但它毕竟是起始于对化学工业表面活性剂起泡力与泡沫稳定性的检测，尤其是日化行业应用最广。现在仍然以化学工业应用为主。在泡沫混凝土行业，虽然有些研究者也采用这种方法检测泡沫剂性能，但并不普遍。泡沫混凝土行业，不仅要考虑泡沫在空气中的稳定性，还要考虑泡沫在浆体中的稳定性。从这一点说，罗斯法应用于泡沫混凝土泡沫剂的检测，是不完善的。但既然有的研究者在应用这种泡沫剂检测方法，文献中常以"起泡高度"和"泡沫半消"来标注泡沫剂性能，使许多人搞不懂这两项指标的来历。所以，本书也有必要在这里介绍一下罗斯法。但需说明的是，这一标准不适用泡沫混凝土，不建议采用。

8.5.2 罗斯法原理及技术指标

（1）基本测试原理

罗斯法是采用试液自 700mm 高度下注，冲击相同浓度的 50mL 的试液起泡，以其在刻度管中的起泡高度测试其起泡力。然后观察其泡沫柱的体积变化，以其泡沫柱体积减小一半时的时间来表征其泡沫稳定性。

由于试液温度影响测试结果，为了保证温度恒定，其测试主体刻度管的夹套里循环40℃温水，可保证测试结果不受环境温度的影响。

（2）泡沫性能技术指标

罗斯泡沫仪检测方法，所测定的泡沫剂技术指标有两项：起泡高度和泡沫半衰期。

① 起泡高度

200mL 稀释后的泡沫剂自 700mm 高度滴入夹套刻线管内 50mL 相同浓度的泡沫剂，冲击力扰动产生泡沫，刻度管产生的泡沫柱高度，即起泡高度。

起泡高度表征泡沫剂的起泡性能。

② 泡沫半衰期

起泡高度测试所产生的泡沫柱，其体积衰减一半所需时间，即泡沫半衰期。

泡沫半衰期表征泡沫稳定性。

8.5.3　罗斯泡沫仪结构

罗斯泡沫仪由 4 个部分组成。

（1）滴液管或滴液瓶

滴液管为容量 50mL 的玻璃管。滴液瓶为容量为 500mL 的玻璃球状瓶。滴液管或滴液瓶，用于盛装 200mL 测试泡沫剂稀释液。它一般置于仪器的最上方。其滴管应插入下部固定好的夹层刻度管正中央。其滴液管的滴液口距离夹套刻度管的底部试液面应为 700mm。滴液管和滴液瓶，两者选用其一。

（2）夹套刻度管

夹套刻度管为本测定仪的主体部件。它是一只带有夹层的玻璃管，管的外壁带有刻度，刻度的分度值为 2mm。夹套里可通入 40℃ 恒温循环水，以保证夹套内在测试时维持 40℃ 左右恒温。夹套外壁上安装有恒温循环水的进出口。

（3）恒温水浴锅

恒温电加热水浴锅，由温度控制装置及电热锅组成。水浴电热锅加入水后，可根据设定温度，自动加热，使循环水的水温始终保持 40℃。

（4）仪器支架

仪器支架主要支撑夹套刻度管。它具有固定架和固定夹，可以牢固地将测试仪主体夹套刻度管牢固地固定于支架上。

图 8-4 所示为罗斯泡沫仪的结构。

图 8-5 所示为罗斯泡沫仪的外观。

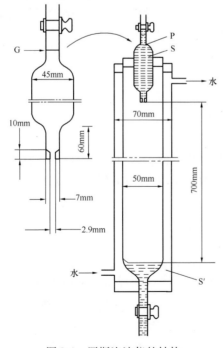

图 8-4　罗斯泡沫仪的结构

图 8-5　罗斯泡沫仪的外观

P—泡沫移液管;G—200mL 刻度;S—试液(200mL);S′—试液(50mL)

8.5.4 罗斯泡沫仪的检测方法

罗斯泡沫仪可按以下步骤进行泡沫剂的检测操作。

（1）按规定的稀释倍数，将待测泡沫剂进行稀释，备用；

（2）打开恒温器，当恒温器达到一定温度时，夹套刻度管水浴的温度，也会稳定在 (40 ± 0.5) ℃；

（3）用蒸馏水冲洗夹套刻度管内壁，冲洗必须完全。然后，用试液冲洗管壁，务必冲洗完全；

（4）关闭夹套刻度管活塞，用移液管吸取 50mL 试液，注入夹套刻度管 50mL 刻度处，此试液预先加热至 40℃；

（5）将滴液管（或滴液瓶）注满 200mL 试液，此试液也要预热至 40℃；

（6）将滴液管（或滴液瓶）安装到事先预备好的管架上，其滴液口插入夹套刻度管，并应与夹套刻度管呈中心垂直，使试液能流到刻度管中心。滴液管的出口应安置在 700mm 刻度线上。

（7）打开滴液管的活塞，使溶液流下。当滴液管的溶液流完时，立即计时，并每 5 分钟记录一次泡沫高度。以泡沫最高位置时的数值为起泡高度值。以泡沫半消时的时间为泡沫半衰期。

（8）重复以上试验 3 次，取平均值为检测值。

（9）每次试验后，均应用蒸馏水清洗器壁，以免影响测试准确性。

（10）温度控制提示：影响罗斯泡沫仪测试结果的因素，主要是刻度管夹套内的水温。由于发泡剂在不同温度下的稳泡时间和起泡力有很大的不同，所以，罗斯泡沫仪刻度管夹套内的水温将大大影响测试结果。故此，在进行测试时，应精确控制刻度管夹套内的水温。建议选用温度控制比较精确的测试仪。

目前，常用的罗斯泡沫仪型号有 2151 型、2152 型等。其型号虽不同，使用方法及测试结果相同，可以任意选用。

8.6 其他测试方法

目前，泡沫剂的测试方法，国内外共有几十种。其中有国家标准，有地方标准，有企业标准，也有专家们自行提出的。除了上面已介绍的应用量最大的几种之外，还有几种不常见的，现也介绍于下。

8.6.1 气流法

气流法是气体以一定的流速，通过玻璃砂滤板，来测试泡沫剂的一种方法。滤板上盛有一定量的试液，气流通过滤板，扰动试液，使之成为气泡并聚积为泡沫。

当气流的速度固定并使用同一仪器（刻度量筒），流动平衡时的泡沫高度 h 可以作为泡沫性能的量度。因为，h 是在一定气流速度下，泡沫生成与破坏处于动态平衡时的泡沫高度。所以，此法中的泡沫高度与泡沫状态包括起泡性和稳泡性两种性能。刻度量筒上有刻度。起泡的最高点对应的刻度即可作为起泡高度的指标值，反映泡沫剂的起泡性，而泡沫柱随时间的延长而降低，当其降低至原高度的 1/2 处所对应的刻度值，即可作为泡沫的半衰期，反映出泡沫的稳定性能。

气流法现在多用于化工、食品等行业对表面活性剂的检测。在泡沫混凝土行业生产实际中应用较少，只在一些研究者中有一定的应用。但此法不适用于泡沫混凝土。气流法所用的泡沫测定仪结构如图 8-6 所示。该仪器市场上有销售，可以购到。此法为非标准、非主流方法，只可了解，不可采用。

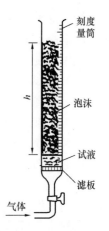

图 8-6 气流法泡沫剂测定仪

8.6.2 搅动法

搅动法测定泡沫剂性能，也是化工、食品行业所使用的一种方法。近年来，泡沫混凝土行业也有个别研究人员及企业使用。其具体方法简述如下。

搅动法使用的是一个刻度量筒，用普通玻璃量筒即可，但其刻度值必须满足测量最大起泡高度的需要，即最大刻度值应大于最大起泡高度值。在量筒内有一个搅拌器。搅拌器由手动轴及轴下端的盘状不锈钢丝网的泡沫发生器（搅拌头）组成。搅拌器可以自制。图 8-7 所示是搅动法所使用的测试装置结构图。

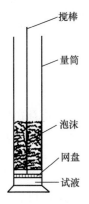

图 8-7 搅动法测试装置

测试时，先在刻度量筒中放入一定量的测试液。测试液以一定稀释倍数的泡沫剂配成。然后，插入搅拌器，并用手以规定速度、规定时间上下提拉，使测试液受到搅动而起泡，产生一定高度的泡沫柱。其原理是通过在气体（一般指空气）中搅动液体，把气体搅入液体中而产生泡沫。这也是一种非标准方法，只供参考。

本方法的测试结果与试液温度、搅拌方式、搅拌速度、搅拌时间、测试液用量、搅拌头规格等因素有关。要使测试结果一致，具有重现性，就一定要对以上因素进行详细的规定。否则，测试结果就不具有准确性与可比性。

搅动法的泡沫剂检测技术指标有两项：

（1）起泡高度

起泡高度表征泡沫剂的起泡性能。搅拌器搅动试验用刻度量筒里的试液，停止搅动后，泡沫柱在刻度量筒里的最大高度所对应的刻度值，即起泡高度（分度值 mm）。

（2）泡沫半衰期

停止搅动后的泡沫高度为起始泡沫高度。当泡沫随时间的延长而逐渐消失，泡沫柱高度降至起始高度的一半时的时间，即泡沫半衰期。

8.6.3 颠倒法

该法也是化工、食品行业使用的一种非标准检测泡沫剂的方法。由于其方法简易，便于实施，所以，个别泡沫混凝土企业及研究者也使用这一方法。在各种泡沫剂的检测方法中，这是最简单的一种。

这种检测方法只需要一支试管即可。对试管的要求有两个：一是必须是带有磨口管塞

151

的试管。这种试管市场有售，可以很方便地买到。二是必须带有刻度，而刻度值必须大于最大起泡高度值。

使用刻度磨口试管检测泡沫剂起泡性与稳泡性的方法如下。

（1）在试管里加入 2mL 泡沫剂稀释液。其稀释倍数按泡沫剂说明书规定；

（2）盖紧试管塞，倒置时管口不能有试液渗出；

（3）按规定速度和时间，将试管上下巅倒 50 次，扰动试液，使之起泡；

（4）巅倒 50 次以后，正置，观察泡沫柱最大高度，即泡沫剂的起泡高度。起泡高度值表征泡沫剂的起泡力，是其起泡力技术指标，单位为 mm；

（5）将试管静置，观察泡沫消失情况。泡沫柱下降一半高度的时间，即泡沫剂的泡沫半衰期。泡沫半衰期是泡沫稳定性的技术指标。

它的检测指标起泡高度和泡沫半衰期，类似罗斯法。但由于检测仪器及方法不同，其指标的检测数值没有可比性。应用时必须说明采用的是何种检测方法。否则，其检测值没有参考性。

由于巅倒法是十分简单、不需要复杂的仪器，买一支磨口刻度试管即可进行检测，十分方便。建议没有其他正规标准泡沫测定仪的企业，可以采用这种简易检测法。例如，当你面临多家泡沫剂供应商时，各家都宣传自己的泡沫剂好，让你分辨不出哪家泡沫剂好。这时，你就可以采用巅倒法，进行对比检测。检测结果谁的好就用谁的。起泡高度越大，半衰期越长，谁的泡沫剂就好。其检测值可作为对比值，但不能作为法定的泡沫剂质量的标准值。

8.6.4 混合法

混合法采用起泡高度衡量起泡力的方法，类似罗斯法。而其泡沫稳定性采用泡沫沉陷距表征，又类似《泡沫混凝土用泡沫剂》（JC/T 2199—2013）标准规定的方法。由于几种方法混合使用，所以称为混合法。

（1）试验仪器

带有电动搅拌机的刻度量筒。其最大刻度值应大于最大起泡高度。电动搅拌机转速 500r/min。电动搅拌机型号 60-2F。

（2）试验过程

① 配制泡沫剂稀释液。其稀释倍数按泡沫剂说明书规定。

② 发泡。在刻度量筒里加入规定量的泡沫剂。启动电动搅拌机，以 500r/min 的速度搅动泡沫剂稀释液，使之起泡。搅拌时间 10min，停止搅拌后静停 5s，读取刻度量筒泡沫所达到的最大刻度，即其起泡高度值，单位 mm。起泡高度为泡沫剂起泡能力的指标值。

③ 沉降。取制好的泡沫，加到沉陷距测量筒内，测量筒带有刻度，刻度分度值 2mm，测量筒内径 6cm，高 9cm，玻璃材质，其容积为 250mL。泡沫装满测量筒后，刮平，并在泡沫上表面覆盖一层纸，平静地放在无风处。40min 后量取泡沫沉陷距。泡沫沉陷距可作为泡沫稳定性指标。

本方法多在化工、食品行业使用，且使用不广泛。在泡沫混凝土行业，不经常使用。可以将其作为非标准检测方法参考。有电动搅拌机的企业，不妨采用这一方法。

8.6.5　简易法

有些小企业既无实验室，也不具备检测条件及仪器。要让他们采用正规的标准检测方法来检测泡沫剂，那是办不到的。在这种情况下，他们要想了解自己所配制的泡沫剂质量如何，或者所采购的不同厂家生产的泡沫剂哪个好、哪个不好，做出正确的判断和量化对比，就比较困难。为解决这些众多小企业的实际问题，特向他们介绍一种最简易的泡沫剂检测方法。这种方法既不需要实验室，也不需要专用的检测设备，只需一些矿泉水瓶，且随时随地可以检测，很便于那些小企业采用。

（1）矿泉水瓶或纯净水瓶要求

上下直径基本相同，中部不缩腰。无色透明，平底。

（2）检测步骤

① 将待检泡沫剂稀释40倍，配成测试液，备用；

② 将配好的测试液用注射器抽取30mL，注入矿泉水瓶或纯净水瓶，拧紧瓶盖。

③ 振荡起泡。用右手握紧水瓶，以1s/次的速度，上下用水振荡水瓶。振荡幅度为30cm。振荡次数为100次。振荡时的力度尽量一致，不可忽大忽小。振荡100次后，停止振荡。静置5s。用直尺量取起泡最大高度，即泡沫剂的起泡高度，表征该泡沫剂的起泡能力。起泡高度的单位为mm。

④ 观察泡沫稳定性。记录起泡高度之后，将水瓶静置桌上。观察其随时间延长的消泡情况，每5min记录一次泡沫高度。当泡沫高度因消泡而降至原来最大高度的1/2时，记录这一时间，即泡沫半衰期。泡沫半衰期，表征泡沫的稳定性及消泡情况。把各次记录时间与泡沫高度对应，可以在坐标纸上绘出其消泡曲线，更清楚地了解其消泡速度。泡沫半衰期单位为min。

⑤ 泡沫在水泥浆体中的稳定性检测，可采用如下方法步骤：

将上述制取的泡沫，在停止振荡后取出，量取100mL，加入水泥浆，混匀，成为泡沫水泥浆。将泡沫水泥浆注入饮水纸杯，刮平，20～30℃温度下静置固化。固化后，量取浆体最凹处与上口之间的距离，即为浆体沉降距。沉降距越大，则泡沫在水泥浆中的稳定性越差。水泥浆配制：水泥100g，水40g。泡沫加入量100mL。纸杯容量200mL左右。各次检测必须采用相同的纸杯。

这种方法只能作为非标准对比性检测，用于企业选购泡沫剂时参考。

9 泡沫剂的选择与使用方法

泡沫的生产、选购、应用，在行业内许多企业与从业人员看来，已不是什么技术问题，已经习以为常。大家觉得对这些问题已经十分熟悉，基本通晓，无须再去探讨。笔者认为，这对那些从业时间已很长，经验丰富，且具有技术实力的泡沫混凝土企业来说，确实如此。但现实是，泡沫混凝土行业发展太快，大量小企业匆忙进入。他们技术底子薄，带有很大的盲目性。很多企业都是略知一二就接工程施工或生产制品。泡沫混凝土行业还是以中小企业为主，且小企业占多数。这就导致整个行业的技术基础和经济基础偏弱，造成行业泡沫混凝土规模大、产量大，而质量不高。其中，许多企业不能正确选择和应用泡沫剂，也是一个主要因素。尤其是近几年新加入行业的那些企业，对泡沫剂的认识、研究、使用，明显存在短板。所以，这里讲一下泡沫剂的正确选择和使用，给那些在这方面仍有欠缺的企业补一下课。愿下面的内容对有些企业及个人有所启发。

9.1 泡沫剂的正确选择方法

9.1.1 彻底纠正只看价格、不看质量的泡沫剂选择方法

现在，泡沫混凝土行业流行一种很不好的风气，那就是，一些企业在选择泡沫剂时，只看价格，不看质量，一味追求低价格的泡沫剂。谁的泡沫剂便宜，就选购谁的。以松香皂泡沫剂为例，价格为每吨 8000 元以上的，很少有人问津，而每吨 3000 ~ 5000 元的，十分畅销。把价格作为泡沫剂选择的标准，这实在是错之又错。

我们不能说，高价的必定是好的，而价低的一定都不好。但受产品成本的限制，在一般情况下，高质量的泡沫剂，一般成本较高，价格必然较高。当价格低于产品的成本时，它必然不能保证质量，品质较差。以松香皂泡沫剂为例，如果真正按照松香的皂化值与松香骨胶比来生产，保证质量，就目前的原料市场最低价来计算，能保证松香皂泡沫剂高品质，其生产成本每吨最低也要 7000 元。目前，松香的价格每吨已达 10000 元左右，骨胶的价格已涨到了每吨 18000 ~ 20000 元。所以，松香皂泡沫剂的优质产品不可能成本低于 7000 元/吨。而纵观市场上的不少在售松香皂泡沫剂，每吨只有 3000 ~ 5000 元，远低于其生产成本价。试想，如果不去选购每吨 8000 元以上的松香皂，而热衷于选购每吨 3000 ~ 5000 元的松香皂，怎能去保证质量。

有些泡沫剂之所以价格很低，是其有效成分含量低，加水过多。还以松香皂泡沫剂为例，它可以加水 2 倍和 3 倍，稀释后销售。为了迎合低价易销的购货心理，生产者有时不得不牺牲成本，以降低有效成分而多加水来实现低成本。所以，追求低价格，购回的多是不合格产品。

购买使用低价格的泡沫剂，产品质量差，最终受害的是自己的工程，是以牺牲工程质量为代价的。泡沫剂品质差，会造成以下后果：

① 由于泡沫不稳定，消泡多，泡沫混凝土达不到设计密度，使密度超标。

② 由于泡沫品质差，形成泡沫混凝土连通孔多，导致吸水率高、抗冻性差、保温性能与隔热性能下降，劣化了泡沫混凝土。

③ 生产过程中由于泡沫不稳定，造成浆体下沉、塌模，体积稳定性差，不能保证生产的顺利进行。

④ 发泡剂用量大。由于大量消泡，要保证密度，就得多用发泡剂，增大了发泡剂的用量。从这点说，也并没有达到降低生产成本的目的。

目前，泡沫混凝土行业，低成本、低价格的低端泡沫剂盛行，其实际生产使用量占泡沫剂总量的40%，严重影响了泡沫混凝土的发展。在此，作者呼吁行业内有责任心的企业，改变选择泡沫剂的习惯，告别价格第一的观念，回归理性，把泡沫剂的品质作为选择泡沫剂的最大准则。

9.1.2　走出重视起泡量、忽视稳泡性的误区

泡沫剂最重要的技术指标有两项，那就是泡沫剂的起泡性与泡沫稳定性。这两项指标高度统一，既有优异的起泡性，又有优异的泡沫稳定性，才是合格的泡沫剂。如果这两项技术指标中，有任何一项不好，都不能算是合格的泡沫剂。

但是，在泡沫混凝土行业中，有些朋友们在选购泡沫剂或自配自用泡沫剂时，不是追求泡沫剂高起泡与高稳泡的统一，既要求高起泡性，又要求高稳泡性。他们为降低泡沫剂用量，片面地去追求高起泡性，要求泡沫剂起泡量越大越好，只要起泡性好，就心满意足，而不追求高稳泡性。忽视泡沫剂的稳泡性，错误地把高起泡性作为选购或自配自用泡沫剂的标准。

上述片面及错误的认识及做法，导致泡沫混凝土行业泡沫剂的稳泡性较差，和国外发达国家出现了较大的差距。其差就差在稳泡性上。这逼迫一些生产高品质产品的企业，不得不出高价，从国外进口高稳泡性的泡沫剂。这就形成了一方面我国生产的泡沫剂已出现过剩；另一方面，高稳泡性的泡沫剂又市场短缺的状况。目前，我国正面临泡沫混凝土质量升级的缓慢阶段，走低端发展的道路是暂时的，行不通的。这一升级的过程中，首先要升级的就是泡沫剂，而泡沫剂最需要升级的，就是其稳泡性。所以，重视泡沫剂的起泡性，忽视泡沫剂的稳泡性，这种倾向不可持续，要坚决扭转。

笔者也曾与不少有这种倾向的人探讨过出现这种倾向的原因。他们说出的理由比较接近于实际。其理由是：①降低泡沫剂用量，压低泡沫混凝土的生产成本。因为起泡性越好，越省泡沫剂，稳泡性好的泡沫剂往往起泡性略低一些。②对稳泡性认识不足，不了解它对泡沫混凝土的重要性。也就是缺乏对泡沫剂的全面认识。而主要原因还是前者。

企业想降低生产成本，减少泡沫剂用量的心情是可以理解的，但并不正确。因为，单纯追求高起泡性，并不能降低泡沫剂用量，反而会加大泡沫剂用量。泡沫剂制出的泡沫，只有最终在泡沫混凝土中形成气孔，才是有效泡沫。起泡量再大，泡沫不稳定，大量消泡，最终存留很少，形不成多少泡沫混凝土的气孔，那都是无效的泡沫。高起泡不等于高气孔率。稳泡剂的实质是保泡剂，它决定泡沫最终在泡沫混凝土中的保留率。泡沫保不住，等于无泡沫。稳泡与起泡同等重要。

我们举例说明这一道理。如果一种高起泡的泡沫剂起泡量为800L/kg，其稳泡差，泡

沫保留率仅 20%，那么最终形成气孔的体积也只有 160L/kg 左右。另一种低起泡的泡沫剂，起泡量仅 500L/kg，但它稳泡优异，泡沫保留率为 70%，那么最终形成气孔的体积也有 350L/kg，是前一种高起泡沫剂的两倍多。

泡沫剂制出的泡沫，最终能保留多少形成气孔，取决于稳泡性。即使世界上最优异的泡沫剂，也不可能泡沫 100% 保留，最终能在泡沫混凝土中保留 90%，已经相当不错了。大部分泡沫剂的泡沫在泡沫混凝土中的保留率都为 40%~80%，稳泡性差的，其保留率甚至连 20% 也达不到，大部分都破泡、消泡了。

泡沫破灭受以下因素影响，无法完全避免：

① 混合泡沫时，搅拌机的叶片及筒壁的摩擦力，造成消泡。

② 泵送时，泵的压力造成消泡，压力越大，消泡越多。承受摩擦力造成的消泡，泵送距离越远、越高，消泡越多。

③ 制浆时加入的轻集料造成的消泡。一是轻集料干燥，进入浆体时大量吸水，造成消泡。二是轻集料对泡沫的摩擦力造成的消泡，轻集料越粗糙，消泡越多。

④ 浇筑后浆体自重压力造成的消泡。浇筑体积越大，一次浇筑高度越大，下部浆体的泡沫在压力下消泡越多。

⑤ 浇筑后浆体渗水、蒸发、泡沫重力排液等作用，造成的消泡。渗水越多、气温越高、风越大，消泡越多。

以上因素叠加，泡沫的保留就十分困难。对于那些稳泡性差的泡沫，最后留存不下多少。解决这些问题唯一的办法，就是提高泡沫的稳定性，若不重视泡沫剂的稳泡性，最终气孔率不但很低，而且连通孔多，密度也达不到要求，害处是很大的。

9.1.3　不能只看重空气中泡沫稳定性，更要重视泡沫在水泥浆体中的稳定性

泡沫剂所制的泡沫，有两种稳定性。一种是泡沫在空气中的稳定性；另一种是泡沫在泡沫混凝土浆体中的稳定性。决定泡沫剂使用价值的，不是它在空气中的稳定性，而是它在泡沫混凝土浆体中的稳定性。因为，在空气中泡沫无论如何稳定，而在进入泡沫混凝土浆体中时不稳定而消泡，那么，这种泡沫就失去了最终的使用价值。要知道，只有在泡沫混凝土中十分稳定，不会破泡的泡沫，最终才会形成气孔。

在前面有关章节中曾经讲过，泡沫剂在空气中十分稳定，可以高高堆起十分漂亮的泡沫，不见得它会在泡沫混凝土浆体中也稳定。有不少的泡沫剂，在空气中都会很稳定，但一进入泡沫混凝土浆体，就破泡消泡，失去了稳定。这种泡沫剂所制的泡沫是劣质泡沫，泡沫剂也是不合格的泡沫剂。

所以，在选择泡沫剂时，应把它所制泡沫在泡沫混凝土浆体中的稳定性，作为泡沫剂是否合格的准则，而不是相反，只看其泡沫在空气中的稳定性。

但是，泡沫混凝土行业的许多企业，在选购泡沫剂时，反其道而行之，只凭泡沫在空气中的稳定性，而不考虑泡沫在泡沫混凝土浆体中的稳定性来决定取舍。他们往往只看发出的泡沫外观，只要泡沫能够高高堆起，像棉花那么漂亮，就认定这是好的发泡剂。而那些销售泡沫剂的厂家，也往往投其所好，发布一些漂亮泡沫的照片来引人购买。殊不知，泡沫可以高高堆起，或成条状、膏状、棉花状，并不能证明就是优质泡沫，只要把发泡机的进液量调小，进气量调大，使泡沫密度降低，即含水量减少，很多泡沫剂都可以制出这

种外观的泡沫。它并不能反映泡沫剂的品质。

正确的方法，应该是取一些泡沫剂样品，在自己的发泡机上制出泡沫，既测试泡沫的沉降距、泌水率、密度，又要将泡沫加入按自家配合比制出的水泥浆体，测定浆体固化后的沉降距。只有那些泡沫在空气中沉降距小，泌水率低、泡沫混凝土浆体沉降率也低的泡沫剂，才是优质的泡沫剂。那种只凭泡沫稳定、外观好来选购泡沫剂的做法，应该彻底纠正。

建议泡沫混凝土企业应该自备一套泡沫测定仪、泡沫混凝土浆体沉降率检测筒，总共也只有几百元，但可以准确检测泡沫剂质量，避免了单凭泡沫外观决定取舍的不准确性。用检测数据作为选购泡沫剂的依据，这才是最科学的，可以避免选购泡沫剂时的失误。

9.1.4　不但要看泡沫的状态，还要看泡沫形成的孔结构

泡沫混凝土的孔结构，包括泡沫成孔率、孔径、孔均匀度、开孔率及闭孔率等。这些与孔结构有关的技术因素，对泡沫混凝土的密度、抗压强度、导热系数、吸声及隔声性能、吸水率、抗冻性、抗碳化性等，都有较大的影响。只有孔结构良好，泡沫混凝土的上述性能才会优异。

影响泡沫混凝土孔结构的因素很多，如泡沫混凝土的原材料、配合比、生产工艺等。但无疑，对其影响最大的是泡沫剂所制备泡沫的性能。只有高均匀性、高稳定性、泡径大小合适的泡沫，才能生产出孔结构良好的泡沫混凝土。没有能够制备出高品质泡沫的泡沫剂，就难以获得高品质的泡沫混凝土孔结构。

然而，有些泡沫混凝土从业者，在选择泡沫剂时，从不考虑泡沫剂对泡沫混凝土孔结构的影响。他们多考虑的是起泡性、泡沫外观、浆体浇筑后是否塌模等外在因素，对于泡沫对孔结构的影响，往往忽视。他们之所以形成这种习惯，一是孔结构是泡沫混凝土内在的因素，不直观，不像泡沫形态，消泡不消泡，泡沫混凝土塌模不塌模那么明显，一眼可见，不容易被发现。二是泡沫剂的各种标准，也没有涉及泡沫混凝土孔结构的泡沫剂条款。三是从业者对泡沫剂的基础知识欠缺，对孔结构与泡沫剂的关系知之甚少，或者就是一无所知。

正确的做法应该是，在选择泡沫剂时，不但要考虑和重视泡沫剂的起泡性、外观形态、所制泡沫的稳定性、在泡沫混凝土中的存在状况，也要同时关注和重视泡沫剂所制泡沫对泡沫混凝土孔结构的影响。也就是说，在选购泡沫剂时，不能只听厂家的宣传，只看说明书，只看厂家拍摄的发泡视频，还应索要一定量的泡沫剂样品，亲自动手，用寄来的发泡剂样品制备出泡沫，在观察了泡沫在空气中的外观、状态后，更要用这些泡沫制备出泡沫混凝土试块。待试块固化后，把试块打碎或用切割机切开，观察其孔形、孔均匀性、开孔与闭孔情况，并测定其气孔率，全面评价其孔结构。就会发现，不同质量的泡沫剂，其孔结构会有很大的不同。在进行了这种测试和评价后，再选择泡沫剂，才会使选择更加正确。

9.1.5　不以稠度评判泡沫剂质量

笔者曾多次遇到过这种情况：一些企业在选用泡沫剂时，以泡沫剂的稀稠度作为其质量尤其是有效成分含量的标准。他们认为，膏状的、浓浆状的泡沫剂，有效成分含量高，而那些很稀的泡沫剂，则有效成分含量低。所以，他们往往愿意选择那些浓稠的泡沫剂，

而不愿选择那些稀的泡沫剂。

上述做法是十分错误的。这样做的企业往往是一些缺乏经验的新入行的小企业。这实际上是一种技术不成熟、实践经验不足的表现。那些有相当丰富的实践经验的企业，是不会有这样的不正确观点的。

实际上，泡沫剂的有效成分含量，并不取决于其稀稠度。有些有效成分含量很高的泡沫剂，仍然是很稀的液体。有些有效成分含量并不高的泡沫剂，也可能是浓浆或膏体。不能说，稠浓的泡沫剂含量不高，因为有些稠浓的泡沫剂有效成分含量确实很高。但是，不是所有的稠浓泡沫剂有效成分的含量都很高，因为，有的泡沫剂，虽很稠浓，但有效成分并不高。

有三种情况，可使含量不是很高的泡沫剂显示出稠浓状态：

（1）有些泡沫剂原料本身就是稠浓的。如果采用稠浓原料生产泡沫剂，即使浓度不高，泡沫剂也是浓稠的。如复合铵盐，它本身就是膏状或浓浆状，用它作为主料，泡沫剂一定是浓稠的。再如大多阴离子表面活性剂，它本身就是稀液。如果以它为主料，泡沫剂一定较稀。这也就是说：原料的稀稠状态，决定了泡沫剂的稀稠度。

（2）增稠剂可以使泡沫剂变稠。为了防止泡沫剂分层、离析，有些泡沫剂加有增稠剂。增稠剂可以防止泡沫剂某些成分的沉淀、上浮。泡沫剂越稠，越不易沉淀分层。只需加入很少量的增稠剂，泡沫剂就会变稠，但其有效起泡成分含量并没有增多，只是外观变稠而已。

（3）复合可以使泡沫剂变稠。有不少泡沫剂原料，本来很稀，但如果复合使用，不同原料发生反应，就会马上变得很稠，甚至变成膏状。这时，其有效成分并没有增多，但变得很稠。

所以，以稀稠评判泡沫剂质量是不正确的，浓稠并不代表含量高。

9.1.6　检测泡沫剂质量应以《泡沫混凝土用泡沫剂》标准为依据

（1）目前泡沫剂技术指标的混乱状况

目前，我国泡沫混凝土用泡沫剂推行的检测方法及相应的检测指标有很多种，涉及的标准就有10多个，有行业标准、地方标准、企业标准，非标准的也不少。沿用化工行业的检测方法也时常见于各种论著。这种状况给企业选择泡沫剂带来了极大困难，也给生产和研发泡沫剂者带来了不知所从的烦恼。由于各种检测方法及指标的不统一，所提供的检测结果没有可比性，选用者就很难以各方提供的技术指标作为评判依据。例如，泡沫泌水，有的是采用泌水率，有的是采用泌水量，泌水率与泌水量的数据没有可比性。例如泌水量，不同检测方法，同样的一种泡沫剂，用这种方法，泌水量是20mL，用另一种方法，可能就是30mL。况且，泌水量指标，计量单位有的是 mL，有的是 g，mL 与 g 也没有可比性。有一个生产泡沫剂的企业负责人苦恼地告诉作者："我们的泡沫剂按《泡沫混凝土用泡沫剂》标准检测，发泡倍数达到了 26 倍，已经很高了。可是客户还认为发泡倍数太低，他们见一篇论文上写的发泡倍数已达 80 倍。"显然，如果都用《泡沫混凝土用泡沫剂》检测，不可能会有发泡倍数达到 80 倍的情况出现。因为该标准规定的最大发泡倍数只有 30 倍。这说明标准及检测方法不统一，已经严重影响了泡沫剂的生产、销售和选用。

（2）《泡沫混凝土用泡沫剂》应作为评判泡沫剂质量的统一标准

面对目前的混乱状况，为了使选购泡沫剂有一个可靠的依据，笔者提出以下建议：

① 统一采用《泡沫混凝土用泡沫剂》标准提出的技术指标及检测方法，作为评判泡沫剂质量的依据。一是它是国内唯一的泡沫剂专用标准，其他标准都不是泡沫剂专用标准；二是它提出的技术指标最全面、最科学。

② 在目前标准、方法不统一的情况下，对各生产泡沫剂企业提供的技术指标，应科学对待。一是问清他们依据的标准，采用的检测方法，不能只看它的数据；二是应对其泡沫剂进行复检，或进行多家泡沫剂的对比试验。

③ 不轻信宣传数据。最好的方法，是在实际工程中试用，用实际应用效果来判断优劣。

9.2 泡沫剂正确的使用方法

不但要合理、科学地选择与购买泡沫剂，还要能够合理科学地使用。现在，各地泡沫混凝土从业者，有相当一部分人不能正确地使用泡沫剂。下面，特介绍一些正确使用泡沫剂的方法。

9.2.1 合理地控制泡沫剂稀释倍数

泡沫剂原液的浓度较高，有效成分含量一般为 20%~60%。所以，在发泡、制泡时，应稀释使用。合理的稀释倍数，对泡沫量（起泡倍数）、泡沫稳定性、泡沫密度、泡沫含水量，都有着非常大的影响。

由于各标准没有对泡沫剂的合理稀释倍数进行明确规定，就造成了稀释倍数的混乱。各标准之所以没有规定稀释倍数，是因为各企业生产的泡沫剂浓度差别很大，有些有效成分含量只有 20%~30%，而有些高达 70%~80%。如此大的浓度差别，当然稀释倍数不可能硬性规定。

目前，各地企业泡沫剂的稀释倍数不一，从 30 倍一直到 300 倍均有。从几十倍到几百倍，其差别已超出想象，区别过大。各企业都认定自己的稀释倍数是合理的，造成了大家对正确稀释倍数认识上的模糊。有人说稀释几十倍好，有人说稀释 100 倍好，有人说稀释 300 倍好。

也正是由于这种认识与做法上的混乱，致使一些生产泡沫剂与发泡机的企业为了多销自己的产品，投其所好，大力宣传使用了他们的发泡剂、发泡机，就可以实现大稀释倍数，可以稀释到 100 倍、200 倍、300 倍，节省发泡剂。这实际上又使大稀释倍数这种不良倾向更加扩大，形成了一股不利于行业发展的错误潮流。近年来，这种大稀释倍数的不良倾向有越演越烈的倾向，稀释倍数越来越大，劣化了泡沫混凝土的品质。

如果任由稀释倍数这种倾向发展，而不予引导，其后果是非常令人担心的。在这里，笔者呼吁有责任心的从业者，回归理性，合理控制稀释倍数，稀释倍数切不可过大，稀释 100~300 倍是不可效法的。

之所以超大稀释倍数盛行于行业，其根本原因，源于企业想降低生产成本，节约泡沫剂。他们错误地认为，稀释倍数越大，泡沫量越大，就越省泡沫剂，生产成本越低。若

1kg 稀释 30 倍，是 30kg，只能产 30kg 泡沫剂，若是稀释 300 倍，同样 1kg 泡沫剂，就可以产出 300kg 泡沫剂。出泡量增大到原来的 10 倍。

事实上，随着稀释倍数的增大，泡沫剂的泡沫产量会随之增大。作者用自配的泡沫剂做了一次测定。1kg 泡沫剂稀释 30 倍时，产泡量为 600L。稀释 60 倍时，产泡量为 800L。稀释 80 倍时，产泡量为 900L。稀释 100 倍时，产泡量为 1000L。

大稀释倍数虽然满足了增大泡沫量的心理，但是这极大地劣化了泡沫质量及泡沫混凝土的质量，是以牺牲产品质量为代价的，是以牺牲质量来换取成本的降低，万万不可取。

大稀释倍数的错误在于以下方面。

（1）稀释倍数过大，泡沫稳定性降低

根据国内外泡沫专家的研究，泡沫密度越高，泡沫稳定性越差。而泡沫剂的稀释倍数越大，泡沫密度越高，泡沫稳定性越差。表 9-1 是笔者测定的稀释倍数与泡沫剂稳定性的关系（泡沫沉降距、泌水率作为稳定性参数）。测试使用笔者自配的泡沫剂。

表 9-1　泡沫剂稀释倍数与泡沫沉降距、泌水率的关系

稀释倍数	30	60	80	100
泡沫沉降距（mm）	0	20	40	75
泡沫泌水率（%）	43	55	71	85

从表 9-1 可以看出，随着泡沫剂稀释倍数的加大，泡沫稳定性迅速下降，其沉降距从 0 增大到 75mm，其泌水率也由 43% 增大到 85%。这说明，从泡沫稳定性考虑，绝不能无限度地随意加大泡沫剂的稀释倍数。当稀释倍数超过 60 倍时，泡沫质量已较差，若稀释 100 倍，泡沫质量很差。从表 9-1 也可以看出，要想泡沫稳定，其合理的稀释倍数应为 30 ~60 倍，超过 60 倍不可取。那些把泡沫剂稀释 200 倍、300 倍的做法，更不可取。

（2）稀释倍数过大，泡沫混凝土的质量降低

稀释倍数过大，最终危害的，是泡沫混凝土的质量，会导致所成型的泡沫混凝土全面质量下降。其导致泡沫混凝土质量下降的原因如下。

① 泡沫含水量高，增大浆体的水灰比，劣化泡沫混凝土

稀释倍数与泡沫密度成正比。也就是说，稀释倍数越大，泡沫密度越高。泡沫的密度取决于含水量（即携液量）。那么，稀释倍数越大，泡沫含水量越大。向水泥浆体中加泡沫时，带入水泥浆体中的水量也越大，增大了水灰比。

表 9-2 是笔者以自配 547 型泡沫剂为检测样品，测定的稀释倍数与泡沫密度的关系。

表 9-2　泡沫剂稀释倍数与其泡沫密度的关系

稀释倍数	30	60	80	100
泡沫密度（g/L）	51	74	97	112

从表 9-2 可以看出，随稀释倍数的增大，泡沫密度直线上升。稀释 30 倍时，每升泡沫质量只有 51g；而当稀释 100 倍时，1 升泡沫质量已达 112g。如果按稀释 100 倍时的泡沫密度计算，如果向水泥浆中加入 500L 泡沫，密度 112g/L（即每升含水 112g），那么，就向水泥浆中带入了 56kg 水，大大增大了水灰比。据笔者测定，当稀释 300 倍时，向水泥浆中加入 500L 泡沫，就要向水泥浆中带入超过 100kg 水，几乎使泡沫混凝土浆的水灰

比增大了 40% 左右。加大泡沫混凝土浆体的水灰比的直接危害，一是降低泡沫混凝土的强度，因为水灰比过大，混凝土强度降低；二是增加泡沫混凝土的毛细孔，过剩水蒸发可以形成大量毛细孔，增大了泡沫混凝土的吸水率，降低了其抗冻性、抗碳化性、抗蚀性、耐久性；三是增大了泡沫混凝土的收缩，降低了体积稳定性，使泡沫混凝土更易开裂。由此可以看出，采用过大的稀释倍数，增大水灰比，全面劣化了泡沫混凝土。

② 稀释倍数过大，泡沫不稳定，连通孔增多

根据前述，稀释倍数过大，泡沫稳定性降低。泡沫不稳定，最终危害的，仍然是泡沫混凝土。不稳定的泡沫会因破裂而相互连通，形成连通孔。这些连通孔也会增大泡沫混凝土的吸水率，比毛细孔危害更大。吸水率的增大，劣化了泡沫混凝土的防水性、防冻性，缩短了泡沫混凝土的使用寿命。

综上所述，无限度地提高泡沫剂的稀释倍数，百害无一利，不宜提倡，而应纠正。根据国内正在使用的多数泡沫剂品质状况，稀释倍数应为 30~60 倍，比较合适。当然，对那些优质的高含量泡沫剂及一些进口品，可加大稀释倍数。

9.2.2 搅拌时，应先加轻集料，后加泡沫

为了降低泡沫混凝土的干缩，提高强度，往往加入大量的轻集料，如陶粒、膨胀珍珠岩、玻化微珠、膨胀蛭石、聚苯颗粒、再生硬质聚氨酯和硬质泡沫酚醛颗粒等。当加有这些轻集料时，应该先加入这些轻集料，让搅拌机里的水先将其润湿，再加泡沫混合。最好先将这些轻集料预湿，让它们吸透水，再加入搅拌机与泡沫混合。这才是科学、正确地使用泡沫的方法。

而有些企业在这方面毫不讲究方法。据笔者在施工现场或生产车间现场观察，他们大多是先制水泥浆，再加入泡沫混匀，最后才加轻集料，且轻集料从不预湿。这是十分错误的。因为这样，即使使用的是最好的泡沫剂，制出的是最稳定的泡沫，也会造成大量泡沫的破灭。轻集料都有多孔隙的特性，它们的吸水率很高。下面是常用轻集料的吸水率及吸水特性：

超轻陶粒：10%~25%，吸水很慢，饱水要几个小时。

膨胀珍珠岩：250%~350%，吸水较快，15~20min 饱水。

膨胀蛭石：300%~385%，吸水较快，10~20min 饱水。

玻化微珠：20%~50%，吸水较慢，30min~2h 饱水。

聚苯颗粒：基本可视为不吸水，但表面润湿仍需要其质量的 4%~5% 的水。

再生泡沫聚氨酯颗粒：吸水甚微，但加上表面润湿，仍需要 5%~8% 的水。

从上面各轻集料的吸水率、吸水特性，可以看出，它们在泡沫混凝土搅拌时，要大量吸水。即使基本不吸水的聚苯颗粒、再生泡沫聚氨酯颗粒，其表面润湿，也仍然会吸水。试想，泡沫一旦与这些轻集料接触，若轻集料没有预润湿吸饱水，或者在与水泥浆搅拌时未先吸饱水，那么干燥的轻集料就会吸取泡沫液膜上的水分，使液膜变薄而破泡，造成大量消泡。轻集料吸水率越高、吸水越慢，消泡越严重。其最大消泡量可达 60%（珍珠岩、膨胀蛭石等），最小消泡量也有 10%。

所以科学地使用泡沫，降低与轻集料混合时的消泡量，就要预润湿轻集料（如陶粒、陶砂、玻化微珠等）。不预润湿的聚苯颗粒、再生泡沫聚氨酯颗粒等，也应先于泡沫加入

水泥浆中，与水泥浆搅拌混合 1~2min 后，润湿它的表面，再加入泡沫。总之，在搅拌泡沫混凝土料浆时，最后加泡沫才正确，而不能先加泡沫。

不单单是轻集料，其他各种干燥状态的物料（包括外加剂），均不能在先加泡沫后再加入搅拌机中。

9.2.3 重视搅拌机和浆泵对消泡的影响

泡沫剂所制泡沫，并不能完全变为泡沫混凝土的气孔，有相当大一部分会因为工艺设备因素而破裂消泡。在使用泡沫剂时，应重视这一因素的消泡作用。

（1）搅拌机的消泡因素

搅拌机的消泡因素包括搅拌机筒壁对泡沫的摩擦消泡、搅拌臂及搅拌叶片摩擦消泡。这一环节的消泡率为 3%~6%。

搅拌筒的内壁越光洁，其摩擦作用越小，对泡沫的稳定性影响也越小。反之，影响越大。搅拌筒内壁的面积较大，泡沫反复在筒壁摩擦，一部分泡沫会被摩破而消泡。所以，为了保泡，搅拌筒内壁应做光洁处理。每次卸料后应清洗干净。若剩余的料浆固化在筒壁上，使筒壁变粗糙，就会加大消泡。

搅拌叶片和搅拌臂，作为运动部件，如果不被重视，处理不好，也会加大其消泡作用。它们的影响除了粗糙度外，更重要的是其造形。其边缘越粗糙，尖刺越多，对泡沫的损伤越大。尖刺状部分会划破泡沫，而造成消泡。一些小企业自制的搅拌机，叶片及搅拌臂不做磨光处理，又多尖角，对泡沫是十分不利的。尤其是搅拌叶片，不能有尖角，所有方角尖角均应进行倒角处理，把方角尖角变成弧形，才对保泡有利。

（2）浆泵的消泡因素

泡沫混凝土施工的主要设备之一就是浆体浇筑输送泵。浆体输送泵对泡沫的影响也较大。它的影响因素包括泵送管道的摩擦消泡、泵送压力消泡两部分。这一环节的消泡率随泵送距离、泵送高度、泵送压力不同，为 4%~10%。

① 泵送管道摩擦力消泡

泵送管道摩擦力消泡，这在日常生产中表现得比较明显。泵送高度较大、泵送距离越远，泡沫混凝土的密度越高。例如，1 楼的浆体密度是 $400kg/m^3$，到了 10 楼，浆体密度就可能变成 $430kg/m^3$，而到了 20 楼，就变成了 $450kg/m^3$，逐层增高。这就造成了工程质量无法保证，形成了较大的密度差，无法解决。这都是因为泵送管道摩擦消泡作用造成的。

这一问题可以采取以下技术措施加以改善：

a. 尽量选用内壁光滑的泵送管道。其内壁越光洁，消泡越少。

b. 终端加泡。泡沫不在输送始端加入，而在接近出浆点加入。也就是把混泡机放在楼的高层出料口处，或放在水平距离的出料口处，减小管道的摩擦消泡。这一技术措施最有效。

c. 采用高稳泡性的泡沫剂。这也能降低一部分摩擦消泡。

② 泵送压力消泡

泡沫承受压力是有限的，较小的泵送压力，对泡沫影响不明显。但若泵的压力过大，超出泡沫的承受力，就会造成一部分泡沫破灭。所以，浆体输送泵的压力不可过大，适可而止。

9.2.4　适当控制浇筑高度与体积有利于保泡

泡沫剂所制泡沫最终在泡沫混凝土中的保有量，也与一次性浇筑体积与浇筑高度有关。控制不好，也会造成一部分泡沫破坏消失。

（1）浇筑高度与泡沫保有量

浆体自重压力，对泡沫混凝土料浆中的泡沫有不可忽视的影响。浇筑高度越大，上部浆体自重越大，对下部泡沫的压力也越大。泡沫比较脆弱，很难抵抗过大的自重压力。当一次性浇筑高度越大时，下部浆体的消泡现象就越严重。这种消泡主要出现于浆体初凝前。

这种现象随3种情况而加剧：

① 0.6m以下不明显，0.6m以上随高度的增大而逐渐明显，且消泡情况自上而下，呈阶梯式增强；高度越大越加剧，降低浆体的泡沫保有量。

② 添加有超轻集料时较轻微，而当添加有重集料时，会加剧。因为轻集料有漂浮力，可抵消一部分浆体自重压力。当添加有重集料时，由于重集料如砂子质量较大，下沉较快，且自重更大，使下部浆体受到的压力更大，所以会加剧这种消泡现象，降低泡沫的保有量。

③ 浆体稠厚时略有减轻，因稠原浆体对固体颗粒下沉有较大的阻滞作用，物料下沉现象较轻。而较稀的浆体，由于水灰比太大，物料下沉的阻滞力小，下沉现象较重，会将下部料浆中的气泡压破。所以，过稀浆体会加剧下部消泡，降低泡沫保有量。

（2）浇筑体积与泡沫保有量

浇筑体积与消泡也有关系，影响泡沫最终保有量。一方面是浇筑体积越大，浇筑高度也随之增大，引发上述的浆体自重消泡。另一方面易被人忽视的，是水泥水化热引发的泡沫不稳定。

水泥等胶凝材料都有一定的水化热。当浇筑体积增大时，中心部位的水化热难以向外扩散，会引发芯部过热，急剧升温，有时可超过100℃。泡沫混凝土与普通混凝土的最大区别在于，它是保温材料，导热性差，浇筑体内部的热量更难向外界扩散，"芯部热效应"现象比常规混凝土更明显，升温更快更集中。气泡内的空气受热膨胀，会胀破气泡，使一部分泡沫破裂，形成消泡或串孔。这种情况出现在接近初凝时，到终凝结束。

有几种情况也会加剧这种现象：

① 当搅拌加入热水时。有的企业为加速凝固，搅拌使用30℃以上的热水，会加剧这种情况，降低泡沫保有量。

② 当夏季高温季节时。气温越高，这种现象出现得越快，尤其是气温达30℃以上时，这种情况加剧。

③ 当使用高热水泥、快硬水泥时。此类水泥放热多，放热集中，上述现象就会加剧，降低泡沫保有量。

综上所述，适当控制浇筑高度和一次性浇筑体积，对稳泡保泡有利。所以，不可宣传一次性浇筑过大的高度和体积，这不利于泡沫混凝土的发展。

9.2.5 重视胶凝材料凝结时间对保泡的影响

泡沫在混凝土中最终形成气孔的数量，不仅取决于泡沫剂的品质及其稳泡性，也取决于水泥等胶凝材料的凝结时间。

我们知道，泡沫仅仅是一层 $10 \sim 40 \mu m$ 的液膜包裹气体形成的。其液膜就是液体而已。当液膜因种种原因失水或受浆体自重压力的作用，都会很快地破灭。所以，其寿命是有限的，不可能长时间地保持。

前面有关章节已有论述，如果胶凝材料的凝结时间长于泡沫的保持稳定的时间，胶凝材料的水化生成物不能很快生成，附着于泡沫液膜上，泡沫得不到及时加固，它们就会破灭。要想让浆体浇筑后，泡沫在浆体中不破灭，就必须让浆体尽快凝结，用水化产物加厚加固泡沫的液膜，取代液膜形成坚固的气孔壁，使泡沫不再消失。

从某种意义上讲，浆体浇筑后，泡沫最终的保有量，除了泡沫本身的稳定性之外，主要因素之一，就是胶凝材料的凝结时间。所以，只看重泡沫剂的稳泡性，而不重视胶凝时间，也是不科学的。

要提高泡沫在混凝土中的成孔量，就必须尽可能地加快泡沫混凝土浆的凝结，缩短凝结时间，尤其是初凝时间。

影响泡沫混凝土浆体凝结时间的因素有以下几个方面：

① 胶凝材料本身的凝结时间。这是最主要的影响因素。

② 配合比中是否加有促凝剂，以及促凝剂的品种及加量。

③ 拌和胶凝材料的水温。水温越高，凝结越快。

④ 泡沫混凝土配合比中的水灰比。水灰比越大，凝结越慢。因为，过量的拌合水会降低胶凝材料浆浓度。

⑤ 掺合料（如粉煤灰、矿渣微粉、高岭土等）的掺量。这些掺合料的掺量越大，凝结越慢。

根据上述凝结时间的影响因素，要加快浆体凝结，提高泡沫保有量和成孔率，就要对应采取如下技术措施。

① 尽量选用凝结时间短的胶凝材料，如早强硅酸盐水泥、快硬硫铝酸盐水泥等，不可选用粉煤灰硅酸盐水泥、矿渣硅酸盐水泥、复合硅酸盐水泥等凝结时间较长的水泥。

② 如果选用了凝结时间较长的水泥，请在水泥中添加促凝剂。促凝剂应选用高效品种，其加量不低于 2%，一般应达到 3%。特别是采用高水灰比时，促凝剂不能少。

③ 气温较低，凝结时间延长时，可适应提高水温。工地可设置两台电热水器，轮流加温，水温应提高到 25℃ 以上。

④ 在不影响浇筑的情况下，尽可能降低水灰比。低水灰比有利于水泥的凝结。水灰比最好不大于 0.6。

⑤ 掺合料的加量要适当控制。其加量越大，凝结越慢。粉煤灰、矿渣微粉的掺量应不大于 30%，最好控制在 20% 以下。

总之，加快泡沫混凝土浆体凝结，是稳泡保泡的有效措施之一。

9.2.6　泡沫剂的效果与发泡机的性能密切相关

泡沫剂的发泡效果（包括发泡量与泡沫稳定性）不单单取决于泡沫剂的质量，也取决于发泡机的性能。性能良好的发泡机，发泡倍数大，泡沫均匀，泡径较小。反之，若发泡机的性能不好，会降低泡沫剂的发泡倍数，影响泡沫的均匀度，泡径较大。

所以，泡沫剂必须要有性能良好的发泡机与之相配套。

在本书 4.3.2 节中，介绍过高压双分散发泡机的结构，以及它对泡沫的影响。目前，我国绝大部分发泡机均是这种机型。虽然它的基本结构相同，但由于其核心结构的设计参数各不相同，其性能差别就较大。如果拿一种泡沫剂，在各个不同厂家生产的发泡机上发泡，可以发现，其泡沫剂虽然相同，但其发泡倍数、泡沫密度、泌水量、沉降距等参数，会有较大的不同，尤其是发泡倍数，差异更大。

不同发泡机之所以会出现较大的性能差距，是因为各厂家所采用的发泡机的发泡筒长径比不同，水与空气的压力比不同，长径比与水气压力不匹配。现在，许多发泡机生产厂是小企业，技术底子薄，对这些技术参数设计没有经验，随意弄一个钢筒，塞入钢丝球就成了发泡筒，也不管水与空气的压力是否与长径比相匹配，没有考虑其对发泡的影响。所以，其发泡机发泡效果很差。

发泡机发泡效果，包括发泡倍数与泡沫均匀度、泡沫产量，均取决于以下几组技术参数的设计。其中有一组参数不合理，就达不到理想的发泡效果。

第一组参数：发泡筒的长径比。当发泡筒的直径一定时，它有一个最佳的长度值。过长过短都影响发泡倍数与泡沫质量。

第二组参数：发泡机空压机与高压水泵的压力。当空压机的压力一定时，高压水泵的压力必须与之匹配，两者若不匹配，就会影响发泡倍数与泡沫质量。

第三组参数：发泡筒的长径比与水泵气泵的压力，两者也必须相匹配。当长径比一定时，有一个水与空气压力的最佳值。这个值过大或过小，都不可能获得最好的发泡效果。长径比与泵压力一定时，发泡效果取决于钢丝填充量。

由此可见，最优秀的发泡机，是以上 3 组技术参数设计都达到最佳状态的发泡机。这需要进行大量的设计试验，来获取正确的设计数据。但就目前的现实情况看，这 3 组参数设计都合理的发泡机并不多。就笔者测试过的 10 多台发泡机来看，多数不达标，且发泡效果差距较大。

所以，并不是说，从市场上随意购买 1 台发泡机就可以，不能认为，凡是发泡机就行。这种观点是错误的。

总之，泡沫剂的发泡效果，既取决于泡沫剂本身，还取决于配套的发泡机设计。应认真地选择和使用发泡机。

9.2.7　泡沫剂的保存方法

（1）坚持勤购原则，每次购量不过大、保存期不过长

泡沫剂有个共同的规律，那就是，发泡性能随其存放时间的延长而降低，只是降低幅度大小不同而已，一点不降低的情况几乎不存在。其降低的原因如下：

① 泡沫剂的霉变与细菌感染引起的变质。当泡沫剂中配比有生物制剂成分时这种情

况更严重。当泡沫剂中含有茶皂素及阳离子季胺盐时，这种情况较轻。因为生物制剂骨胶、纤维素等易感染霉菌及细菌，所以易腐败，而茶皂素与阳离子季胺盐有一定的抗菌作用。但不论是何种泡沫剂，在长期存放中，都会逐渐感染霉菌与细菌，即使加有抗菌剂及杀菌剂，也不能保证100%地不再感染霉菌与细菌，只是时间早晚问题。泡沫剂在感染霉菌与细菌后，其活性会下降，进而影响起泡与发泡效果。

② 有效成分的衰减。泡沫剂中有的成分会挥发，当包装密封不好时，有效成分会因挥发作用而逐渐衰减。彻底密封的包装不可能实现，所以，成分挥发在所难免。另外，有的泡沫剂成分会因温度的变化而分解，使其效能降低。各泡沫剂成分都有一个有效期，超过有效期，效果都会降低。

所以，泡沫剂随存放时间的延长而降低的现象是客观存在，不可避免。表9-3是测定的自制438型泡沫剂随存放时间的延长而性能降低的情况。

表9-3　438型泡沫剂随存放时间的延长而性能降低的情况

存放时间	3个月	6个月	1年	2年
发泡倍数	24	22	18	微起泡
泡沫沉降距（mm）	0	11	46	140
泌水率（%）	38	49	69	90

从表9-3可以看出，存放时间3个月到2年的泡沫剂，其发泡倍数逐步降低，泡沫沉降距逐步加大，泌水率也大幅提高，泡沫剂性能是逐渐下降的。

所以，泡沫剂应本着一次少进和勤进的原则，不要一次进货好几吨，一用就是一年半载。这虽然省事，但不利于泡沫性能。建议泡沫剂一次进货量不要超过3个月为宜，尽量使用新鲜的产品。

（2）坚持科学地保存，防止失效变质

泡沫剂在较长时间保存时，要讲究科学的保存方法，延长保存时间，防止因保存不当产生的失效变质。

① 防止太阳暴晒，遮阴低温保存

现在，一些搞现浇施工的公司，多是把泡沫剂直接运到工地，放在工地上，任凭太阳暴晒。在这种情况下，泡沫剂很容易加速失效变质。几年前，河北一家公司一次从北京发了5吨泡沫剂，到蒙古国乌兰巴托的住宅现浇施工工地，就直接放在工地上。因5吨泡沫剂短时间内用不完，半年太阳的暴晒，剩下的几吨全部变质，泡沫力下降，泡沫不稳定，不能再使用。这是经验教训。第二年，他们一次进1吨，一桶放工地，其余放工棚内，没有再发生变质。

化工产品有个共同的特点，即高温易加速分解失效。夏季阳光下，包装桶内的温度可升至60～70℃，会大大加速化工原料的分解，含有易腐败成分的，会很快变质。所以，泡沫剂不宜长时间太阳暴晒，必须遮阴保存。不得不放在工地上的，应用木板等物遮盖，或放在工棚内。

② 注意密封，不可长时间开口存放

在泡沫剂中，有些成分易挥发。不易挥发的，也会逐渐蒸发而散失一部分。尤其是当泡沫剂含有酮类、醇类时，这种作用会比较强烈。若泡沫剂的包装密封不严，敞口保存，会使一些有效成分挥发、蒸发，而加速其失效。

所以，泡沫剂在较长时间保存过程中，应加强密封，不可开口保存。每次取用后，应把盖子拧紧，不可随便一盖了事。有些企业，由于管理不严，泡沫剂的盖子不拧紧，每次取用后，盖子不盖上，或盖得不严实。这都是不正确的，会降低泡沫剂使用效果。

10　新型泡沫剂的开发

10.1　前瞻性地审视泡沫混凝土泡沫剂的发展

泡沫混凝土泡沫剂从中华人民共和国成立初期在我国开始应用，到现在已走过70多年的漫长历程，又经过自1995年以来的高速推进，目前在我国已市场饱和，市场竞争剧烈，低价恶性竞争日益严重。但这并不是说，泡沫剂的发展已走到尽头。恰恰相反，笔者认为，这标志着一个旧的发展阶段的结束，和新的更加宽广的发展阶段的开始。70年来，我们走过的第一发展阶段正在逐步结束，这一阶段是我国泡沫剂从无到有的普及性发展阶段。目前，新的市场要求正在形成，泡沫剂将转向高质量发展阶段。新的发展阶段将以泡沫剂高性能、高品质、新功能为主要标志，以供给侧改革为主要形式。这同我国整个国民经济发展步伐完全一致。目前，我国的传统产业和产品市场饱和、过剩危机出现，而另一方面，中国人又争相到日本去抢购马桶盖、电饭煲。国产的中低端产品市场需求下降，而高端产品国内少有生产。所以中央提出供给侧改革，传统产品要向高端产品转换。对比一下泡沫剂市场，又何尝不是如此。一方面，现有的中低端泡沫剂充斥市场，已远远大于需求。而另一方面，不少泡沫混凝土企业又不得不花每千克几十元的超高价，进口国外高端泡沫剂，一些特殊性能的泡沫剂也无人供应。这种市场需求的悄然变化，我们应敏锐地觉察。所以，泡沫剂也应尽快进行供给侧改革，由中低端向高端发展，由传统型向新型发展。

泡沫混凝土泡沫剂转型发展，进行供给侧改革，是未来前瞻性要走的唯一出路。实现这点，具体的技术措施，笔者认为应该有以下几个方面。

10.1.1　改造、完善、提升现有泡沫剂

从现实条件出发，鉴于泡沫混凝土企业以小微企业为主，10个人以下的企业占企业总数的60%，几十人的企业就算有规模的了，几百人以上的企业屈指可数。这种状况就决定了企业技术力量薄弱，研发能力差，具有研发创新能力的企业不多。要让这些企业在短期内搞出全新的突破性的新型泡沫剂，是很难的。笔者接触过不少泡沫混凝土现浇施工企业，只有几个农民工，泡沫剂却都是自行配制的。试想，在这样的基础条件下，怎能期待他们去创新。所以，最现实的方法，就是在原有的泡沫剂配制、应用的基础上，总结实践经验，按照本书提供的技术思路，将原有的泡沫剂改进、完善、提升，将泡沫剂的性能从低端、中端，提高到高端。对于没有能力的自配自用泡沫剂的企业，建议放弃自配，最好从专业泡沫剂厂家采购高端泡沫剂。

10.1.2　创新研发新型高端泡沫剂

对于那些规模稍大、实力较强的泡沫剂自配企业，以及具有泡沫剂专业研发团队和技术基础的企业，建议创新性发展，开发新型高端泡沫剂。开发方向建议从两个方面入手。

（1）超微细泡沫剂

泡沫剂未来的主要发展方向，无疑是泡沫的超微细化。超微细泡沫，也即纳米泡沫、微纳米泡沫。纳米泡沫的实现难度还太大，短期内从研发到工业化应用，还难以实现。相比之下，微纳米泡沫，相对难度低一些。若我国真的能研发出微纳米泡沫剂，将会使泡沫混凝土发生质的变化，进入一个全新的时代。所以，下一步集中力量研发微纳米泡沫剂，应确定为第一目标。

（2）细分市场泡沫剂

超微细化是泡沫剂的纵向深度发展，而细分市场泡沫剂，是泡沫剂的横向扩展发展，即扩大其应用范围。

目前，传统泡沫剂的应用80%集中于现浇工程，其他专用型、特殊功能型针对细分市场的泡沫剂则很少，或者根本没有，还属于市场空白。由于泡沫剂主要集中于现浇市场，千军万马过独木桥，使市场饱和状态十分严重，泡沫剂难销。破解这一困局的方法，就是向多元化细分市场发展，积极开发各种专用型、功能型、特殊性能型等新品种，实行市场分流，开拓新的应用领域。

① 专用型有：制品专用型、墙体浇筑专用型、工程回填型、地铁专用型等。目前，制品专用型最急需。因为，进口泡沫剂大多用于泡沫砌块等制品。

② 功能型有：透气透水通孔型、电子波吸收型、吸声型、蓄热型、抗爆吸能型等。

③ 特殊性能型有：抗冻型、抗高碱型、耐酸型、耐高温型、高强型、超轻型等。其中，能制出 3～5mm 大泡的装饰型泡沫剂，尚属市场空白。

传统泡沫剂的升级换代，突破性新产品的开发，绝不可能在短时间内完成。这将会是一个较长的发展阶段，能够在 5～10 年内取得明显的成效，就是一个巨大的成功。担任技术攻关主力的，仍将是有关专家、学者、企业的技术人员，尤其是那些有雄厚研发实力的泡沫剂生产企业。期待企业加大研发投入，集中精兵强将，早日有所突破，推动泡沫剂产业质的飞跃。

为了拓展大家的开发思路，笔者不惧班门弄斧，仅将自己对一些新型泡沫剂的想法介绍给大家。如果读者朋友能从中受到一些启发，则是笔者最大的安慰。说不定专家及技术人员们会有更好的见解，欢迎分享。

下一节介绍的，仅是一些还不十分完善的开发建议，更多的新品种泡沫剂，需要朋友们更多的补充。

10.2 尖端泡沫剂品种的研发

尖端泡沫剂，就是技术性能能代表国内外最高水平的泡沫剂。它代表着泡沫剂发展的辉煌未来。笔者认为，尖端泡沫剂目前能提出来的，应该有两种，即纳米泡沫剂、微纳米泡沫剂。

10.2.1 纳米泡沫剂

（1）概念

纳米泡沫，在本书的 1.4.1 节中曾介绍过。它是指单个气泡的泡径在纳米量级的超微细泡沫。纳米泡沫剂，也就是可以配合一定的发泡设备及工艺，可以制备出纳米尺度泡沫，并且可以使泡沫在胶凝材料固化体中形成纳米尺度气孔的泡沫剂。

纳米尺度，是材料微观尺寸的最小量度。纳米泡沫及其泡沫剂，是泡沫混凝土行业发展的终极目标，也代表着泡沫剂发展的最高水平。研究纳米泡沫及其泡沫剂，应是泡沫剂领域今后长期的、最艰巨的科技攻关任务。

（2）纳米泡沫的研究及应用现状

纳米泡沫及泡沫剂的产生及应用，距今已有近20年的历史。其最早的报道见于2005年的一次国际学术会议。在该次会议上，美国哈佛大学工程和应用数学教授霍华德·斯特所领导的研发团队技术人员，联合利华公司的退休物理学家罗德尼·比博士，宣布他们研发出独特的多边形纳米级泡沫，引起了世界的轰动。

此次新试验由哈佛大学工程与应用工程学院研究生艾米丽·德芮塞尔和联合利华公司的研究人员共同完成。结果表明，当纳米小泡表面被特定的表面活性混合物覆盖后，表面活性剂分子能够在纳米小泡表面发生晶化现象，形成几乎不可渗透的外壳。这一外壳具有极其优异的弹性，能让纳米小泡长时间地保持无比稳定的气泡状态，不会破坏。经过测量，纳米小泡可以稳定地保持1年。而在这样长的时间内，纳米小泡的结构始终保持完整。

霍德华·斯特教授后来又重复了罗德尼及艾米丽的实验，也获得同样的成功。霍德华·斯特教授表示，这些气泡由五边形、六边形、七边形的小面组成，构成了形似足球的多边形球体。多边形的边长小于50nm。斯特表示，由于表面张力的作用，如此微小的小泡不可能长时间存在，它们是会很快消失的。如今1年不消失，这从理论上讲，是难以置信的。但试验结果创造出奇迹。他感到这一结果非同凡响，简直不可思议。

自哈佛大学研究成功纳米泡沫之后，其他国家的科技人员也进行了相关的研究，也都在经过漫长的试验后，获得了各自的成果。经过近20年的努力，在发达国家，纳米泡沫已从研究走向工业应用。目前，此项成果已应用于精细化工的个人充气微沫护理产品和超声波成像显影剂等。原来这些产品应用的超微气泡，都不同程度地存在着容易蜕变的问题。如今，应用纳米泡沫以后，则使这些产品极大地延长了寿命，优化了产品的性能。

目前，纳米泡沫还仅限于生化、日化工业的应用，还没有人将其应用于泡沫混凝土。在泡沫混凝土领域，纳米泡沫仍然是空白，有待于中国来突破。

（3）纳米泡沫在泡沫混凝土应用的技术问题

上述以哈佛大学为代表所研究的纳米泡沫，均是应用于非固体材料领域。而我们要研究的，是应用于泡沫混凝土。所以，应用难度就要比哈佛大学的大得多。他们所研发的纳米泡沫，是没有这方面经验可以借鉴的。

纳米泡沫材料早已出现。它一般是指泡孔直径小于100nm的多孔固体材料。早在1997年，澳大利亚国立大学的Andrei V. Rode及其合作者，就研发出碳纳米泡沫材料。它是具有珠网状泡沫和分形结构、孔径6~9nm的固体材料。其材料密度只有$2\sim10mg/cm^3$，仅是海平面上空气的几倍。2006年，Los Alamos国家实验室伯拉士·太帕博士发明了制造纳米泡沫金属超轻材料的技术。现在，世界上已生产和使用各种纳米泡沫金属材料。如纳米泡沫铁、纳米泡沫镍、纳米泡沫铜、纳米泡沫铝、纳米泡沫银、纳米泡沫钯等几十种。这些纳米泡沫材料的密度仅为 $7 \sim 11 \mathrm{mg/cm^3}$，而表面积可达 $258\mathrm{m^2/g}$。在各种固体纳米泡沫材料中，与泡沫混凝土性状最为接近的，是气凝胶。气凝胶的气孔是纳米级的。它的气孔率高达99%以上，已呈半透明状。材料的密度仅为 $1 \sim 3 \mathrm{kg/m^3}$，即空气的 $2 \sim 3$ 倍，是木材的1/140。其纳米孔具有优异的隔热保温功能，可耐1400℃高温和 -130℃的超低温。1cm厚气凝胶可相当于30层以上的玻璃的保温效果。如果在金属片上粘贴6mm厚的气凝胶，即使炸药直接炸中心，金属片也会丝毫无损。因为，纳米气孔强大的吸收作用吸收了爆炸能量。气凝胶纳米泡沫材料，1931年由美国科学家 S. Kistler 用临界干燥法以二氧化硅为原料制取，一直应用于卫星火箭等航天器的绝热保温。这一切充分说明，固体纳米泡沫材料是可以制取的。它们的超越人们想象力的性能，是无法估量的，值得我们去为之拼博一生。

但是，上述众多的固体纳米泡沫材料，均不是采用表面活性剂预制泡沫制成的。它们在性能上接近纳米泡沫混凝土，但在采用的材料上、工艺上，几乎和泡沫混凝土没有任何共同之处。它们只能给我们带来信心和启示，却带不来技术思路。

所以，要制备纳米泡沫及纳米泡沫混凝土，仍然有很大的难度。以下技术问题是研究、制备纳米泡沫及纳米泡沫混凝土的关键。

① 纳米泡沫剂的研发

纳米泡沫剂的技术资料，从目前看，不论国外，还是国内，几乎是零，研发缺乏必要的参考资料。采用现在通用的几种常规表面活性剂能否产生纳米泡沫，尚需从零探讨。

② 纳米泡沫的制备工艺和设备

国外采用的什么工艺及设备，无从得知。没有可以将泡沫剂制备出纳米泡沫的先进工艺和相配套的发泡机，纳米泡沫也是制不出来的。工艺设备至少也要占40%的影响因素。工艺、设备也要攻关。

③ 相关的泡沫混凝土配合比的研究

哈佛大学制备的泡沫，是用于日化、生化的乳状产品，不涉及胶凝材料及配合比。我们则要将泡沫用于水泥等胶凝材料料浆中，料浆对纳米泡沫的影响需要探索。也即，泡沫在胶凝材料固化体中能否仍保持纳米尺度的孔径，尚是未知数。

上述纳米泡沫的技术问题虽然客观存在，但是，只要我们全力以赴地去研究，经过长时间的坚持攻关，我相信最终我们会开发成功纳米泡沫剂及纳米泡沫混凝土。当年，我国的气凝胶技术也是空白，但后来我们也攻克难关并成功地投入生产和应用。我相信，我们也会有成功搞出纳米泡沫和纳米泡沫混凝土的那一天。

（4）纳米泡沫剂的研发与应用前景

纳米泡沫虽然还没有应用于泡沫混凝土，但美国哈佛大学及其他发达国家毕竟已研发成功并给我们起到引导作用。纳米泡沫金属和气凝胶在国内外的成功生产与应用，也给我们巨大的启示，证明纳米孔固体材料完全可以成为现实并产生神奇的功效。这一切，都会给我们以信心，说明纳米泡沫和纳米孔泡沫混凝土并非一种不切实际的幻想，而是完全可以实现的，只不过是时间早晚而已。

自从纳米材料诞生以来，不论何种材料品种与形态，以及何种的应用，都会产生巨大的应用效应，给各应用领域带来巨大的变化和科技进步，带动相关行业的发展和产业革命。从气凝胶的强大威力，就可以充分领略到纳米孔材料的神奇性能与不可预估的经济价值。那么，纳米孔泡沫混凝土若研发推广应用，它会使泡沫混凝土产生哪些高性能，又会给泡沫混凝土带来什么变化，笔者结合泡沫混凝土一些基本原理与气凝胶、泡沫金属等纳米泡沫材料的性能，对这个问题做出以下判断和预估。

① 使泡沫混凝土产生超高性能

纳米泡沫及纳米泡沫混凝土将在性能上发生质的提升和变化，总体类似或接近气凝胶。虽然材料、工艺的差异，两者还会有一定的差距，但性能的差异性一定不会过大。

a. 轻质超高强

泡沫混凝土现在的主要缺陷就是强度低，影响了应用。材料达到了轻质，强度就低，所以在墙体材料上，它竞争不过承重砖。根据气凝胶密度在 $1 \sim 3 kg/m^3$ 时，仍有较好的承压力推断，纳米孔泡沫混凝土的强度，将比现有产品提高 $1 \sim 5$ 倍，实现轻质高强。中等密度产品（$500 \sim 800$ 级）的抗压强度将超过 12MPa，甚至达 $15 \sim 20$MPa。在自保温的基础上，完全可取代承重黏土砖。

b. 超级隔热保温

预计采用纳米孔泡沫混凝土，可以很容易生产出超低密度保温材料。现在，泡沫混凝土已可以制出密度为 $80 kg/m^3$ 以下保温材料，但因强度太低，不能实际应用。将来若采用纳米孔泡沫混凝土，将泡沫混凝土的密度降至 $30 kg/m^3$ 以下，应该不会有任何问题。届时，它将达到比泡沫塑料同等甚至更低的密度，而导热系数可能比泡沫塑料还要低。它的导热系数会接近静止的空气，低于 0.02W/（m·K）。前些年，泡沫混凝土保温板在竞争中败于泡沫塑料，主要缺陷就是它比泡沫塑料密度高，太重，而导热系数也比泡沫塑料高得多，保温效果远不如泡沫塑料。将来若采用纳米孔泡沫混凝土，它的性能将远优于泡沫塑料，将会完全取代泡沫塑料用于保温。

c. 无比优异的耐久性

现有的泡沫混凝土一个最大的不足是耐久性差。因为它吸水率高，干缩开裂严重，抗冻性、抗碳化性都较弱。根据气凝胶的特性可以推知，纳米孔泡沫混凝土会有 100% 的闭孔率、极低的吸水率，抗干缩性及抗冻抗碳化性都极强，使纳米泡沫混凝土具有超高的耐久性，彻底解决其使用寿命短的问题。

d. 超高的吸能性

泡沫混凝土现在就具有一定的吸能性。若将来成为纳米孔，其吸能性将会有几倍的增强，包括吸收冲击能、地震能、爆炸能、声能、电子波能、远红外能。气凝胶仅仅 6mm 就可以使铁片炸不碎，纳米泡沫混凝土用几厘米厚就可以有效抗爆。这将使它在吸能领域大有作为。

② 引发泡沫混凝土行业跨时代的产业革命

纳米孔泡沫混凝土将会引发行业的一场产业革命，使泡沫混凝土行业发生翻天覆地的变化。该变化有 3 个。

a. 促使泡沫混凝土蓬勃崛起

现在泡沫混凝土行业已由 2013—2014 年的高潮期，进入目前的平缓期，供大于求、产能过剩，恶性竞争严重，发展遇到了瓶颈，并将持续加剧。若将来突破纳米孔泡沫混凝土，产业会重新进入发展高潮，市场会扩大几倍，产品会出现需方市场。届时，泡沫混凝土会获得空前的发展，打破瓶颈。

b. 应用领域将无限扩展

由于纳米泡沫混凝土性能优异，功能强大，它的许多新的应用领域将无限扩展。如在保温领域，有可能取代泡沫塑料及岩矿棉；在吸声领域取代现有的吸声板；在过滤领域取代现有的陶瓷泡沫滤芯及滤材；在军工领域会大量用于抗爆工程；在墙体材料方面将可能取代承重砖；在红外吸收领域，它有望取代现有隐身防护材料，如此等等。它能在多少原来不能应用的领域，获得规模化推广应用，无法预知。

c. 产品附加值会大幅提高

由于产品的超强功能，将会使它的附加值大幅提高。现在，许多泡沫混凝土企业均是微利甚至无利经营，企业生存困难。现浇泡沫混凝土的利润现在已低至 $10 \sim 30$ 元/m^3，附加值极低，高附加值的产品几乎没有。而气凝胶的价格目前高达 1000 美元/kg（航天级）。产品的技术含量及性能决定价格。泡沫混凝土纳米化之后，虽然不会像气凝胶具有如此高的附加值，但可以肯定，它要比现在的附加值高出数倍以上，产生巨大的经济效益。

10.2.2 微纳米泡沫剂

（1）概念

微纳米泡沫，简称微纳泡沫，是一种微米与纳米泡沫的混合体。微纳米泡沫的泡径范围处于几十纳米到 $100\mu m$ 之间。所以它兼有微米泡沫与纳米泡沫的综合性技术特征。其品质及性能优于微米级泡沫剂，而逊色于纳米泡沫剂。它虽然含有一定量的纳米气泡，却远不及纳米泡沫的神奇功效和各种独特的性能。但与微米级泡沫相比，它仍然具有极大的先进性，属于尖端科技成果。对于泡沫混凝土来说，它具有前瞻性的开发意义。

凡是能够配合一定的先进制泡设备与工艺，制备出微纳米泡沫的泡沫剂，均可以称为微纳米泡沫剂。

目前，在泡沫混凝土领域，不论国外，还是国内，微纳米泡沫剂仍是一种完全的概念，还没有概念产品。

（2）国内外的开发与应用状况

微纳米泡沫，这在国内外均已不是概念，早已有之，且已有不少的领域在推广和应用，且有继续扩展的趋向。

微纳米泡沫，最早出现于西方发达国家，如美欧日等地区。其应用见于 20 世纪 80 年代初期。微纳米泡沫的发端，源于血液造影剂对微纳米泡沫的需要。其名称的定型，约在 20 世纪 90 年代的后期。1995 年前后，微纳米泡沫这一名称，开始出现于生化领域的各种学术研究报告。此后，随着其研究与应用的展开，它逐渐成为一门独立的专业学科，被科学技术界称为"微纳米泡沫学"，包括其原理的探讨、产品的研发、应用的开发。

微纳米泡沫的较广的应用，开始于 20 世纪 90 年代中后期。近年来，我国也有一些科技企业引入该技术，有少量的应用。目前，它主要还是应用于生化、医疗行业，如细胞培养液，血液造影剂等方面，以及日化产业的个人护理产品。实际上，人们用的一些日化产品里，就添加有微纳米泡沫，如洗面奶、保湿霜、溶剂等。近年来，国外也已将其应用于化工催化，增加反应面积。也有的尝试应用于超微浮选等方面。总之，随着其研究的加深，其应用领域仍在不断地扩展。作为一个新兴产业，它已展现出良好的开发及应用前景。

开发应用微纳米泡沫，是科技界的一种"求之不得，退而求其次"的应变措施。纳米泡沫是大家共同追求的终极目标。但在目前的科技水平下，还不能使它获得广泛的推广应用。其目前的开发水平离实际应用尚有较大的距离，难度相当大，短期内仍将是水中望月，求而不得。于是，科技界就降低标准，退一步研发微纳米泡沫。微纳米泡沫已具有一些纳米泡沫的技术性能，功效远超微泡沫。作为一种临时性的替代品，用微纳米泡沫取代纳米泡沫是一种正确的选择。微纳米泡沫的开发难度要远低于纳米泡沫，更容易实现和实际应用。正因如此，近30年来，微纳米泡沫的研究才会很快地取得大量成果，已得到推广应用。虽然目前它的应用还不广泛，但毕竟已经形成了一定的市场。

微纳米泡沫虽已经推广应用，但有关其采用的是什么样的泡沫剂，没有相关的推导和文献。作者从网络及国家图书馆，也没有查到相关资料。这是令人遗憾的。

（3）微纳米泡沫在泡沫混凝土领域的应用前瞻

虽然微纳米泡沫在国内外均已有应用，但在泡沫混凝土领域，仍未涉及。这与当年科学家在开发之初的出发点有关。因为，这一产品是因生化、医疗产业的需要研发的。几十年来，参与研发的均是这些方面的科学家。其中，没有一个是材料方面的人。所以，他们不可能会考虑将其用到泡沫混凝土领域。但笔者认为，微纳米泡沫完全有可能引入泡沫混凝土领域。因为，他们研究的是泡沫，而这正是泡沫混凝土的核心因素。他们的成果虽然我们无法完全照搬，但是他们的已有研究基础，毕竟给我们带来了极大的启示，指出了泡沫实现微纳米化的可能性。启示，有时比一项具体的技术方案更有价值。

纳米泡沫混凝土由于技术难度大，我们不妨也选择微纳米泡沫混凝土来攻关。这样，我们的开发难度会大大下降，实现起来更容易。我们如果下决心用5~10年来主攻，实现泡沫混凝土的微纳米化是有把握的。

几十年来的经验积累及各位专家学者的研究成果，一个最重要的结论就是：泡沫混凝土气孔微细化是正确的发展方向。气孔越微细，泡沫混凝土的各方面性能就越好。高微细、超微细，将带来泡沫混凝土技术革命和跨越式发展，也是推进泡沫混凝土供给侧改革的最重要技术措施。从这个意义上讲，攻关微纳米泡沫及泡沫剂，应是泡沫混凝土全行业的使命，也是一项长期的、艰巨的任务。

（4）微纳米泡沫剂及相关发泡机的开发

具体地讲，微纳米泡沫混凝土能否在将来成功应用，其核心是我们要研发出微纳米泡沫剂及其配套的高性能新型发泡机。我们行业现有的泡沫剂及发泡机，制备的泡沫，其泡径在50μm至1mm之间，大多是200μm以上。这与微纳米泡沫所要求的泡径范围几十纳米至100μm，还有巨大的差距。所以，现有泡沫剂及发泡机是完全不符合需要的，应下功夫研发全新的泡沫剂及专用发泡机。

① 微纳米泡沫剂的研发

现在正在医疗、生化、日化等行业应用的微纳米泡沫剂，都是应用于人体，技术要求肯定极高，尤其是毒性、腐蚀性、负作用等，其选用的应该都是高级生物表面活性剂。而泡沫混凝土是用于水泥中，我们不可能从他们的研发思路入手，选用表面活性剂不需要如此强调其生物性、高级性，也不能想去效仿他们。新的思路如下：

a. 把泡沫微细化作为选择表面活性剂的首要条件，哪种表面活性剂泡沫细微就选哪种，反复筛选，不强调其高起泡性，只强调其泡沫微细性。

b. 采用复合优化。选择 2~3 种泡沫极微细的泡沫剂搭配使用和复合，使它们产生效应叠加，细上再加细。

c. 设计能够细化泡沫的泡沫混凝土配合比。水泥浆对泡沫的细化影响很大。配合比与泡沫剂如不适应，泡沫进入水泥浆后，细微气泡反而变大。水泥浆配合比如合理，则泡沫进入水泥浆后，泡沫更细微。所以，设计微纳米泡沫剂，应进行与水泥浆的配比试验。

d. 选配细化剂。细化剂是可以使泡沫剂所制备的泡沫更加细微化的外加剂。不同的表面活性剂，可以细化泡沫的外加剂也不同。在设计微纳米泡沫剂时，可以通过反复地试配，加入一定量的适用泡沫细化剂，这会使泡沫更加细微化。

② 配套发泡机的研发

单有微纳米泡沫剂还不够。因为，发泡机对于泡沫微纳米化，占有一半的影响因素。再好的泡沫剂，如果发泡机不配套，仍然制备不出微纳米泡沫。也就是说，发泡机必须具有制备微纳米泡沫的功能。

对于发泡机的研发，提供如下的技术思路供参考。

a. 改造现有发泡机

现有发泡机由于结构原理的限制，制备微纳米泡沫是困难的。所以，要将它改造提高，重点改造其核心部件，优化各种技术参数，设计更合理的发泡筒及填充介质。有必要时，也可进行整机改造。采用这一技术方案，因为已经有一定的经验和基础，可能更容易成功，难度要小一些。但是，前提是要有先进的改造方案，估计小改小革是不行的。

b. 寻找新的技术原理、重新设计

现有的借助于装填钢丝的发泡筒，通过高压液气双分散成泡的制泡原理，限于发泡筒的性能已接近高点，再予改造拔高，难度不小，能否制备出微纳泡沫，尚存疑问。建议不如探索新的发泡原理，重新设计发泡机。据说，海外制备微纳米泡沫，利用的是电子波高频振荡原理、空化原理等。由于找不到相关资料，不了解具体的设计方案。大家可以大胆地去创新，广开思路，不指望模仿。因国外微纳发泡机也还不完善。笔者近几年也在微纳米泡沫剂及相关发泡机上进行研究和探索，有一些收获，但仍然没有根本性的突破，愿与大家共同努力，力争早日成功。

10.3 专用泡沫剂新品种的研发

专用泡沫剂很多，现在市场上出现的已有七八种。这里仅介绍一些新出现的品种，给大家带来一些新型泡沫剂的开发思路。希望大家开发出更多品种。

10.3.1 制品专用超微细泡沫剂

（1）制品专用超微细泡沫剂的概念

制品专用超微细泡沫剂，仅次于纳米泡沫剂、微纳米泡沫剂，所制泡沫能在泡沫混凝土硬化体中形成 $1~150\mu m$ 的气孔，优化泡沫混凝土孔结构及性能，使自保温泡沫混凝土砌块、轻板等制品达到较高水平，基本上可以取代一些进口高档泡沫剂，是一种具有良好的性价比、经济实用的高品质泡沫剂。

本泡沫剂具有以下几个典型的技术特征：

① 符合泡沫混凝土气孔微细化、越微细越好的发展趋势和潮流。它能有效降低泡沫混凝土孔径，使之由现在的 $150\mu m \sim 1mm$，降到 $1 \sim 150\mu m$，达到微米级泡孔孔径最小的控制尺寸范围，仅次于微纳米。

② 能够在泡沫混凝土中形成十分优异的孔结构。气孔大小均匀一致，尺寸分布范围窄，大部分孔径应控制在 $50 \sim 100\mu m$ 范围内，离散性小。气孔在硬化体内的空间分布也各部位均一。并且气孔以闭孔为主体，闭孔率应达到 95% 以上。

③ 所制备的泡沫应具有超强的稳定性。包括在空气中的稳定性和在水泥浆体中的稳定性。在空气中和水泥浆体中的沉降距与沉降率的检测值均应为零，达到双不沉降。

④ 泡沫剂在所制泡沫超强稳定的情况下，仍能保持高起泡性，其起泡倍数应不低于 24 倍（按 JC/T 2199—2013 标准）。

⑤ 具有良好的性价比，生产成本和价格较低，具有价格竞争优势，企业易于接受。其市场价格应不高于进口高档品的 1/2。

⑥ 综合质量、性能等各项品质应能接近或达到或超过各种进口高档泡沫剂，达到可以取代进口品的品质水平。

（2）市场需求及开发意义

① 市场需求分析

目前，我国的中低档泡沫剂已经供大于求，生产过剩，唯有可供制品使用的高档发泡剂仍有一定的市场空白。国内的高档泡沫剂已有不少生产厂家，质量也都达到了国内的较高水平，取得了许多研究成果。但是，在世界范围内横向比较，与国外的高档泡沫剂相比，尚有一些差距。这就导致一些生产自保温砌块等产品的企业，不得不花高于国产品一倍以上的价格，进口国外产品。若国产泡沫剂真的能达到进口品的质量与性能水平，决不会出现进口品仍在我们制品业流行的状况。我们的目标就是改变这种状况，积极开发高端泡沫剂。

现有的一些正在生产高档泡沫剂的企业，目前的销售量还不太乐观。我认为这并非市场没有需求的问题，而是产品问题。一是产品的品质仍不能满足要求，尚待提高。二是我们的价格还不具有吸引力。现在的国产高档泡沫剂的价格，一些品种达到了 1.8 万 ~ 2.2 万元/t 的水平，笔者认为超出了行业内的消费水平和接受能力。产品质量水平还不是特别高，而价格定得特别高，性价比特别低。这才是问题的本质，而绝不是市场无需求。

另外，泡沫剂高档化的趋势已十分明显。行业的基本发展导向，就是引导产业升级换代，鼓励发展高附加值产品、高端发泡剂。高档泡沫混凝土以后会逐渐成为主流。这将会逐步拉动对高端泡沫剂的需求。可以肯定，高端泡沫剂在我国的需求量会越来越大，而不会减少。大力推动高端泡沫剂的研发与生产，是行业协会的既定方针。所以，高端泡沫剂的市场是会有的，不需有顾虑。关键是我们的泡沫剂企业能否拿出真正符合市场需要的高性价比泡沫剂。

② 开发意义

高端泡沫剂的开发、推广、应用，对我国泡沫混凝土行业的发展，具有不可忽视的重大意义。

　　这一重大意义可以用一句话概括：这一产品的成功开发与推广应用，将会加速我国泡沫混凝土行业产业转型、高质量发展，完成供给侧改革。

　　我国泡沫混凝土行业的发展目前已出现发展速度逐年减缓、利润率逐年下降，企业在恶性竞争中生存困难的困境。不少企业已在压力下退出行业。

　　出现这种困境的主要原因，笔者认为只有一个：行业的产业结构严重失调，产品集中度过大。我国泡沫混凝土的整体规模虽然居世界第一，但产品的90%都集中于低投资门槛、低技术含量、低附加值的现浇混凝土领域，95%的企业干的都是现浇。而高投资门槛、高技术含量、高附加值的制品领域，却不到总产量的10%，从业企业还不足5%。这就导致千军万马过独木桥，大家一窝蜂在现浇领域互相残杀争食。一个现浇工程恨不得有一大群企业来杀价恶争。你报了250元/m³，我就报200元/m³。你报了200元/m³，那么我保本160元/m³也要挤破头来抢，抢到了没利润，甚至亏本也要干。这就使一个个企业只能倒闭、退出，也把行业逼入困境。

　　一方面是现浇领域争得头破血流，你死我活，活也活不好。另一方面，高附加值、高利润泡沫混凝土制品领域，一直向我们敞开大门，大声呼唤我们的企业进入，但进门者寥若晨星，难见人影。例如，在轻质砌块方面，我们还不到加气混凝土1/10的产量；在轻质装配墙板、屋面板、楼板领域，20多年了，我们也只有太空板公司在做，99.9%的市场空白；在煤矿墩柱方面，笔者曾到山西长治五矿集团的煤井巷道考察从澳大利亚进口的产品，一根3m长、90cm粗的墩柱，价格高达1万元。而至今我们不能供应，全国100%市场空白；在机场跑道泡沫混凝土阻滞块方面，九寨沟黄龙机场是以每立方米几千元的高价进口的。至今，国产品也只能由笔者技术扶持的国家航科院公司的一家企业在生产，总共也就供应了腾冲、林芝两个机场跑道。若按目前的产量，全国160多条跑道，要100年方能铺完。它的市场也仍然空白99.99%。如此等等，笔者就不详述。

　　请问，大家为何宁可自杀式去抢现浇这根已没肉的骨头，却放着没人要的制品这块肥肉不去拿？原因很简单：我们目前的产品水平太差，技术水平太低，产品质量达不到技术要求，只能望洋兴叹。

　　笔者认为，改变我国泡沫混凝土现状，突破瓶颈的唯一方法和出路，就是转型发展，由集中于现浇而转型到现浇与制品同步发展，由低附加值、低品质、低技术含量转型到高附加值、高品质、高技术含量发展，力争分散产品集中度，用5~10年的时间，把主导产业由现浇转型为制品。国外发达国家如德国、美国、澳大利亚等，泡沫混凝土现浇很少，基本以制品为主。我们也应该如此发展。

　　实现产业转型，重点推进制品业崛起，其影响因素很多，如投资、技术团队、设备研发等。但无疑，作为核心材料的泡沫剂，是其中最重要技术条件。如果采用目前的大多数中高端国产泡沫剂，泡沫混凝土的产品质量很难达到市场竞争的水平。单是气孔结构这一条就达不到技术要求。可以说，研发和推广应用仅次于微纳米泡沫剂的超微细高端泡沫剂，是推进我国制品业崛起的一个先决技术条件。

　　所以，大力推进、推广超微细制品专用泡沫剂的全面发展应用，对于泡沫混凝土企业目前的产业转型，实现供给侧改革，打破发展瓶颈，具有重要现实与长远意义，不可小视。

（3）超微细泡沫剂所生产的泡沫混凝土具有优异的性能

超微细泡沫剂制备的泡沫混凝土，与现有泡沫剂制备的混凝土相比，其各项性能均大幅提升。

① 低导热、高保温

与同等密度级别的泡沫混凝土相比，超微细泡沫混凝土的导热系数低 10%～30%，保温性能更为突出。密度为 $160kg/m^3$ 级别的超微细泡沫混凝土，导热系数有可能低于 $0.046W/(m \cdot K)$，接近聚苯乙烯泡沫塑料。

泡沫混凝土专家们的研究已经证明，泡沫混凝土的气孔越细小，导热系数越低。超微细泡沫混凝土的孔径只有毫米级的百分之一至千分之一。如此微细的泡径，其低导热、高保温是必然的。其低导热的原因有 3 点：

a. 热量传递要经过更多次的气固转换

热量通过泡沫混凝土的传递，既通过泡孔内的空气，还要通过孔壁的固化体。它要经过一次次的气固传热介质的转换。气孔越小，其转换次数越多，传热越困难。原来 1 个毫米级气孔，只需热传递方式转换一次。变为超微细气孔后，它要转换百次乃至千次。其热传递将比毫米气孔难上百倍、千倍。所以，其导热系数就更低。

b. 通过气孔壁的传递路径更长。

其次，热量在泡沫混凝土中的主要热传递，是通过气孔表面的气孔壁完成的。1mm 的气孔细化为千百个超微细的气孔之后，气孔的表面面积和气孔壁增大上百倍。这样一来，热量通过气孔壁的传递，要绕的弯路更多，路径更长，难度也增大了上百倍。所以，超微细孔的泡沫混凝土阻止热量传递的能力更强。

c. 超微细气孔的高闭孔率阻隔能力更强

热量在泡沫混凝土中的热传递路径，还有空气的对流传热。其对流传热主要是通过空气在开孔气孔间进行的。开孔越多，空气在泡沫混凝土中活动性越强。而超微细气孔的闭孔率可达 95%～100%，而一般毫米级气泡、闭孔率达到 70%～80% 都很难。高闭孔率可以大幅降低泡沫混凝土的对流传热，也是其低导热和高保温的原因之一。

低导热高保温，是超微细泡沫混凝土最主要的，也是最突出的性能之一。发挥它的这一优势，是其价值的最好体现。

② 力学性能好，抗压强度较好

根据笔者查阅的关于泡沫混凝土孔径对力学性能的影响文献，表明多数研究者认为，孔径小的泡沫混凝土的力学性能，优于孔径较大的泡沫混凝土。笔者这些年的研究结果，也有这一规律。在超微细泡沫混凝土研究中，笔者测试了几个组试件，在密度相同的条件下，$200\mu m$ 泡沫混凝土的抗压、抗拉等强度，明显高于毫米级泡沫混凝土。而在日常生产中，不少人的感觉都是，孔径大的泡沫混凝土的强度高于同密度的泡沫混凝土。之所以会有这种感觉，我们认为，孔径较大时，孔壁较厚，手感割肉般，好像强度高。而孔径较小时，孔壁异常薄，就不会产生手拿时的割手感。像超微细泡沫混凝土，它的孔壁几乎看不到，也感觉不到，当然也不会有手拿时的割手感。凭手感不行，最后要看检测。

超微细泡沫混凝土强度高于毫米级的原因，笔者认为有以下两个方面。

a. 超微细泡沫形成的气孔，多数是闭孔，而不是开孔。闭孔没有开口的缺陷，就没有受力的薄弱点，所以能承受更大的作用力。

b. 超微细气孔由于数量比毫米孔多，在体积相同时，要多上千百倍，更容易分散作用应力，使应力集中度减弱。原来由一个气孔壁承担的应力，在超微细泡沫混凝土中，已经分散到千千百百个气孔壁上，所以可以承受更大的作用力。应力集中是物体造成破坏的主要原因。应力越分散，在相同压力下，物体越不容易破坏。能更好地分散压应力与拉应力，应该是超微细泡沫混凝土力学性能优于毫米孔泡沫混凝土的主要原因之一。另外，超微细泡沫混凝土气孔均匀，没有大孔，也没有大孔引起的应力集中破坏。

③ 吸水率低

在同等密度下，超微细泡沫混凝土的吸水率，估计比毫米级泡沫混凝土低 10% ~ 30% 。其吸水率低于毫米级泡沫混凝土的主要原因如下。

a. 超微细泡沫混凝土绝大多数的孔是闭孔，极少开孔和连通孔，因而吸水率低。吸水的通道之一，就是开孔和连通孔。没有了大量的开孔和连通孔，其吸水率自然就较低。

b. 泡沫混凝土的第二个吸水通道是毛细孔。毛细孔存在于孔间壁中，而超微细泡沫混凝土，其孔间壁厚都处于亚微米至纳米之间，远细微于毛细孔径的范围（毫米级为主，少量几十至几百微米），根本无法形成毛细孔。同时，超微细气孔有截断毛细孔的功效。所以，超微细泡沫混凝土极少毛细孔，因而它的吸水率很低。

④ 抗冻融能力强

泡沫混凝土的抗冻融能力，与其吸水率有很大的关系。吸水率越大，抗冻融能力越差。因为，冰冻是水造成的。而超微细的泡沫混凝土的吸水率很低，就间接提高了它的抗冻融性能，使它的耐久性大大增强，在高寒地区也可以应用，扩大了泡沫混凝土的使用范围。

⑤ 抗碳化、抗腐蚀

泡沫混凝土的碳化和有害物质的腐蚀，都是由连通孔、毛细孔造成的。二氧化碳和有害物质，均是沿着连通孔和毛细孔进入泡沫混凝土，对它进行侵蚀的。而超微细孔泡沫混凝土，由于连通孔、毛细孔极少，就降低了二氧化碳和有害物质进入泡沫混凝土的机会，因而大幅度增强了它的抗碳化、抗腐蚀的能力。与同等密度的毫米孔泡沫混凝土相比，它的抗碳化、抗腐蚀能力要强得多。

（4）使用范围

本产品一般使用于以下几个方面。

① 砌块。包括水泥泡沫混凝土砌块、蒸压硅酸盐泡沫混凝土砌块、陶粒泡沫混凝土砌块，聚苯颗粒泡沫混凝土砌块等。

② 板材。主要是泡沫混凝土墙板、屋面板、楼板等。

③ 泡沫混凝土高附加值产品。主要是机场跑道阻滞块、煤矿井下支护用墩柱、防瓦斯密闭墙体制品、隔声制品等。

④ 也可用于技术要求较高的现浇工程。

（5）应用条件

应用本产品，也应同时具有必备的条件：

① 应有高性能、可制备超微细泡沫的发泡机。要制出超微细泡沫，单有超微细泡沫

剂还不行。发泡机性能不好，泡沫也不能超微细化。须知，发泡机对泡径也有一定的影响。

② 应有配套的胶凝材料浆体合理的配合比。配合比也影响泡径。配合比中的水灰比、材料品种与加量等都对泡径产生重要影响。实现泡沫与气孔的微细化，应能够设计出先进合理的配合比。

作者提出研究、推广超微细泡沫剂，是基于对泡沫混凝土前瞻性发展的趋势，它是行业努力的方向。希望有研发力量和技术基础的单位和技术团队，为此积极探索，力争其早日得到规模化应用。

这几年，作者也曾对超微细泡沫剂及超微细孔泡沫混凝土进行了一些研究，取得了一定的收获，试制了一些产品，但离设定的目标尚有距离，还需进行一些改进、完善。下一阶段将继续不懈努力，力争取得根本性的突破和新的进展。

10.3.2 负温泡沫剂

（1）概念

负温泡沫剂，是不常用的季节性特种专用泡沫剂，主要用于初冬和早春的负温现浇工程。它的主要技术特征，就是可以在 -3 ~ -8℃时，泡沫剂不会结冰，方便在工地上稀释和使用，且可以在负温仍能较好地起泡，克服了一般泡沫剂在负温时发泡能力急剧下降，且所制泡沫不够稳定的不足。这种泡沫剂可以保证现浇施工企业在气温 -3 ~ -5℃时仍能够正常地施工。

（2）需求与市场

负温泡沫剂目前还没有多大的市场需求，仍属于待开发产品与待开发市场的"未来泡沫剂"。即使将来生产技术成熟了，也是一种短期有一定需求的"小众产品"。但是，如果加强引导，着力推广，将来肯定会有需求群体。作为泡沫剂的研究者，只要市场有特殊需求，哪怕上不了规模效益，也应有责任去满足。这是推动泡沫混凝土发展的应有心态。

我国幅员辽阔，东北、西北、西南冬季漫长，负温时间长达 7 ~ 8 个月。泡沫混凝土现浇可施工的时间也只有 4 ~ 5 个月，太短了。所以，严寒地区的企业均有想办法延长施工期的迫切要求。如果初冬负温初始期能延长 10 多天的施工期，而开春能提前 10 多天施工，那么，一年他们大概就会将施工期延长 1 个月左右，增大了施工量及效益。我们不止一次地听到严寒地区一些企业这种需要延长一定施工期的要求。笔者本身也遇到过这种情况。2011 年 11 月上旬，我们在指导唐山旭日公司进行墙体施工浇筑时，工程刚进行了 1/3 左右，突然寒流来袭，天降大雪，但又不能突然停工。一夜之间，泡沫剂在工地结冰，已无法使用。我们就用电热水器在工地烧热水，稀释泡沫剂，但发泡量下降不少。旭日公司的技术人员就提出，能否有一种泡沫剂，负温不结冰，不就省了工地烧水的麻烦？那次，我们就这样用烧热水配合防冻剂，又坚持施工半个月，完成了泡沫混凝土墙体浇筑工程。这件事启发我们去研发负温泡沫剂。这些年，我们一直在进行这方面的试验，并有了比较满意的结果。然而一直没有碰到工程应用试验的机会。2019 年 10 月末，四川一家公司给笔者打来电话，称他们在四川甘孜藏族自治州一个高山景区，施工景区的墙体泡沫混凝土现浇工程，气温已降至 0℃左右，马上要进入负温，泡沫剂可能要结冰，工程又不能停，让我们尽快给他们发去抗结冰的负温泡沫剂及配套的水泥防冻剂。由于笔者前几年已有研究成果，我们很快满足了他们的要求，支援他们完成了工程。当年，他们同时在甘肃的一个现浇工程中试用了这种负温泡沫剂，也获得了满意的施工效果，泡沫剂在 –6℃ 也没有结冰，发泡性能虽有下降，但仍可保持使用。这次应用试验，说明负温泡沫剂在气温不太低时，是有延长工期的功效的。

负温泡沫剂虽然现在还没有形成市场，仍处于萌芽期，但如果加以培育，还会形成一定的市场需求，只是需求期太短而已。如果不从经济效益规模考虑，而从支持行业发展的角度着眼，这一新产品还是应该开发的，它至少可延长 1 个月施工期，即初冬半个月、早春半个月，很有意义。

笔者研发的这种负温泡沫剂，结果虽基本满足了工程需要，但负温环境下的起泡性还是有所下降，有待改进。且只经过 2019 年年初的两个小工程试用，还不能完全反映出它的实际应用效果。下一步仍需更多的工程验证试验。笔者也期待有更多的企业去进行研发。

（3）负温泡沫剂的成分组成

负温泡沫剂应由如下成分组成：

① 在负温时仍有较好起泡性的表面活性。要通过试验反复筛选。

② 在负温时不会凝胶化的稳泡剂。常规稳泡剂负温凝胶化不可用。

③ 冰点降低剂。这是核心成分。降低冰点的成分应采用复合型。

④ 助剂。它本身不具有降低冰点的作用，但添加后有助于降低冰点。

（4）性能

① 抗结冰性

一般的泡沫剂，在 0℃ 以下就结冰，已经无法直接使用，使用时需用热水溶化或加热溶化。本剂能克服这一缺陷，在 –10℃ 左右也不会结冰，仍保持液体状态。这样，就大大方便了使用。本剂在使用时不需加热溶化，可以用于直接发泡。本剂主要用于负温时室外现浇施工，由于工地大多不具备加热条件，本剂不需加热，就方便了施工。

② 低温负温起泡性

泡沫剂的一个基本特性，就是其起泡性随温度的升高而增强，随温度的降低而减弱。所以，泡沫剂在 5℃ 以下低温或负温时，起泡性就很差。所以，有些泡沫剂在低温时因起泡不好，就无法使用。在负温时就更不能使用。

本剂具有抗低温负温性，在低温或负温时，仍可以较好起泡。在负温时，其起泡性略受影响，但不明显，基本不影响其使用。这样，对于 –3 ~ –5℃ 天气时，工程就可以照常进行。

③ 低温稳泡性

本泡沫剂不但具有低温与负温的起泡性，而且还具有低温与负温条件下的泡沫稳定性。经使用现场观察，在气温 –6℃ 时，所制取的泡沫仍很稳定，在空气里保存时不冰冻，且可长时间稳定。进入料浆后，也能相当稳定。这就可以保证其在低温使用时，保持不消泡、少塌模、施工良好。

④ 增强料浆的防冻性

本泡沫剂一个最大的优点，就是它不但本身在 –8℃ 左右不结冰，可以良好地抗冻，而且在泡沫进入水泥料浆后，可以协助防冻剂，增强泡沫混凝土的防冻性。由于本剂的成分具有冰点低的特点，可以降低水泥料浆的冰点，与水泥防冻剂共同作用，防冻能力比单用防冻剂要好得多。例如，单用水泥防冻剂时，如果最低使用温度为 -5℃，而应用本泡沫剂后，由于泡沫剂与水泥防冻剂的共同作用，其使用温度可以降至 -6 ~ -7℃。这说明它与水泥防冻剂有协同作用。

（5）使用方法

① 稀释倍数 30 ~ 60 倍。稀释用水可用常温水，或不低于 0℃的水。用温水当然更好。

② 负温泡沫剂必须与水泥或混凝土防冻剂配套使用。虽然泡沫剂本身在 -8℃ 仍不结冻，对泡沫混凝土也有辅助的防冻使用，但它毕竟不是防冻剂。所以，它并不能完全解决泡沫混凝土的防冻问题。如果泡沫混凝土的防冻问题解决不了，泡沫剂本身的不结冰就没有多大的工程应用意义。所以，负温泡沫剂离不开混凝土防冻剂的相互配套。对泡沫混凝土防冻剂的要求：使用最低温度必须达到 -8℃，不含氯离子，且对泡沫没有消泡作用，不影响泡沫的稳定性，不会延长泡沫混凝土的凝结时间。

为了解决负温泡沫剂的配套使用问题，笔者研发了泡沫混凝土专用防冻剂，符合技术要求，有一定的促凝作用，可缩短泡沫混凝土的凝结与硬化时间。最重要的是，它对泡沫还有良好的稳定作用，可提高强度。同时，它不含氯离子，对钢材无腐蚀，可用于钢结构工程及钢模网房屋的浇筑。经 2019 年的实际工程应用，与负温泡沫剂配套使用效果良好。

（6）应用范围

不低于 -5℃ 的负温工程现浇施工。除泡沫混凝土外，也可取代一般砂浆微沫剂应用于负温工程。将来若有技术改进，也可能会扩大应用的范围。

（7）负温施工注意事项

① 泡沫混凝土浇筑后，浇筑体仍需要覆盖草苫，保温养护至少 10 天，以加速其浇筑体固化，并提高防冻效果。

② 清洗设备用水应加入 5% 防冻剂，以保证设备及浇筑管道里残存的水不结冰，不冻死，以保证下一班的正常使用。

③ 胶管冬天易变硬，拉不直。其解决方法有两个建议。一是在采购胶管时，选购硬度为 50 ~ 60 的胶管，其抗低温，又称抗低温胶管。若选购硬度 70 ~ 80 的胶管，冬天特别硬。二是在胶管外螺旋状缠裹 1 ~ 2 层保温外套，或包上几层聚乙烯泡沫片材（又称珍珠棉），对胶管进行保温处理。同时，清洗设备结束后，要用泡沫塑料将管口堵严，防止冷空气进入管内。这可以缓解胶管变硬。

④ 本泡沫剂一般只用于初冬或早春的初冰期或末冰期，气温还不是太低时，可延长施工期。一般多用于 -1 ~ -5℃ 的天气；若气温更低，操作困难，不建议施工。

10.3.3 抗酸泡沫剂

（1）概念

抗酸泡沫剂，是一种能够适应 pH 值 4 ~ 6 的酸性水的泡沫剂。它能够在稀释用水和搅拌泡沫混凝土料浆用水都呈酸性的条件下，较好发泡，并保持泡沫的稳定性（包括泡沫在空气中的稳定性及料浆中的稳定性）。此外，它具有促凝作用，使泡沫混凝土在酸性水拌和水泥的情况下仍可较好凝结、硬化。

近年来，笔者经常接到一些处于酸性水条件下的企业求助，当地的土壤呈酸性，导致其地表水也呈酸性。另外，一些地区是由于受酸雨的危害或其他化工污染，使水质酸化，pH 值偏低，多处于 4~6。这些地区，由于水质呈酸性，严重影响了泡沫混凝土的生产。其不利影响有 3 个：一是加入泡沫剂以后，水泥浆不硬化，或者凝结很慢，导致消泡塌模。这是由于本来酸性水就影响水泥的水化反应，而泡沫剂所含表面活性剂又大多具有缓凝性，所以导致泡沫混凝土料浆长时间不凝结，有的两天左右还不硬化。二是采用酸性水稀释泡沫剂，泡沫剂的起泡性大大降低，发泡不好，有的根本就不起泡，使泡沫剂无法使用。三是采用酸性水稀释泡沫剂及拌和水泥之后，泡沫失去稳定性，不但消泡严重，而且形成的气孔多是破烂孔和连通孔，劣化了泡沫混凝土。2018 年，广东一企业还寄来了他们当地的酸性水，让笔者研制能与之适应的泡沫剂。

接到个别企业的先后求助后，笔者曾派人到当地进行过考察，证明他们反映的情况属实，亟待解决。否则，确实影响他们的生产。

考虑到酸性水虽然并不广泛存在，但毕竟部分地区有这种特殊情况，对抗酸泡沫剂有一定的现实需求。所以，笔者就开始着手对这种泡沫剂进行探索，经反复的试验，研发出一种抗酸泡沫剂。经过求助企业工程试用，效果良好，解决了他们的现实问题。作为一种特殊需求和个别地域环境，虽然这种泡沫剂的需求不广泛，但其创新意义及对泡沫混凝土的发展，具有一些作用。所以，不应该在乎它的具体经济价值。作为一种特种泡沫剂，具有一定的实际应用意义。

（2）主要技术性能

① 耐酸性水

本泡沫剂的突出特点就是耐酸性水。当泡沫剂的稀释用水及拌和水泥用水的 pH 值低至 5~6 时，也能正常使用。

普通泡沫剂是不耐酸性水的，在酸性水条件下使用，会引起一系列不良反应。而本剂克服了这一缺点，可使用酸性水稀释泡沫剂，也可以用酸性水拌和水泥。只要 pH 值不低于 4，均可使用酸性水。

② 酸性条件下较好起泡

普通泡沫剂在酸性条件下，其起泡性会受到一定的影响。当酸性较强时，甚至不会起泡。而本泡沫剂由于耐酸，可以保证在 pH 值低至 4 时，仍可正常起泡，其起泡性能不降低，可保证这种工程在酸性水条件下的较好使用。若按标准规定的发泡倍数指标，仍属较高发泡倍数。这证明，酸性水对其起泡性没有过大的影响。

③ 使用酸性水泡沫仍较稳定

普通泡沫剂，在使用酸性水稀释，或使用酸性水拌和水泥时，泡沫会不稳定，易于发生泡沫破裂，泡沫混凝土浇筑后，会发生浆体因消泡而发生沉陷或塌模。而本泡沫剂则不会发生这些不良现象，即使采用酸性水稀释泡沫剂和拌和水泥，泡沫依然较稳定。不但在空气中稳定良好，而且在泡沫拌和到水泥浆中后，依然保持稳定，料浆不沉陷、不塌模，状态稳定。

（3）使用注意事项

① 当水的酸性太强，pH 值低于 4 时，本剂不宜使用。应首先进行水的预处理，适当

调节使 pH 值至 4 以上。

② 由于酸性影响水泥的硬化和凝结，使初凝时间过长，不利于水泥浆体的浇筑稳定性。所以，使用本剂时，应配套使用水泥调凝剂，提高水泥的水化速度。

③ 为提高泡沫在水泥料浆中的稳定性，适应水泥料浆在酸性条件下凝结较慢的特性，建议使用本泡沫剂时，向水泥料浆中加入一定量的稳泡剂。其加量应不大于 0.015%，微量即可。

④ 本泡沫剂不耐长时间储存，6 个月以后易出现沉淀，分层。所以，建议在 6 个月内用完，不可久放。若已发生沉淀，可搅匀使用，其起泡性略有降低。

（4）开发状况与展望

本泡沫剂是针对特种自然环境条件所研发的产品，研究时间尚很短，经验不足。所以只是试用，尚待继续完善，还有许多工作要做。这决非笔者单独研发所能使其尽善尽美的。望大家积极参与研发。

我国酸性水地区不少，估计这种情况有一定的代表性。以前没有出现这种问题及需求，并不等于没有。估计以后随着泡沫混凝土的广泛应用，这种情况会越来越多。因此，对抗酸泡沫剂的需求只会增多，不会减少，还会有一定的细分市场需求。建议行业予以重视与推动研发。

10.3.4 固化土泡沫剂

（1）固化土的概念

固化土是向土壤中加入固化剂（固体或凝剂），通过改变土壤颗粒表面的电化学性质，削弱其相互排斥性，增强其相互亲和力，并形成憎水性，在外力作用下，硬化为人造石的新型工程材料。

固化土材料与传统水泥石工程材料相比，两者根本性的不同，在于水泥石类人造石是借助胶凝材料水化产物的胶结力形成硬化体，而固化土的强度贡献主要来自土壤颗粒电化学性质的改变。

固化土技术最早起源于美国。他们在 20 世纪 70 年代研发成功，20 世纪 80 年代开始在公路路基上应用。第一项成功的工程是美国贝赛尔公司在 1987 年施工的佛罗里达州沃尔登公路。此后，此技术推广到世界各国。我国 20 世纪 90 年代初自美国引进该技术，并开始推广应用。当时的建设部还于 1998 年颁布了《土壤固化剂》（CJ/T 3073—1998）标准，及《固化类路面基层和底基层技术规程》（CJJ/T 80—1998）标准。2007 年，建设部又颁布了《土壤固化剂应用技术导则》（RISH-TG003—2007）标准。但是，由于当时中国基建规模的限制，再加上这项技术太超前，国人对此项技术认识不足，导致 30 年来，此项技术并没有在我国获得广泛的应用。直到 2015 年，随着中国公路的大规模建设，再加上国内已逐渐认可了此项技术，固化土才开始在我国蓬勃发展，规模化推广应用。为适应技术升级以及更高的工程要求，建设部于 2015 年又重新修订颁布了《土壤固化外加剂》（CJ/T 486—2015）新的土壤固化剂标准，以及 2018 年修订颁布的《土壤固化剂应用技术标准》（CJJ/T 286—2018），取代了 CJJ/T 80—1998 标准。我国的固化土应用已进入快速发展的新阶段，规模化应用于公路路基、地基、墙体、重金属污染土固化、污泥淤泥固化、堤岸等。同时，也推进了大宗工程废土、污泥、尾矿的资源化利用。

图 10-1 所示是固化土无侧限抗压试块。图 10-2 所示是泡水 3 年的固化土试块，显示出固化土的高耐水性能。

图 10-1　固化土无侧限抗压试块　　　图 10-2　泡水两年的固化土试块

（2）泡沫固化土的概念

泡沫固化土是一种不同学科技术融合交叉形成的新型工程材料。它实际上是泡沫混凝土技术与固化土技术的嫁接产物，也是泡沫混凝土领域的一项大胆创新与尝试。它其实就是在固化土中加入泡沫所形成的轻质工程材料。

固化土虽好，但它的密度太高，其压实密度为 2000～2400kg/m³，接近常规混凝土。由于其密度过高，虽在硬基地质条件下可以应用，但在软基地质条件下以及那些低密度回填工程中就不能应用。因为软基不能承载其回填体的重力，会引起下沉。所以，固化土轻质回填工程采用加入聚苯颗粒降低其密度。然而，聚苯颗粒的价格现在达 15～18 元/kg，使工程造价太高，难以接受。所以，不少人就想到加入泡沫降低固化土的密度，形成泡沫固化土。泡沫造价低，使用比聚苯颗粒方便。所以，泡沫固化土在轻质回填工程中将大有可为。

泡沫固化土具有以下几个工程应用优势：

① 开挖工程废土原位利用，不需外运处理

如果使用常规泡沫混凝土软基轻质换填，现在的做法是，把软基土开挖，用车外运，找地方堆存。一条公路，产生的开挖土几百万立方米甚至几千万立方米，其运量及堆存占地很是惊人，造成了一定的环境问题。而采用泡沫固化土，开挖土不需外运，只需加入固化剂和泡沫搅拌，仍浇筑回填到原位即可，不产生工程废土，且降低了外运废土及买地堆土等费用。这既降低了工程造价，又避免了工程废土对环境的破坏，非常完美。

② 保证工程的安全，提高工程质量

如果使用固化土原位重质回填，会引发地基下沉，路基开裂破坏，存在工程隐患。但若采用轻质泡沫固化土，回填体自重荷载降低了一半，不易引发工程隐患，克服了固化土的缺陷。以前，开挖废土运走废弃，就是解决不了固化土轻质化难题，而泡沫固化土解决了这个大难题。

③ 大幅降低工程的造价

泡沫固化土主要原料是原位工程废土，不需购运，所以，它的工程造价与采用泡沫混凝土相比，会降低大约30%以上，经济效益突出。

（3）泡沫固化土专用泡沫剂及技术特征

凡是能适应固化土的技术特点，可以使产生的泡沫成功应用于生产泡沫固化土的泡沫剂，就可以称为泡沫固化土专用泡沫剂。

泡沫固化土专用泡沫剂具有以下技术特征：

① 稳泡时间长，具有超高稳泡性

由于泡沫固化土不使用大量水泥，早期强度发展很慢，初凝大于 4h，终凝大于 12h。如果泡沫稳定时间不大于 4h，就会消泡塌模。所以，要求泡沫剂所制泡沫应具有超高的稳定性，其泡沫稳定时间长于 4h。4h 后，消泡率不大于 10%。

② 泡沫剂应与土壤固化剂相适应

土壤固化剂的种类较多。常用的品种有离子类、高聚物类、生物酶类、无机类。每一类所采用的原材料又有很多种。所以，固化剂随生产厂家不同各不相同。泡沫剂必须具有广泛的适应性，能与各种不同的固化剂配套使用，不会因固化剂造成消泡或形成连通孔。

③ 泡沫剂所制泡沫形成的气孔具有高闭孔率

其泡沫在固化土中形成的气孔，应具有 90% 以上的高闭孔率。由于固化土多用于地面以下回填，容易受雨水及地下水的影响。如果开孔多，吸水率就高，使回填层不抗冻融，性能降低。高闭孔率可保证强度，降低吸水率，回填层性能好。所以，必须要求泡沫有高闭孔率。

（4）泡沫剂使用的注意事项

① 泡沫剂使用前，应进行与固化剂的适应性试验。若与固化剂不相适应，应更换固化剂品种，直到适应为止。如果所选固化剂不可更换，应调节泡沫剂成分，使之适应固化剂。

② 各地土壤成分不同，个别地方的土壤呈酸性，或者高碱性。要根据土壤的具体条件，调节泡沫剂的 pH 值。酸性较强的土质，泡沫剂可偏碱性些。高碱性土壤，泡沫剂可微酸性，以降低土质对泡沫的影响。

③ 泡沫剂的最大稀释倍数不宜超过 60 倍。因为高倍稀释，泡沫含水量高，会增大泡沫固化土的水灰比。固化土对水灰比比较敏感，大水灰比的固化土强度较低、性能劣化。

（5）固化土泡沫剂工程应用范围

固化土泡沫剂适用于对工程回填土的密度要求较低，而对固化体强度要求不是太高，特别强调原位工程土原位就地固化、不愿将原位土外运的各种回填土工程。具体讲有以下这些工程：

① 软基换填工程如路基、地基。

② 对强度要求不高的地下管道开挖沟槽的回填土工程。

③ 对填土要求轻质减荷的地下工程顶部回填土。

④ 废弃地下工程及废矿井回填土工程。

（6）研发现状及应用展望

① 泡沫固化土及其专用泡沫剂的研发现状

作为一种最新的泡沫混凝土应用领域，泡沫固化土现在的研发属于刚刚起步阶段，离规模化工程应用尚有时日。据笔者所知，从事研发者还较少，都还处于实验室研究阶段。但它的技术开发正日益趋热。

　　笔者作为主要的研究者之一，从 2015 年开始研究固化土，2016 年又开始研究泡沫固化土及其专用泡沫剂，已取得了重大的技术突破，有比较满意的成果。其专用泡沫剂已研发出来，效果还可以，基本可以满足土壤固化的需要。泡沫固化土也比较成功，有望将来得到实际应用。但这只是一些初始成果，还需要进一步探讨和完善。下一步，尚需解决以下两个方面的问题：

　　a. 泡沫的稳泡性虽已较满意，用于泡沫固化土能数小时不消泡，十分稳定。但是此泡沫剂的起泡性较差，尚待改进。

　　b. 泡沫固化土的强度还不高，离技术要求还有一定的距离。如何在保证轻质化的情况下，又保证强度，还需要努力。

　　如果上述问题能顺利解决，泡沫固化土就可以进入工程应用。目前，笔者正在继续努力地研究。这是全行业的努力方向之一。

　　② 应用展望

　　固化土泡沫剂作为新型专用泡沫剂，随泡沫固化土的出现而应运而生。随着将来泡沫固化土的趋热，它会有较好的发展空间。泡沫混凝土的传统应用市场已经饱和，急需开发新的应用领域，扩大市场。泡沫固化土具有很好的发展前景，虽目前还没有大规模开拓，但已引起各方巨大的关注，不少企业和科研单位都在加紧开发相关技术。其大规模推广应用，应该为时不远，一切都在于我们的共同的努力之中。泡沫固化土应用范围广、工程规模大，利用废土率高（大于 80%），展现良好的发展前景。希望泡沫剂及泡沫混凝土行业的人士为成功开发这一新技术不懈奋斗。

参考文献

[1] M. Я. 克利维茨基, H. C. 伏洛索夫. 泡沫混凝土与泡沫硅酸盐制件的工厂预制[M]. 朱贤民, 徐世忠, 译. 上海: 上海科学技术出版社, 1960.

[2] 黄兰谷. 泡沫混凝土[M]. 北京: 科学普及出版社, 1957.

[3] A. T. 巴拉诺夫. 泡沫混凝土与泡沫硅酸盐[M]. 吴懋君, 译. 北京: 建筑工程出版社, 1958.

[4] 黄兰谷. 绝热用泡沫混凝土[M]. 北京: 科学出版社, 1956.

[5] 城市建设部工程局. 城市建设部会议资料汇编之四: 泡沫混凝土与耐酸混凝土[M]. 北京: 城市建设出版社, 1957.

[6] П. И. ПИpor. 泡沫混凝土绝热工程的施工及其制造[M]. 原商业部专家工作科, 译. 北京: 建筑工程出版社, 1956.

[7] 广西壮族自治区建筑工程局科学研究所. 洗手果泡沫剂与泡沫混凝土实验报告[M]. 南宁: 1966.

[8] 闫振甲, 何艳君. 泡沫混凝土实用生产技术[M]. 北京: 化学工业出版社, 2006.

[9] 高波, 王群力, 周孝德. 混凝土发泡剂及泡沫稳定性的研究[J]. 粉煤灰综合利用, 2004(1): 13-16.

[10] 孙成才, 霍冀川, 刘才林, 等. 混凝土发泡剂的复配研究[J]. 宁夏工程技术, 2007(2): 127-132.

[11] 雷团结, 李浩然, 耿飞, 等. 新型泡沫混凝土发泡剂的制备与性能研究[J]. 新型建筑材料, 2013, 40(12): 93-96.

[12] 赵国玺. 表面活性剂原理[M]. 北京: 中国轻工业出版社, 2003.

[13] 杜巧云, 葛虹. 表面活性剂基础及应用[M]. 北京: 中国石化出版社, 1996.

[14] 梁治齐, 宗惠娟, 李金华. 功能性表面活性剂[M]. 北京: 中国轻工业出版社, 2002.

[15] 中华人民共和国建材行业标准. 泡沫混凝土用泡沫剂: JC/T 2199—2013: [S]. 北京: 中国建材工业出版社, 2013.

[16] 中华人民共和国建筑工业行业标准. 泡沫混凝土: JG/T 266—2011: [S]. 北京: 中国标准出版社, 2011.

[17] 天津市公路工程地方标准. 现浇泡沫轻质土路基设计施工技术规程: JTG F10 01—2011: [S]. 北京: 中国建材工业出版社, 2011.

[18] 熊亮, 孔耀祖. 温度对泡沫性能影响的实验研究[J]. 探矿工程, 2009, 36(4): 10-12.

[19] 王克亮, 杜姗. 稳泡剂对泡沫性能影响室内实验研究[J]. 内蒙古石油化工, 2008, 34(22): 4-5.

[20] 杜星, 赵雷, 瞿为民, 等. 高效泡沫剂的合成及稳定性研究[C]. 第六届国际耐火材料会议论文集, 2012.

[21] 罗宁, 李应权, 等. 泡沫剂稳定性的表征及其影响因素的研究[C]. 北京: 中国混凝土与水泥制品协会泡沫混凝土分会年会论文集, 2009.

[22] 孙杰璟, 刘永杰. 泡沫稳定性的探讨[J]. 山东建材学院学报, 1995, 9(3): 6-9.

[23] 习志臻. 混凝土泡沫剂的研究[J]. 江西建材, 2000(3): 5-8.

[24] 王翠花, 潘志华. 混凝土发泡剂的泡沫稳定性研究[J]. 化学建材, 2006, 22(3): 47-50.

[25] 张磊蕾, 王武祥. 泡沫剂品种对泡沫混凝土孔结构和性能的影响研究[J]. 墙材革新与建筑节能, 2011(8): 28-30.

[26] 扈士凯，李应权，罗宁，等. 泡沫自身参数对泡沫混凝土性能影响的研究[J]. 墙材革新与建筑节能，2010(5)：28-31.

[27] 寿崇琦，康杰分，宋南京，等. 一种动物蛋白水泥发泡剂的研制及其复合应用[J]. 化学建材，2007，23(2)：35-37.

[28] 张军，管小军. 分子结构与泡沫剂性能[J]. 山东建材，1998，2(2)：8-9.

[29] 张巨松，扬合，曾尤. 国内外混凝土发泡剂及发泡技术分析[J]. 低温建筑技术，2001(4)：66-67.

[30] 陈乘鑫. 泡沫混凝土发泡剂多元复合改性研究[J]. 福建建材，2017(5)：5-7.

[31] 马志珺，李小云，马学雷，等. 蛋白型混凝土发泡剂的研究[J]. 建筑科学，2009，25(5)：73-76.

[32] 刘佳奇，霍冀川，雷永林，等. 一种新型混凝土发泡剂的研制及性能研究[J]. 现代化工，2010，30(3)：54-56.

[33] 倪红，陈婷，李亚东，等. 高稳定性污泥蛋白发泡剂发泡特性及应用研究[J]. 环境工程学报，2009，3(12)：2254-2260.

[34] 李军伟. 活性污泥蛋白质混凝土发泡剂的泡沫稳定性研究[J]. 新型建筑材料，2010，37(12)：63-66.

[35] 扈士凯，李应权，陈志纯，等. 泡沫混凝土用超稳定泡沫剂的研究[J]. 墙材革新与建筑节能，2013(2)：26-28.

[36] 李子成，张爱菊，刘良军，等. 泡沫混凝土复合发泡剂的合成研究[J]. 新型建筑材料，2012，39(11)：22-24，35.

[37] 王全杰，谭小军. 发泡剂的种类、特点及应用[J]. 皮革科学与工程，2011，21(1)：38-42.

[38] 杜星，赵雷，瞿为民，等. 常用泡沫剂研究进展[J]. 胶体与聚合物，2013，31(1)：42-45.

[39] 刘佳奇，霍冀川，雷永材，等. 发泡剂及泡沫混凝土的研究进展[J]. 化学工业与工程，2010，27(1)：73-78.

[40] 李良. 关于泡沫混凝土发泡剂的研究探讨[J]. 混凝土世界，2010(5)：38-40.

[41] 李森兰，王建平，路长发，等. 发泡剂与其泡沫混凝土抗压强度的关系探析[J]. 混凝土，2009(11)：78-79，82.

[42] 丁起. 新型高效混凝土发泡剂的研究[J]. 新型建筑材料，2009，36(10)：16-18.

[43] 刘常旭，钟显，杨旭，等. 表面活性剂发泡体系的实验室研究[J]. 精细石油化工进展，2007，8(1)：7-10.